学生作品欣赏

本课程学生作品

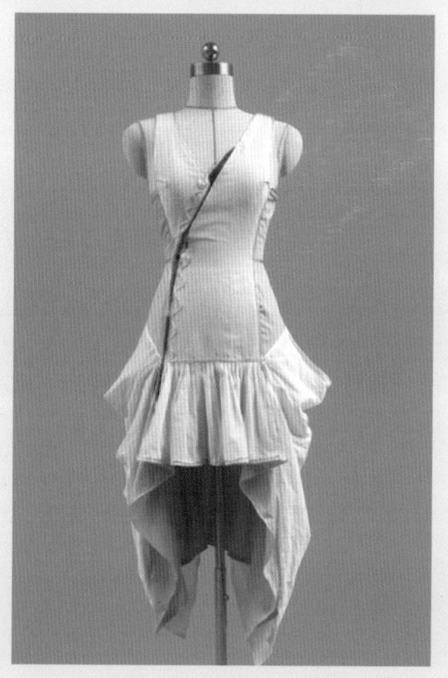

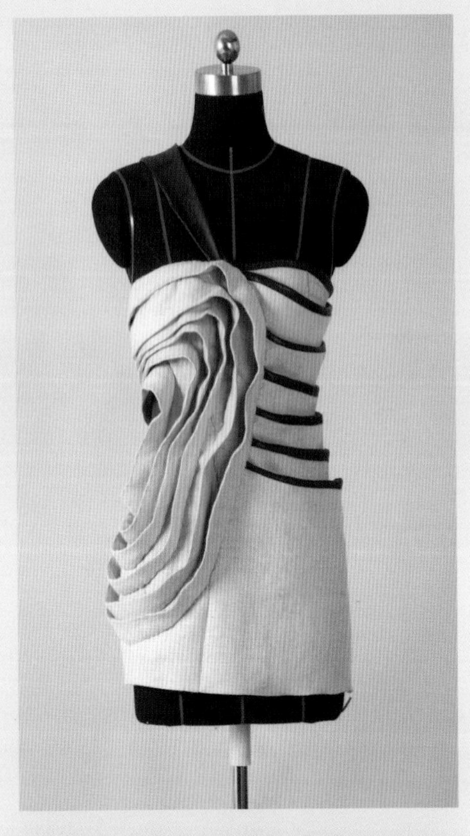

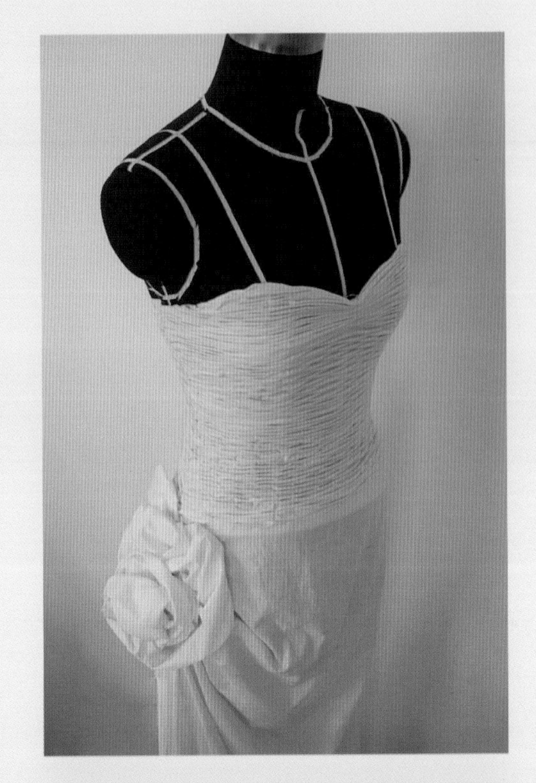

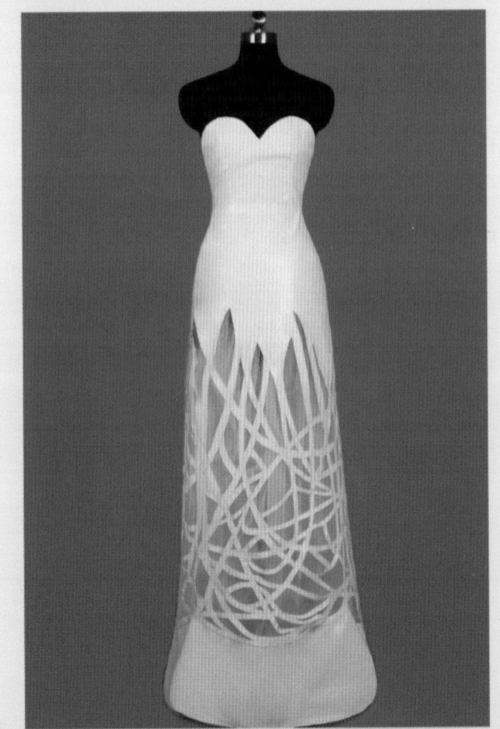

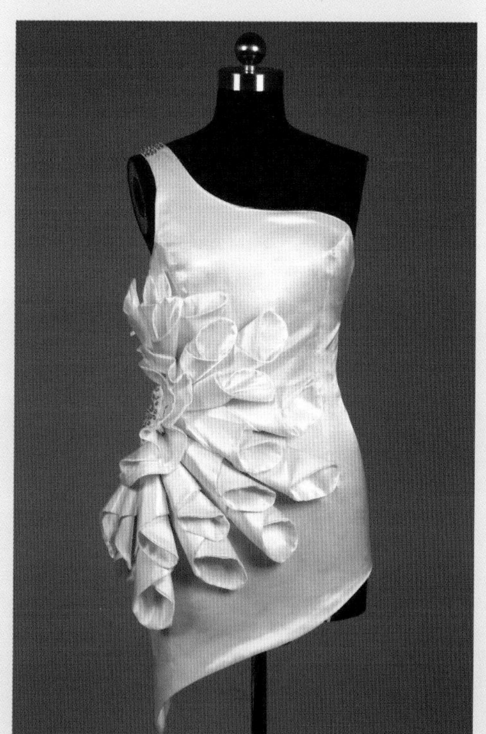

运用服装立体裁剪技术手法完成的服装设计作品

作者：魏娜、吴丽

作者：陈烨、周小蒙

作者：陈悦、徐蕾、梁璐

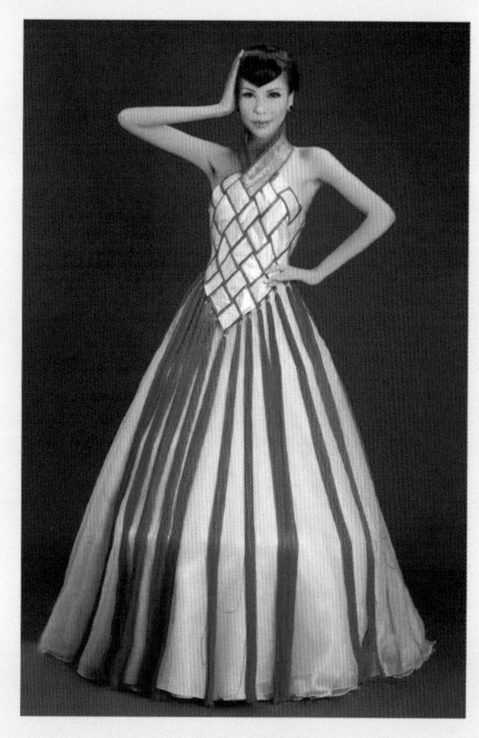

作者：李晴

作者：折媛媛

作者：赵纯

作者：王倩文、谢凤仙

作者：吴财念

作者：樊琳

作者：胡蕾丽

21 世纪全国高等院校艺术设计系列实用规划教材

服装立体裁剪

主　编　况　敏

副主编　张红丽

内 容 简 介

服装立体裁剪是服装与服饰设计专业、服装设计与工程专业的一门核心课程，是除了平面裁剪之外的另一种获得服装款式结构的技术方法，正越来越多地被服装企业应用于产品设计开发中。本书内容由浅入深，从服装立体裁剪的基础原理分析出发，通过对基本原型的立体裁剪方法和典型范例的操作技术讲解，将服装立体裁剪和平面制图的转化进行直观展现，使读者充分理解人体与服装之间的关系，更好地把握技术与艺术的设计原理。本书各章节知识步骤讲解清晰详细，注重动手能力的培养，实例丰富新颖且有较强的实用性、指导性及操作性，在生产和教学中均有一定的实用价值。

本书既可以作为高等院校服装与服饰设计专业、服装设计与工程专业服装立体裁剪课程的配套教材，也可供在职专业技术人员及服装爱好者学习参考。

图书在版编目(CIP)数据

服装立体裁剪/况敏主编. —北京：北京大学出版社，2014.11

(21世纪全国高等院校艺术设计系列实用规划教材)

ISBN 978-7-301-24852-2

Ⅰ. ①服…　Ⅱ. ①况…　Ⅲ. ①立体裁剪—高等学校—教材　Ⅳ. ①TS941.631

中国版本图书馆CIP数据核字(2014)第221346号

书　　名：服装立体裁剪

著作责任者：况　敏　主编

策 划 编 辑：孙　明

责 任 编 辑：李瑞芳

标 准 书 号：ISBN 978-7-301-24852-2/J・0616

出 版 发 行：北京大学出版社

地　　址：北京市海淀区成府路205号　100871

网　　址：http://www.pup.cn　新浪官方微博：@北京大学出版社

电 子 信 箱：pup_6@163.com

电　　话：邮购部62752015　发行部62750672　编辑部62750667　出版部62754962

印 刷 者：北京大学印刷厂

经 销 者：新华书店

787毫米×1092毫米　16开本　印张15　彩插4　354千字

2014年11月第1版　2017年1月第2次印刷

定　　价：37.00元

前　言

立体裁剪和平面裁剪是服装结构设计的两种重要的方法，它们构成了服装结构设计方法的理论与实践体系。两种方法各有其优势和不足，能分别适用于服装不同部位和款式造型，不能简单地认为哪种好，哪种不好。立体裁剪与平面裁剪不是独立存在的，两者相互渗透，相辅相成，互为补充。无论平面裁剪还是立体裁剪，都是以人体为依据，为满足人体实用功能而发展起来的理论体系。平面裁剪的理论可以用来指导立体裁剪，而立体裁剪则能够充分说明和理解平面裁剪。所以，将两种方法有机结合，灵活运用，发挥各自特点是理想的服装结构设计的有效途径。

服装业的发展，关键在于产品的研发能力，而无论是服装设计师还是版型师都是研发团队的核心力量，在绝大多数服装业发达的国家和地区都广泛和深入地掌握与应用立体裁剪技术。在我国，目前服装企业的版型师主要使用的是平面裁剪技术，版型师大多都是缝纫工出身，是通过师傅带徒弟的形式培养出来的。然而，随着个性化服装需求的不断提高，以及服装结构、款型的多元化发展，局限于数据尺寸和经验值的平面裁剪越来越不能满足市场的需要。所以，对于服装立体裁剪技术的教育和推广成为促进服装业发展的必然。

20 世纪 90 年代，立体裁剪开始在我国服装专业的高等教育教学体系中出现，到了 21 世纪初，立体裁剪在我国服装专业教学领域开始蓬勃发展。到现今，服装立体裁剪是各大高校服装专业的核心课程，其技术原理和操作方法甚至贯穿于服装专业教学的课程体系中。本书注重使学生通过基础的款式造型案例的学习，理解和掌握立体裁剪的基本技术原理和操作手法，学会用三维的空间概念设计和制作服装。书中按照立体裁剪的操作程序为每个案例都提供了详细而清晰的图片说明，并配合款式的样板描图，便于读者的理解与掌握。

本书编者长期从事服装立体裁剪的高等教育教学和科研工作，希望通过此书能够与服装业界同仁及立体裁剪爱好者交流经验。对于给予我们各方面帮助、关爱的朋友致以深深的谢意！鉴于编者水平有限，书中尚有不妥之处，恳请同行、专家指正！

编　者

2014 年 8 月

目 录

第1章 服装立体裁剪概述

【学习目标】

1．了解服装立体裁剪的发展，理解立体裁剪的定义。

2．了解立体裁剪与平面裁剪各自的优势和不足。

3．理解立体裁剪的技术原理。

【本章引言】

在服装发展史中，东西方的文化差异在服装的造型方式上也带来不同。我国长期受儒教、道家思想的影响，在服装风格上表现为宽衣文化，形成了以平面结构为主的服装平面裁剪技术。西方国家在追求人体之美和强调空间造型观念下，服装风格呈现为三维的立体造型，形成了以空间关系和比例为主的服装立体裁剪技术。

1.1 服装立体裁剪的概念

服装平面裁剪和立体裁剪是获取服装款式纸样的两种技术方法。我国服装行业立体裁剪技术起步较晚，为了适应服装市场发展需求，以及与国际制版模式接轨和提高服装设计造型水平的需要，推广立体裁剪技术是我国服装教育教学的必然。

1.1.1 服装立体裁剪的定义

服装立体裁剪是区别于服装平面裁剪的另一种服装样式造型方法是选用与面料特性相近的试样布料，覆盖在人体或人体模型上，通过分割、折叠、收省、抽缩、提拉等技术手法，创造“人”与“布”之间的适度空间，以大头针固定，直接在布料上进行造型和裁剪来获得服装样式的技术方法。

服装立体裁剪在法国称为“抄近裁剪”(cauge)，在美国和英国称之为“覆盖裁剪”(dyapiag)，在日本则称为“立体裁断”。用这种方法进行裁剪可以直观地看到成衣后的效果，它所有的空间形态、结构特点和服装廓形会直接展示在我们面前，也素有“软雕塑”之称。

1.1.2 服装立体裁剪的发展

服装立体裁剪是随着服装文明的进程而产生和发展的。西方服装造型的发展可分为非成型、半成型和成型三个阶段，每个阶段都代表了西方服装史的发展过程。

(1) 非成型阶段：公元 4 世纪前，其服装结构主要为缠卷衣形态，种类有古埃及的腰衣式(图 1-1-1)、古希腊的挂肩式(图 1-1-2)、古罗马的披缠式(图 1-1-3)，服装造型表现为平面式结构。

(2) 半成型阶段：公元 1—12 世纪，其服装结构主要为筒型衣形态，有拜占庭式(图 1-1-4)、罗马式(图 1-1-5)，服装造型表现为平面向立体化转换。

(3) 成型阶段：公元 13—18 世纪，其服装结构主要为窄衣式形态，早前公元 13—14 世纪的哥特式(图 1-1-6)是窄衣文化的开始，立体裁剪技术也就是诞生在这个时期。随着西方人文主义哲学和审美观的确立，服装开始强调人体曲面形态的塑造和审美，重视结构、形体与空间之间的关系，服装的造型形态更加趋向立体，这种造型从此成为西方女装的主体造型。

立体裁剪技术在服装的定制过程中逐渐得到完善，随着东西方文化交流的深入，以及全球经济一体化趋势，随着成衣业的发展，人们开始采用一种标准尺寸的人体模型来代替人体完成各种服装号型的立体裁剪。目前，立体裁剪技术已经在世界各国的服装行业越来越被广泛运用。

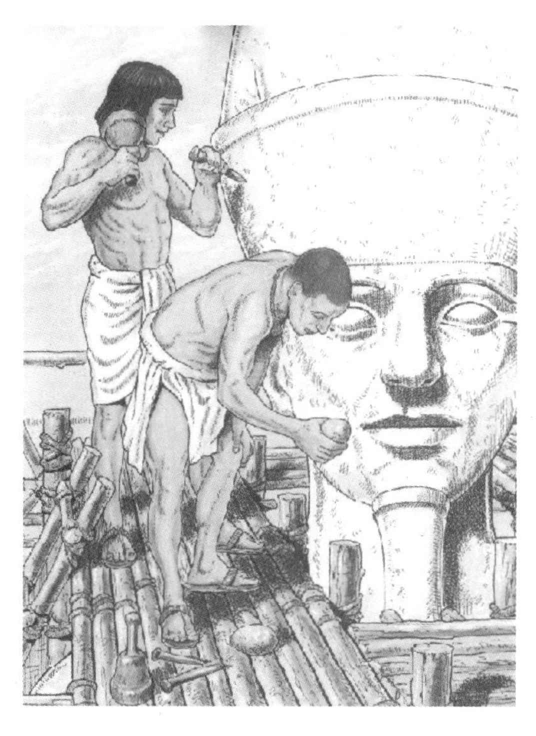

图 1-1-1　古埃及的腰衣式

图 1-1-2　古希腊的挂肩式

图 1-1-3　古罗马的披缠式

图 1-1-4　拜占庭式

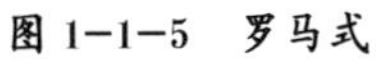
图 1-1-5　罗马式

图 1-1-6 哥特式

1.2　立体裁剪与平面裁剪的比较

立体裁剪和平面裁剪是服装结构设计的两种方法，它们构成了服装结构设计方法的理论与实践体系。两种方法各有优势和不足，不能简单地认为哪种好，哪种不好。

1.2.1　平面裁剪的优势与不足

(1) 平面裁剪是实践经验总结后的升华，具有很强的理论性。

(2) 平面裁剪尺寸较固定，比例分配相对合理，有较强的操作稳定性和广泛性。

(3) 平面裁剪在松量的控制上有据可依，便于初学者掌握与运用。

(4) 平面裁剪的不足表现为：二维的平面设计对于人体某些部位的尺寸把握不能直观呈现，对面料的性能影响到服装的造型效果也不能准确地感受，需要丰富的实践经验，并经过多次版型修正和调整才能达到完美的效果。

1.2.2　立体裁剪的优势与不足

立体裁剪的优势表现为：

(1) 立体裁剪以人体或人体模型为对象，是进行三维设计造型的具象操作过程，有较强的直观性、适体性和准确性。

(2) 立体裁剪的操作过程实际也是再设计的过程，通过直观呈现的效果，在人与面料的空间表现、面料的性能特征以及款式的结构上能引发新的设计灵感，随时调整和完善设计。

(3) 立体裁剪在服装款式造型上更加多样和灵活，许多非对称结构、褶皱、垂荡等款式通过立体裁剪表达得更加优美和准确。

立体裁剪的不足表现为：在相对静止的人体模型上，寻求人与面料之间的功能空间，更需要充分考虑实际用量；制作过程中需要大量的面料和辅料，操作时间较长，因此生产成本相对较大。

1.2.3 立体裁剪与平面裁剪之间的关系

获取服装款式板型的方法只有立体裁剪与平面裁剪两种，二者各有优势，能分别适用于不同部位和款式造型。但立体裁剪与平面裁剪不是独立存在的，两者相互渗透，相辅相成，互为补充，无论平面裁剪还是立体裁剪，都是以人体为依据，为满足人体实用功能而发展起来的理论体系，平面裁剪的理论可以用来指导立体裁剪，而立体裁剪则能够充分说明和理解平面裁剪。所以，将两种方法有机结合，灵活运用，发挥各自特点是理想的服装结构设计的有效途径。

1.3 立体裁剪的技术原理

1.3.1 立体裁剪的坯布纱向

立体裁剪所用的白坯布的丝道必须归正。许多坯布多存在着纵横丝道歪斜的问题，因此在操作之前要将布料用熨斗归烫，使纱向归正、布料平整，同时也要求坯布衣片与正式的面料复合时，应保持二者的纱向一致，这样才能更好地保证成品服装与人台上的服装造型一致。

1.3.2 立体裁剪的缝道处理

缝道实际上是指衣片之间的连接形式。整件服装是由缝道将各个衣片连接起来所形成的造型，因此缝道的处理技术至关重要，由于立体裁剪具有很强的直观性，缝道的处理直接影响着服装的操作与整体造型，所以缝道的处理技术显得更为突出与实际。

(1) 缝道的设置：缝道应尽可能设计在人体曲面的每个块面的结合处，如女性胸点左右曲面的结合处设公主线；胸部曲面与腋下曲面的结合处设前胸分割线；前后上体曲面的接合处设肩线；腋下曲面与背部曲面的结合处设后背分割线；背部中心线两侧的曲面的结合处设背缝线；腰部上部曲面与下部曲面的接合处设腰围线等。缝道设计在相应的结合处使服装的外形线条更加清晰，也与人体形态相吻合。

(2) 缝道的形状：缝道的形状从设计角度而言具有很强的创造性，根据款式设计的需要可以为弧线，也可以为直线，形成不同的表情。然而结合到结构设计的合理性与工艺制作的可行性，则会受到一定的制约。因此，在工业生产中，缝道线尽可能处理为直线，或与人体形状相符的略带弧形的线条，同时两侧的形状尽量做到相同或相近，便于缝制。

1.3.3 立体裁剪的空间关系

服装与人体的空间关系不仅要考虑人体静止站立时的空隙量，还要考虑人体运动时的活动量，以便在立体裁剪中正确把握放松量，使款式廓型既能正确表达设计的意图，又能符合人的功能要求。服装与人体之间的空间关系，关键在于掌握两者间的空间量在造型中的变化。要善于区别在正常状态下的放松量和在特殊造型中放松量的变化情况。要具有对内衣、紧身衣、合体衣和宽松衣放松量的把握。还要对不同面料、不同款式、着衣状态以及内外搭配的放松量有充分的估计。只有在反复比较研究和实际操作中体验和积累，才能在立体裁剪中正确地体现造型设计的构思和取得优美的板型。

习　　题

课后思考

服装立体裁剪在服装款式设计中的优点，以及在未来服装行业里的发展趋势。

课后作业

根据服装立体裁剪的造型手法特征，收集一些近年来的时尚女装发布会图片。

第2章 服装立体裁剪基础

【学习目标】

1．认识立体裁剪的工具与材料，了解人体模型的类别特征。

2．掌握人体模型标志线的标记方法。

3．掌握立体裁剪中大头针的基本针法。

4．了解服装立体裁剪的操作程序。

【本章引言】

在开始服装立体裁剪操作之前，需要了解和准备立体裁剪所用的工具、材料以及相关的基础工作，才能保障立体裁剪操作过程的规范和效果。服装立体裁剪的基础工作包括标记人体模型标志线、人体模型补正，以及掌握大头针针法和立体裁剪操作程序。

2.1 立体裁剪的工具与材料

除了平面裁剪的人体测量工具和制图工具外，立体裁剪通常还需要以下工具。

2.1.1 人体模型

人体模型又称人台，是人体的替代物，是将人体体型特点进行了一定程度的柔化和美化，使之更适合服装的审美和造型的需要，是立体裁剪最主要的工具之一。其规格、尺寸、质量都应符合真实人体的各种要素及立体裁剪操作的需要。选择具有标准人体尺寸、比例、类型的人体模型，是立体裁剪中服装成品质量的关键。

(1) 材料特征

立体裁剪使用的人体模型区别于服装展示的模型，其内部一般用泡沫材料填充，外部以棉质或麻质面料包裹，具有可插针的基本材料特征。

(2) 体型特征

人体模型的体型数据来源于地区群体体型三维测量，得到平均化的形态制作而成。人体模型基于人体体型，但又不等同于人体体型，是以满足服装款式造型需要的人体体型的模拟。人体模型体型的标准与国家的人体体型分类一致，如 160/84A 规格人体模型表示身高 160cm、胸围 84cm、A 型体型，简化表示为 84 号人体模型。

(3) 服装类别特征

立体裁剪用人台根据适用的服装品种不同而分类。如适用上装和短裙操作的上装人台，适用短裙操作的裙装人台，适用裤子操作的裤装人台，适用泳装操作的半连体人台，适用裤上装和裤子操作的全体人台。如图 2-1-1 所示为上装人台、裙装人台、裤装人台、半连体人台、全体人台。另外还有更适合专类服装操作的，如夹克人台、外套人台、小礼服人台(图 2-1-2)等各类人台。

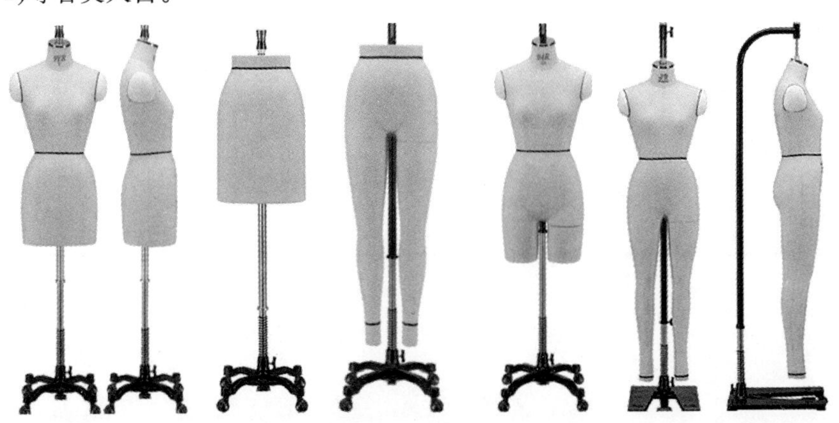

图 2-1-1　上装人台、裙装人台、裤装人台、半连体人台、全体人台

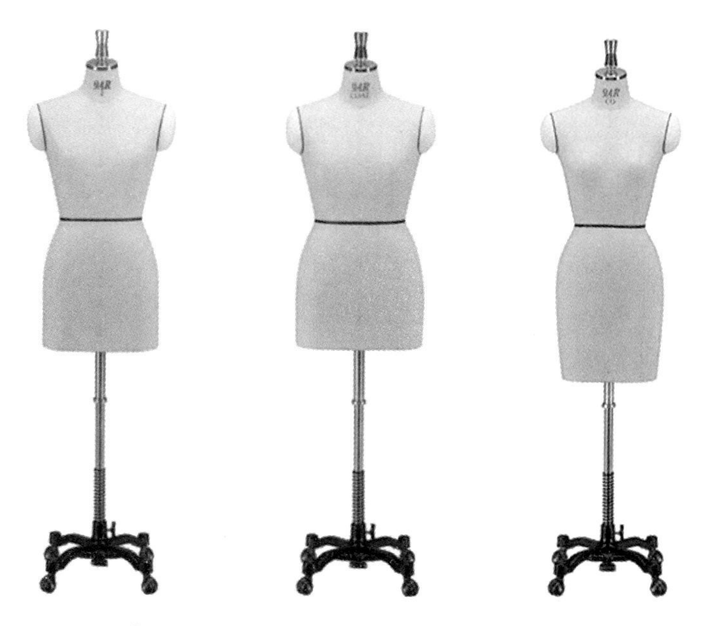

图 2-1-2　夹克人台、外套人台、小礼服人台

(4) 生理特征

立体裁剪用人台还根据性别、年龄或特殊时期而分类。如男装人台、女装人台、老年女体人台、少女型人台、童装人台、孕妇人台等。如图 2-1-3 所示为男装上装人台、男装全体人台；图 2-1-4 所示为 6 个月孕妇人台、9 个月孕妇人台；图 2-1-5 所示为婴儿人台、幼童人台、儿童人台。

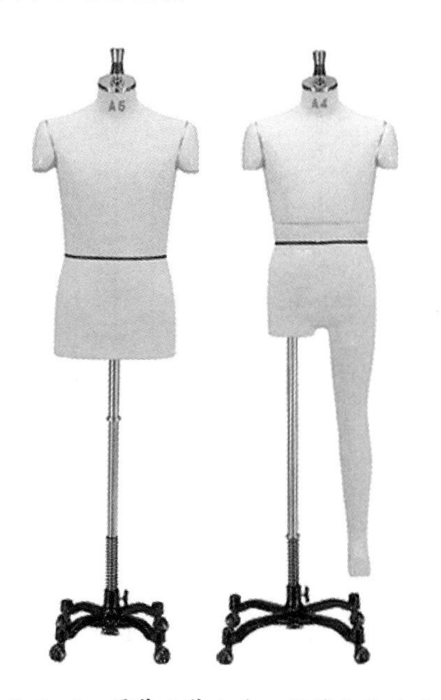

图 2-1-3　男装上装人台、男装全体人台

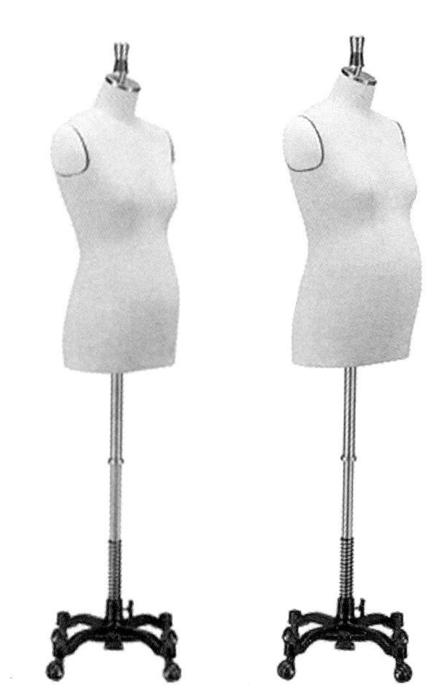

图 2-1-4　6 个月孕妇人台、9 个月孕妇人台

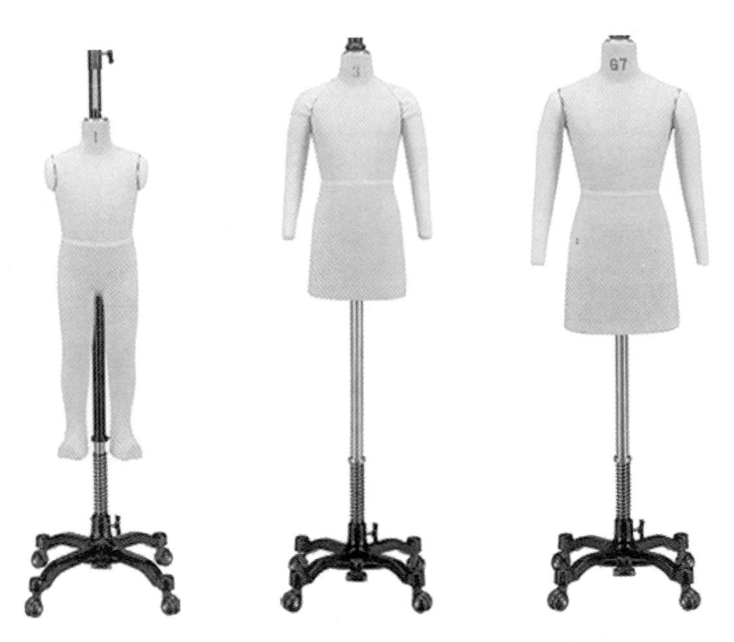

图 2-1-5　婴儿人台、幼童人台、儿童人台

2.1.2　白坯布

立体裁剪是用布料直接在人体模型上造型剪裁的，但一般很少直接用实际的布料进行裁剪，而是根据服装款式选择不同厚度的全棉平纹白坯布进行操作来获取样板。平纹白坯布的经纬丝缕方向清晰易确认，便于操作。白坯布有厚、薄、软、硬、垂、挺之别，应根据款式造型和成衣面料的特性选择一致或尽量相似的白坯布，如图 2-1-6 所示。

图 2-1-6　白坯布

2.1.3　其他常用工具

除了人体模型和白坯布外，立体裁剪必须准备的常用工具还有大头针、针插、剪刀、粘带、尺、笔、橡皮、熨斗、牛皮纸等工具(图 2-1-7)，分别介绍如下：

(1) 大头针、针插：大头针是立体裁剪操作过程中的重要工具之一，充当缝纫针和线的角色。针尖细、针身长的大头针摩擦力小，易于针刺，故为首选。以针身直径为标号，大头针有 0.5mm 和 0.55mm 两种。塑料珠头的大头针由于头部较大，颜色各异，影响视觉效果，一般不建议使用。针插用来扎取大头针的，形状近似圆形，戴在手掌或手腕上。一般采用丝绒、绸缎面料缝制为佳，内部用腈纶棉充填，可购买，也可自己制作。

(2) 剪刀：裁布剪刀和裁纸剪刀分开使用，裁布剪刀根据使用者的手型大小选择，多适用 9 号、10 号、11 号。

(3) 粘带：亦称标志带，用来做人体模型的标记线或款式的主要结构线。建议选择与人体模型和白坯布的颜色区别明显的颜色使用，宽度不超过 3mm。

(4) 尺：尺在立体裁剪过程中也是重要工具之一，根据用途不同需要准备用于测量人体部位尺寸的软尺、制图用的 100cm 的直尺、50cm 方格直尺、“L”形尺、“6”字形尺等。

(5) 笔、橡皮：用于立裁造型完成后在布片上做标记的记号笔，用于白坯布画线的 2B 铅笔，用于拓印纸样的 0.5mm、0.7mm、0.9mm 的自动铅笔和橡皮。

(6) 熨斗：整烫坯布丝缕方向，扣烫缝份及整理之用。

(7) 牛皮纸：用于制作服装样板。

(8) 针、线：用于假缝试穿、缩缝等。

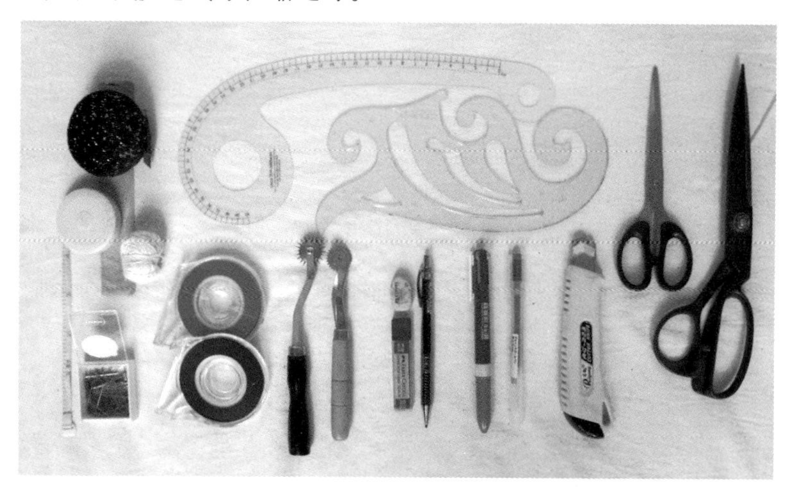

图 2-1-7 立体裁剪常用的工具

2.2 标记人体模型标志线

2.2.1 标志线的作用

人体模型标志线是立体剪裁时的基准线，为了确保立体裁剪造型准确而设置的，也是作为纸样展开时的基准线。立体裁剪过程中很少用尺子测量，对于凹凸不同的曲面组成的人体如何准确地把握，单凭眼睛去观察或凭经验处理都会影响裁片丝缕的准确性。而标志线犹如一把立体的“尺”，帮助我们在三维空间造型中把握人体模型结构转折的变化，以及布料丝缕的走向，并且对于确定服装各部位的比例关系、服装款式的分割设计发挥着至关重要的作用。

2.2.2 标志线的标记原则

(1) 标记标志线时，人体模型必须放置水平状态，不得倾斜和晃动。

(2) 人体模型肩部的高度与人的眼睛平齐为宜。

(3) 选择与人体模型颜色反差较大的粘带，宽度不超过3mm为宜。

(4) 标记线的起始点尽量设在人体模型的左侧。

(5) 标记线的状态一定要光滑、圆顺、流畅。

(6) 标记时可以借助一些辅助工具，如小铅锤或重物、丁字尺等确保线条准确。

2.2.3 标志线的部位

(1) 纵向标志线包括：前后中心线、左右侧缝线、前后公主线、肩胛横线共7条。

(2) 横向标志线包括：胸围线、腰围线、臀围线共3条。

(3) 其他标志线包括：左右肩线、左右袖窿弧线、颈围线共5条。

2.2.4 标记方法

上肢人体模型标志线的标记顺序一般依次为：前中心线、后中心线、胸围线、腰围线、臀围线、左右肩线、左右侧缝线、前后公主线、颈围线、左右袖窿弧线等。

(1) 前中心线：用一根带子系上重物以前颈点(FNP)为起点悬垂于地面，以粘带按此印记做出垂直于地面的直线，如图2-2-1所示。

(2) 后中心线：标记方法与前中心线相同，粘带从后颈点(BNP)向下做垂线。

注意：当前、后中心线标记完成后，需要用软尺在胸部、腰部、臀部测量一下两者左右之间的距离是否相等，若有差距应调至相同为止，如图2-2-2所示。

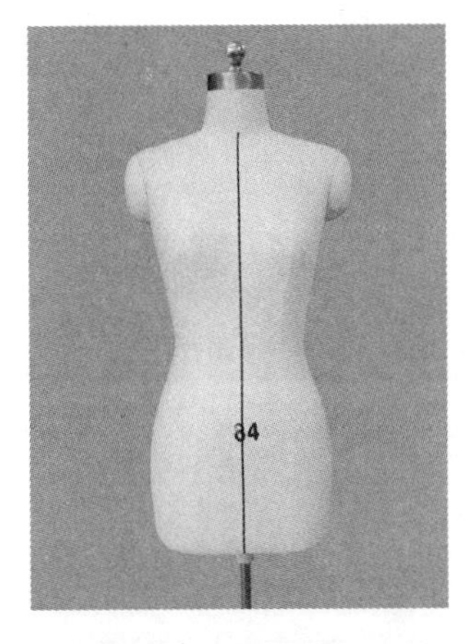

图 2-2-1 前中心线

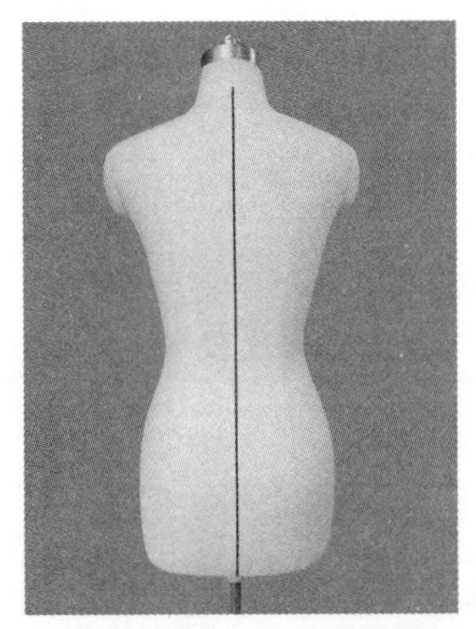

图 2-2-2 后中心线

(3) 胸围线：过 BP 点(胸部突起最高处)与地面水平做一周围线。可用直尺借一个参照物先测出到 BP 点的距离，然后转动人台，标记出同距离长度的印记，连接一周为胸围线，如图 2-2-3、图 2-2-4 所示。

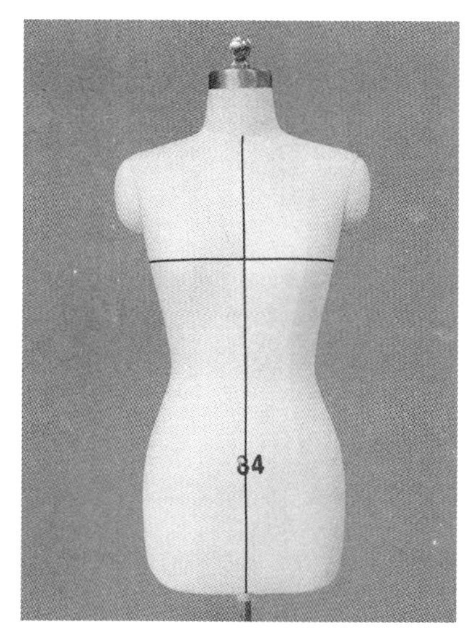

图 2-2-3　胸围线前面

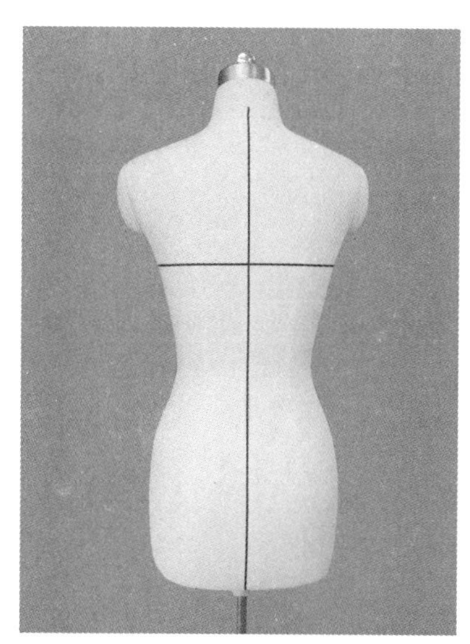

图 2-2-4　胸围线后面

(4) 腰围线：取腰部最细处，与地面、胸围线平行做一周围线，如图 2-2-5、图 2-2-6 所示。

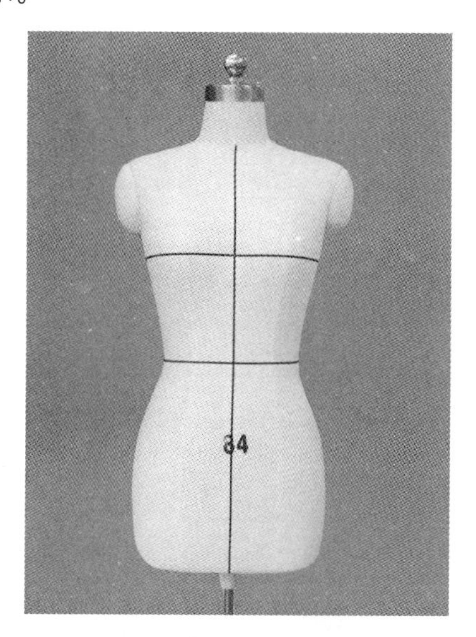

图 2-2-5　腰围线前面

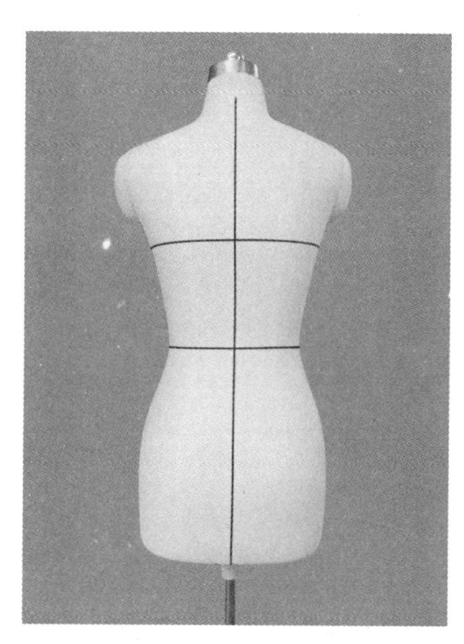

图 2-2-6　腰围线后面

(5) 臀围线：在臀部最丰满的部位，与腰围线距离 18～20cm，平行于胸围线、腰围线做一周围线，如图 2-2-7 至图 2-2-9 所示。

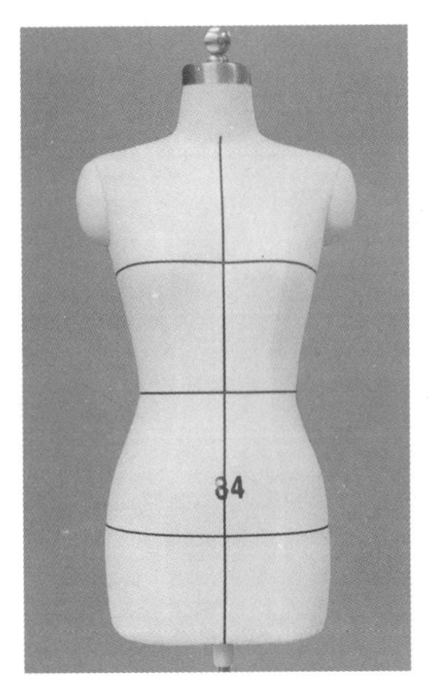

图 2-2-7 臀围线前面

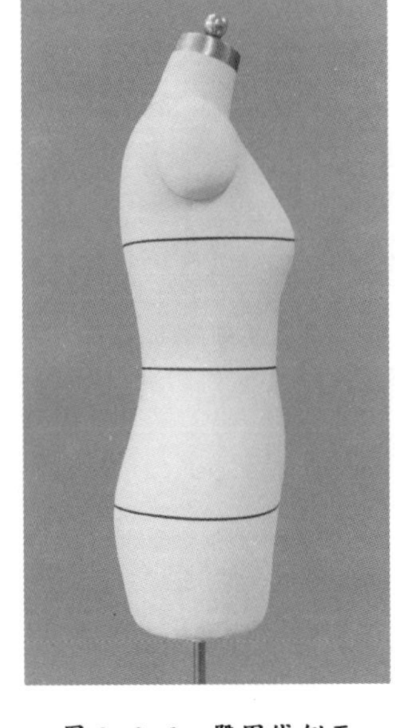

图 2-2-8 臀围线侧面

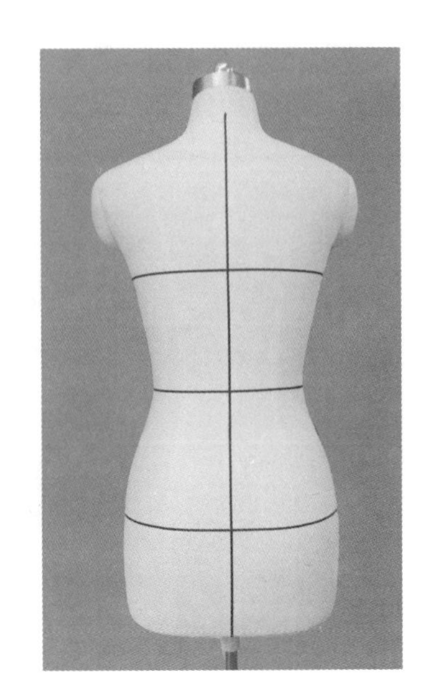

图 2-2-9 臀围线后面

(6) 肩线：肩颈点为整个颈部厚度的中心略往后，肩端点为肩部厚度的中心，连接肩颈点、肩端点做直线。

注意：从肩部横截面方向观察左右肩线是否对称，如图 2-2-10 所示。

(7) 侧缝线：肩端点处系有重物的带子垂直地面，用粘带以此印记做向下的垂线，如图 2-2-11 所示。

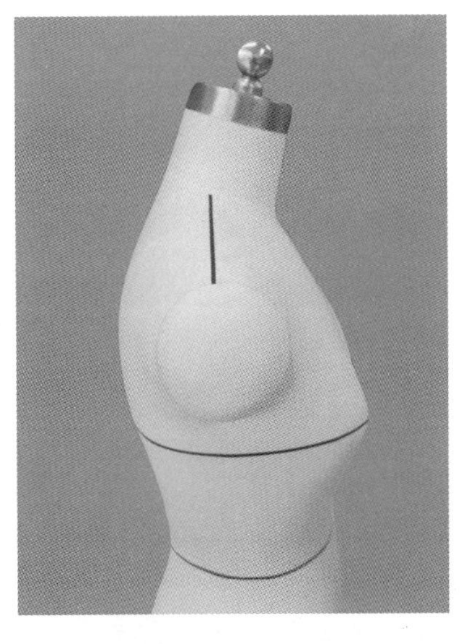

图 2-2-10 肩线

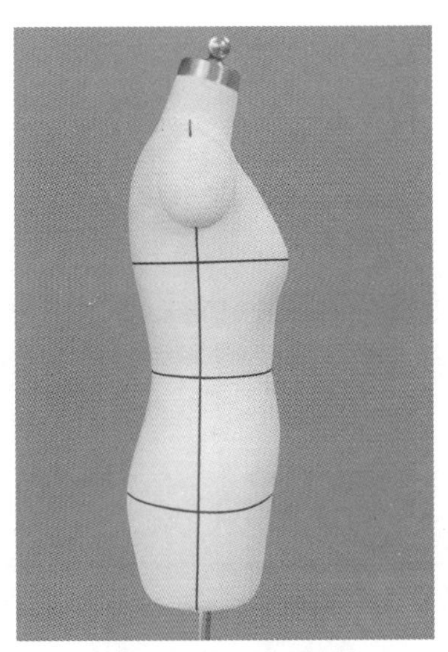

图 2-2-11 侧缝线

(8) 前公主线：以小肩宽的中点为起点，向下经过 BP 点到腰节，再自然向下做出略带弧形的线条。腹部成优美弧度，不可过直或过鼓，如图 2-2-12 所示。

(9) 后公主线：以小肩宽的中点为起点，向下经过肩胛骨过腰部，再自然向下做出略带弧形的线。臀部呈优美弧度，分割均衡，如图 2-2-13 所示。

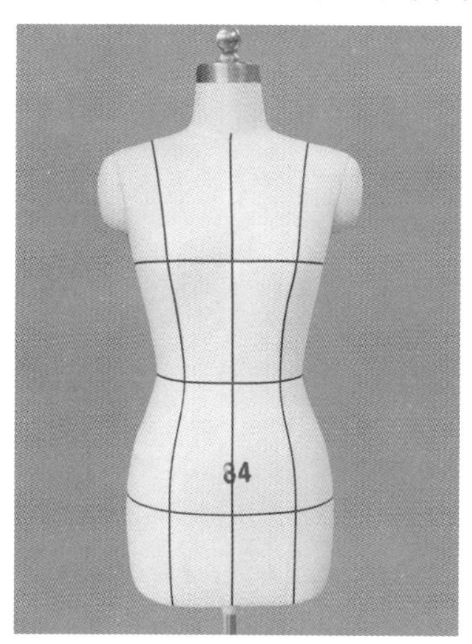

图 2-2-12　前公主线

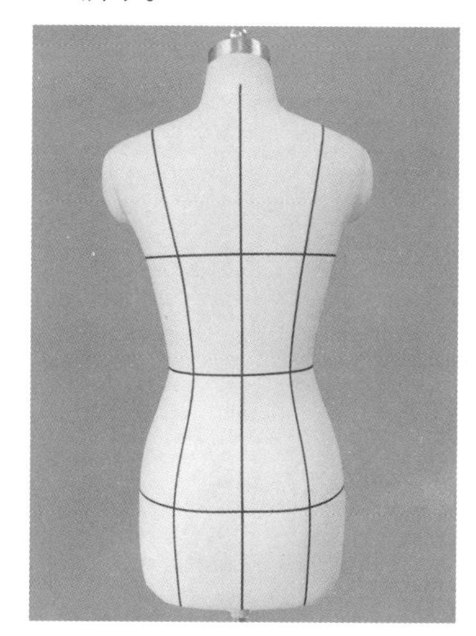

图 2-2-13　后公主线

(10) 颈围线：环绕人体模型颈根处做前低后高的圆顺弧线。一般胸围 84cm 的模型颈围长度约 36～37cm 左右，如图 2-2-14 所示。

(11) 袖窿弧线：肩端点内收 0.5cm，臂根向下 2～2.5cm，过前腋点、后腋点做流畅弧线。

注意：前腋点至袖窿底的弧线略弯，后腋点至袖窿底的弧线略直，背宽不要过窄。袖窿弧线的长度等于 B/2 ± 2cm 为宜，如图 2-2-15 所示。

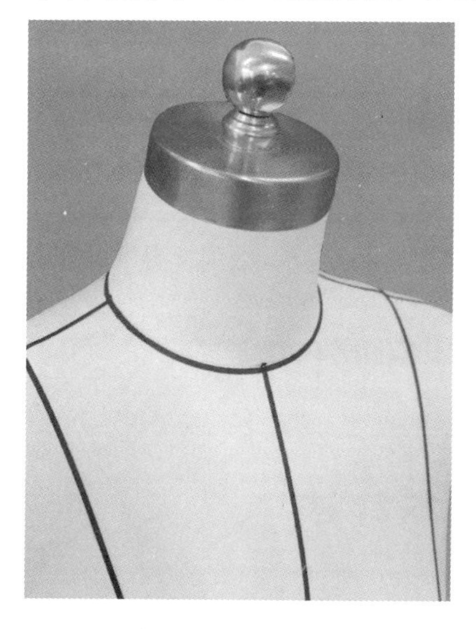

图 2-2-14　领围线

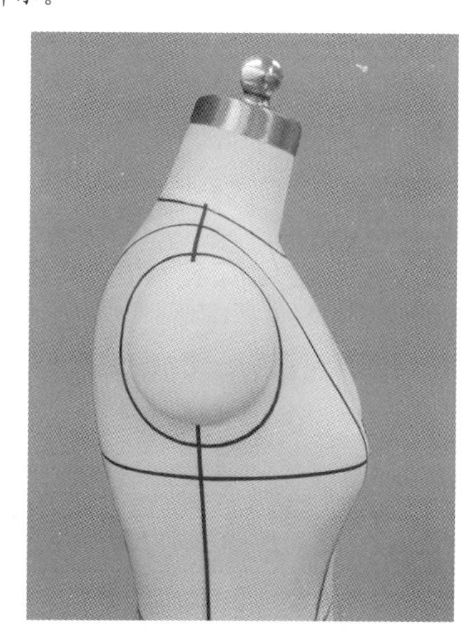

图 2-2-15　袖窿弧线

(12) 整体调整：标志线全部标记后，要从正面、侧面、背面进行整体观察，保持左右对称，横平竖直，局部调整，直至满意为止，如图 2-2-16、图 2-2-17 所示。

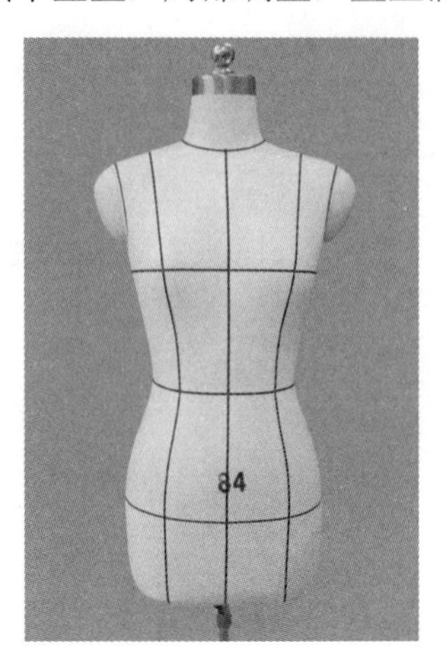

图 2-2-16　前面标志线

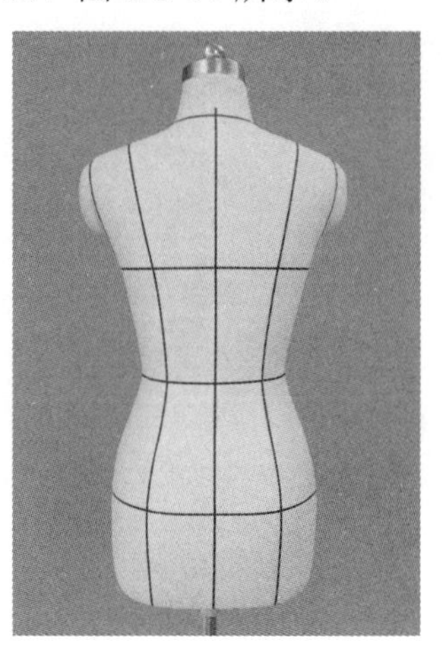

图 2-2-17　后面标志线

2.3　人体模型的补正

由于人体模型是理想化的形状，凝聚人体共性特征，但缺乏人体所具有个性差异，如果是用于单件定制，则需要根据个人体型对模型作相应的补正。对于某些特异造型的款式也同样采用补正的方式。补正方法只能添加，即用棉花做成所需要的形状，然后再用布覆盖上面，固定即可。

(1) 胸部补正：用棉花把胸部对称地垫起，并用布覆盖上面。胸垫的边缘要逐渐变薄，避免出现接痕。胸部补正也可用胸罩替代。

(2) 肩部补正：肩部的补正可以用垫肩把模型的肩部垫起。随着我国服装辅料的不断开发，已经生产出各种形状(圆形、球形等)、各种厚度的垫肩，根据肩部造型和面料薄厚来选择。

(3) 腰部补正：由于我们采用的是裸体模型，在制作外套、大衣时为减少模型的起伏量，需将腰部垫起，使腰围尺寸变大。可使用长条布缠绕一定的厚度，然后加以固定。

(4) 臀部补正：结合腰部形状塑型，臀凸部位应比实际臀位略高一些。

2.4　大头针基本针法

立体裁剪操作中，大头针的规范别针至关重要，是服装准确造型和良好表现的保证。

1. 坯布与人台固定的针法

(1) 日式单针法：大头针直接倾斜插入人台，日本立裁中用于临时固定布料。

(2) 日式双针法：大头针呈倒八字斜向插入，日本立裁中用于正式固定布料。

(3) 法式单针法：大头针针尖横向直接将坯布与人台面料挑别在一起，法国立裁中用于正式固定布料。

2. 坯布与坯布固定的针法

(1) 抓合别：两块布料抓合在一起别，使布料合适地贴合在人体模型上，大头针针尖对针尾呈流畅线条，大头针的位置就是制成线的位置(图 2-4-1)。常用于最初制作结构线，如肩缝、侧缝等部位。

(2) 重叠别：两块布料搭叠在一起，在重叠的地方别，当重叠缝量大时用大头针横别，当重叠缝量小时用大头针竖别(图 2-4-2)。常用于衣领与领口的接合处，或面料不够时的拼接。

(3) 折叠别：当一块面料折叠与另一块面料重叠在一起时，可以横向、斜向或竖向别，制成线清楚可见，折叠印就是制成线的位置(图 2-4-3)。常用于最后制作结构线，如肩缝、侧缝等。

(4) 藏针别：在面料的折叠印上与另一块面料别在一起，大头针大部分藏在面料里面，折叠印就是制成线位置(图 2-4-4)。常用于最后的衣片缝制或省量收取。

图 2-4-1 抓合别

图 2-4-2 重叠别

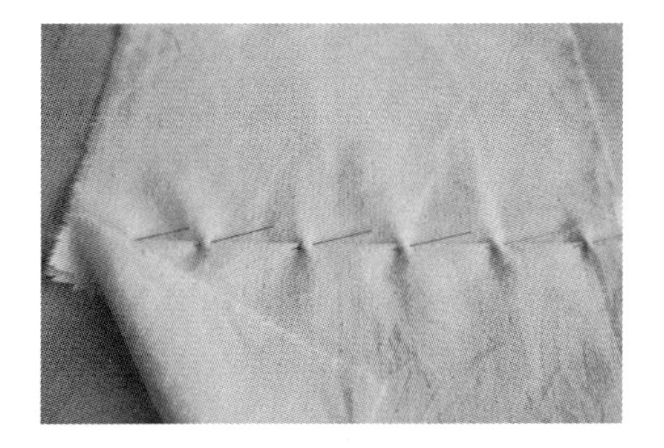

图 2-4-3 折叠别

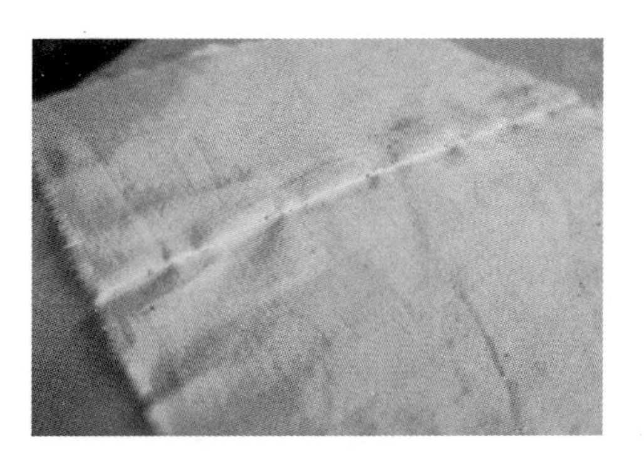

图 2-4-4 藏针别

3. 别针的注意要点

(1) 大头针要使用尖部挑布，藏在布里的量要小，针尖朝下。

(2) 大头针别时应规范有韵律，考虑制成线的优美，大头针应首尾相对或倾斜方向保持一致。袖口、下摆处竖向别以防变形。

(3) 直线的地方拉开距离别，曲线的地方细密些别。

(4) 省尖横别一根大头针，表示省尖位置。

2.5 坯布的整理

立体裁剪操作的第一步就是整理布料的丝缕方向。一般布料在织造、染整等过程中，通常会出现布边过紧、轻度纬斜等现象，导致布料丝缕歪斜、错位。所以布料在使用前应进行整理，通过熨烫使布料的经纬丝缕方向归正，并消除布料褶皱。

布料独边因为织造工艺较硬挺，所以撕掉 5cm 以上的独边不作使用。立体裁剪取布料的用量采用手撕的方法，可以使布边得到一根完整的纱线，便于经纬丝缕方向的检查和矫正。矫正时将确定了经纬丝缕方向的布料对折，通过对角拉拽、熨烫使经纬丝缕方向完全相互垂直，方可使用。

2.6 服装立体裁剪的操作程序

对于立体裁剪的学习和掌握需要不断地实践训练，要求以正确、规范的立体裁剪操作步骤、方法、技巧进行练习。

步骤	主要内容	基本要求
1	款式分析	① 根据设计效果图或款式图分析、把握服装结构、廓型特征 ② 在人体模型上补充标记结构线
2	坯布准备	① 按各衣片需要的长、宽尺寸，各边加放不少于 5cm 预留量，撕取坯布 ② 熨烫、整理布片丝缕方向和褶皱，保证经纬丝缕相互垂直，不歪斜，坯布平整、无折痕 ③ 在坯布上用铅笔标记出相应标志线作为立裁造型的参照
3	别　样	① 按照款式要求，分别粗裁各衣片，并完成全部衣片的组合，获得服装造型 ② 要求规范适用大头针的别法
4	点　影	① 将别样后得到的服装造型按结构进行点影，以初步获得款式的结构线 ② 对立裁中的关键点：前颈点、侧颈点、后颈点、肩点、腰节，以及缝合衣片的对位点分别做标记记号

续表

步骤	主要内容	基本要求
5	下架修板	① 平面展开衣片，修顺各部位线条 ② 留取缝份，裁剪。一般缝份 1cm，袖口、底摆 4cm ③ 校板，确保衣片连接缝合部位线条圆顺，长度一致
6	组装试穿	按修顺后的结构线位置组装衣片，上架或上身试穿，观察款式造型是否准确合理，否则做调整后重新标记点影
7	下架拓板	① 二次下架，按调整后的点影位修正结构线，并二次校板 ② 通过拷贝台或过板器将衣片样板描图成为纸样，备用于成衣生产

习　题

课后练习 1

训练内容	人体模型标志线的标记
训练目的	准确标记人体模型的标志线，为立体裁剪操作做准备
操作提示	① 在标记完前、后中心线之后需要用皮尺测量左、右身尺寸，校正中心线是否处于中轴部位 ② 标记线的起始点尽量设在人体模型的左侧 ③ 左、右身对称的标志线可以通过测量来校正 ④ 标记弧线标志线时可以对粘带做打剪口处理
作业评价	① 标记部位是否准确 ② 左右身是否对称 ③ 线条是否流畅

课后练习 2

训练内容	大头针的基本针法(抓合别、重叠别、折叠别、藏针别)
训练目的	正确掌握大头针的基本针法，保证立体裁剪操作的规范性
操作提示	① 大头针要使用尖部挑布，藏在布里的量要小，针尖朝下 ② 大头针应首尾相对或倾斜方向保持一致 ③ 针距保持一致
作业评价	① 针距是否一致 ② 挑布量是否合理

第3章　衣身立体裁剪

【学习目标】

1．掌握衣身原型立体裁剪操作方法和技术要点。

2．掌握省道设计在衣身中的立体裁剪操作方法和技术要点。

3．掌握褶皱设计在衣身中的立体裁剪操作方法和技术要点。

4．掌握分割线设计在衣身中的立体裁剪操作方法和技术要点。

【本章引言】

衣身立体裁剪是指使用立体裁剪的技术原理及操作方法，获得不包括衣领和袖子部分的立体造型。它是以胸部的自然形态为依据，展现人体上身躯干立体感的立体裁剪。无论是单独款式的上衣，还是连衣裙款式，掌握衣身的立体裁剪技法都十分重要。

3.1 衣身原型立体裁剪

衣身原型是指覆盖人体躯干，位于腰节线以上部分的纸样造型。它既不是人体体表的展开，也不是服装的具体款式，而是构成各种服装造型的基本型，是服装样板设计的基础。学习衣身原型立体裁剪的目的，是从根本上了解原型结构的由来，使我们对服装结构设计从感性认识上升到理性认识，为后续立体裁剪的学习奠定基础。

3.1.1 款式分析

款式插图(图 3-1-1)及款式分析如下：

图 3-1-1 款式插图

(1) 衣身原型呈现合体的状态，具有确保日常活动需要的最小限度的松量。
(2) 衣身前片收取胸省、腰省，后片收取肩胛省、腰省，使衣身呈现合体的造型状态。
(3) 基础领窝和基础袖窿造型。

3.1.2 坯布准备

(1) 取布：按模型上颈肩点到腰节处的长度为基本长度，加上 10cm 预留量为坯布长度；按模型 1/4 胸围为基本宽度，再加上 10cm 预留量为坯布宽度。

(2) 整理布纹：通过熨烫确保布料的经纬丝缕方向横平竖直，布料平整、无褶皱。

(3) 画标注线：用 2B 铅笔在前衣片上标示前中线、胸围线、腰围线；在后衣片上标示后中心线、胸围线、肩胛横线、腰围线。前后中心线距布边 5cm、腰围线距布边 5cm(图 3-1-2)(注：以长尺的宽度 5cm 取布边距离画线，操作起来准确、方便、快捷)。

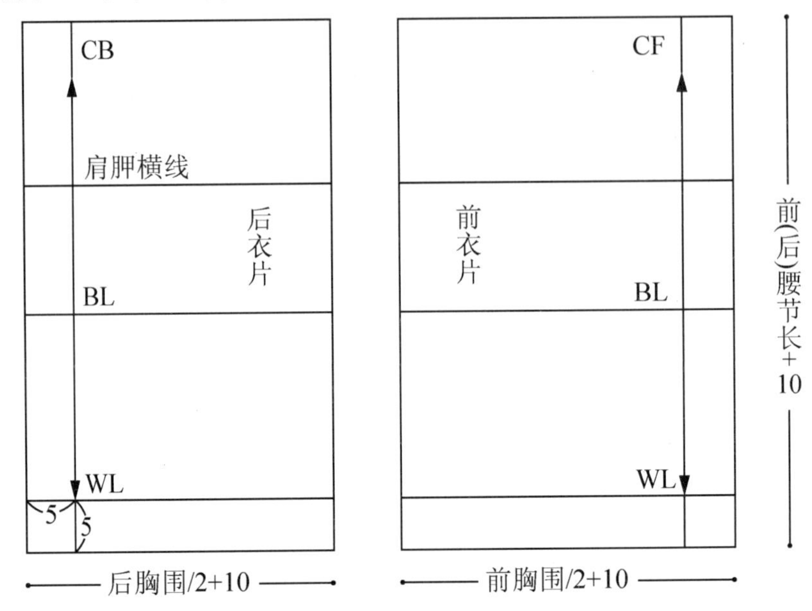

图 3-1-2 坯布准备图(单位：cm)

3.1.3 别样

1. 制作前身

(1) 披布：将布料的前中心线、胸围线、腰围线分别对准人台的前中心线、胸围线，腰围线，依次固定前颈点①、前中心线上腰部点②、腋下胸围线上点③，保证坯布与人台标志线重合，坯布平伏在人台上，无拉拽、无起皱(图 3-1-3)。注意胸部乳沟处不要随体型凹陷，保持平顺。

(2) 粗裁前领口：按人台的颈围线位置预留 1.5cm 的缝份后剪掉领口处的余料，缝份处打剪口，将布料从点①向肩颈点推平，同时，从胸部向上至肩部抚平布料，在肩颈点处固定坯布点④，形成前领围线。从点④处向肩端点推平布料，大头针固定肩端点⑤，点④至点⑤间为前肩线部位(图 3-1-4)。

(3) 收取胸省：预留袖窿弧线缝份，将余料剪掉，从点⑤至点③间将袖窿处多余胸省量捏出，省尖指向 BP 点，大头针抓合别(图 3-1-5)。

(4) 收取前腰省：从侧面胸围线的固定点③向下抚平布料，至腰节处固定点⑥，将腰节处点②至点⑥间多余布量收取腰省，省尖指向 BP 点，注意留取活动松量，省中线为直纱(图 3-1-6)。

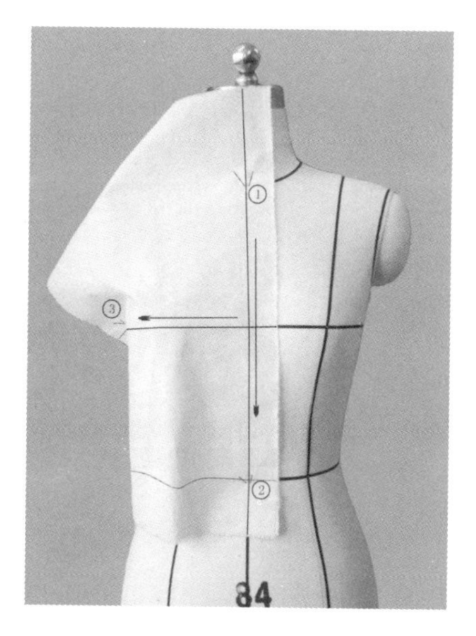

图 3-1-3 披布

图 3-1-4 粗裁前领口、前肩线

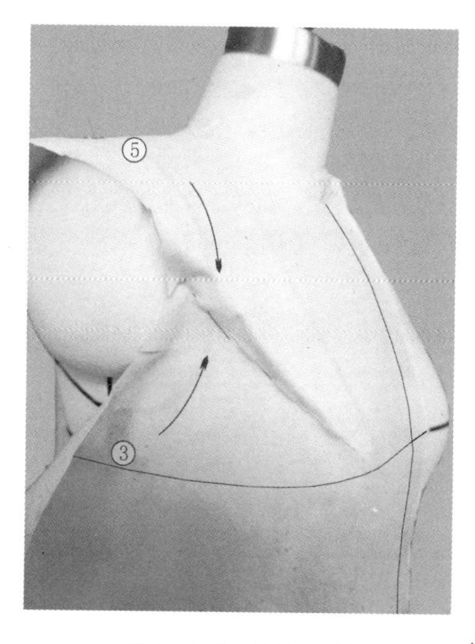

图 3-1-5 收取胸省

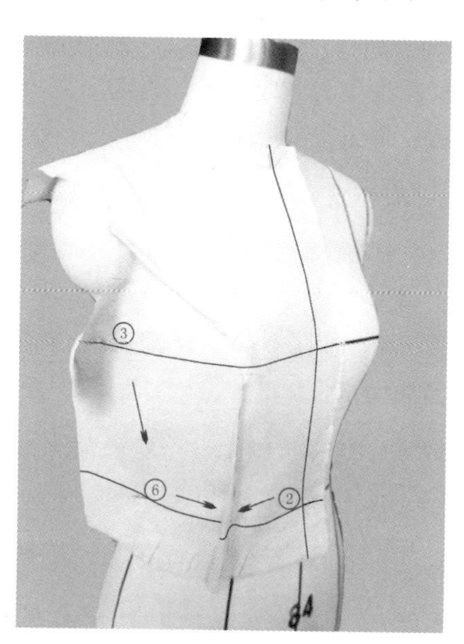

图 3-1-6 收取前腰省

2. 制作后身

(1) 披布：将布料的后中心线、肩胛横线分别对准人台的后中心线、肩胛横线，依次固定后颈点①、后中心线与腰围线的交点②、肩胛横线端点③，保证坯布与人台标志线重合，坯布丝缕方向横平竖直，无歪斜、无起皱(图 3-1-7)。

(2) 粗裁后领口、收取肩省：将后颈围的余料剪掉，打剪口，使布料与人台贴合，并用针固定肩颈点④。预留袖窿弧线缝份，将余料剪掉，从肩胛横线固定点③处向上至肩端点推平布料，大头针固定肩端点⑤。将肩颈点③与肩端点⑤之间的余量在肩宽中部收取肩省，省尖指向肩胛骨(图 3-1-8)。

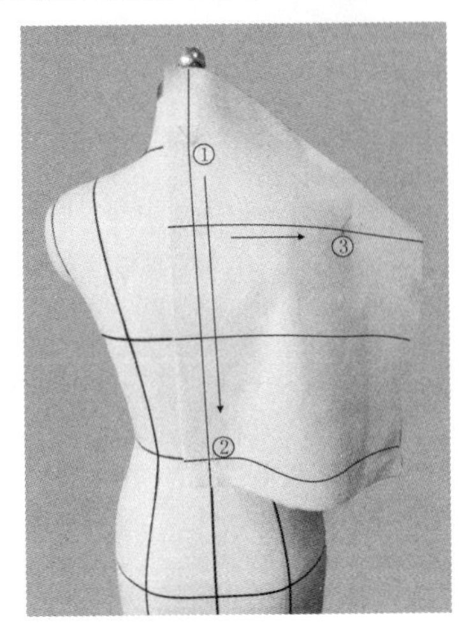

图 3-1-7 披布

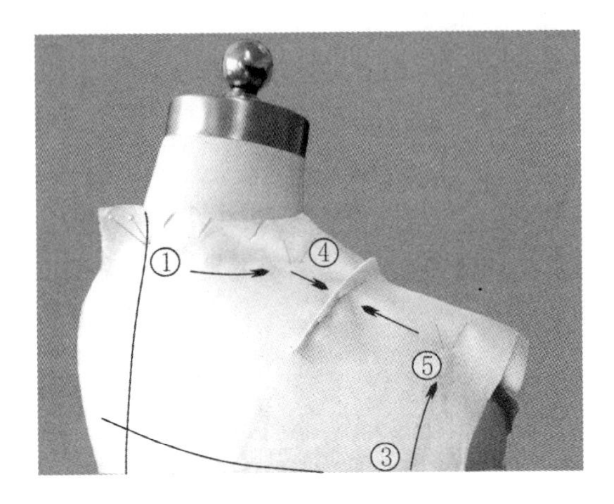

图 3-1-8 收取肩省

(3) 收取后腰省：从点③处沿袖窿向腋下推移布料，留袖窿余量，侧面做出背部箱型，在侧缝胸围线上固定点⑥，再向下抚平布料，至腰节处固定点⑦，将点②至点⑦之间的余量在后片腰围中部收取腰省，省尖指向肩胛点，注意留取活动松量，省中线为直纱(图 3-1-9)。

3. 别合前后衣身(图 3-1-10)

(1) 别合肩缝：用抓合别针法，按人台标记的肩线位置，将前后衣片肩缝别合，肩线贴合人台。

(2) 别合侧缝：用抓合别针法，按人台标记的侧缝线位置，将前后衣片侧缝别合，注意留出活动松量。

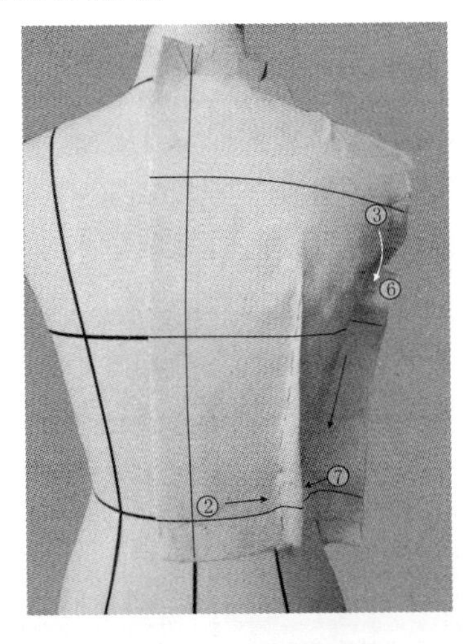

图 3-1-9 收取后腰省

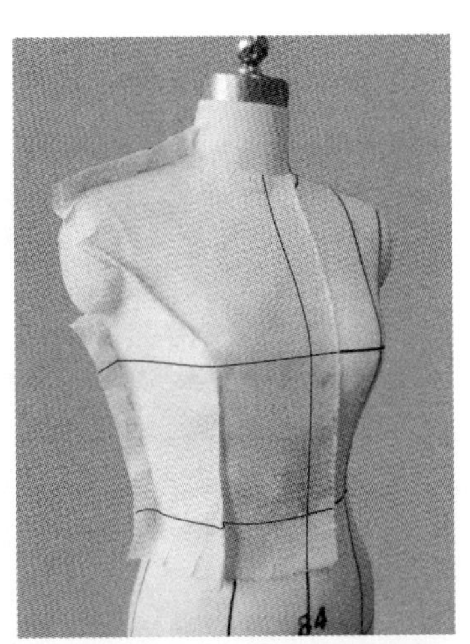

图 3-1-10 别合前后衣身

3.1.4 点影

(1) 分别将前后衣片各结构线及省道线做标记，包括：领围线、肩线、侧缝线、袖窿弧线、腰围线、胸省、肩省、前后腰省。抓合别的部位线条可以将 2B 铅笔削尖，穿透后留下标记。点影的痕迹只要明显，越小越美观(图 3-1-11、图 3-1-12)。

(2) 在肩线、侧缝线缝合处做对位标记。

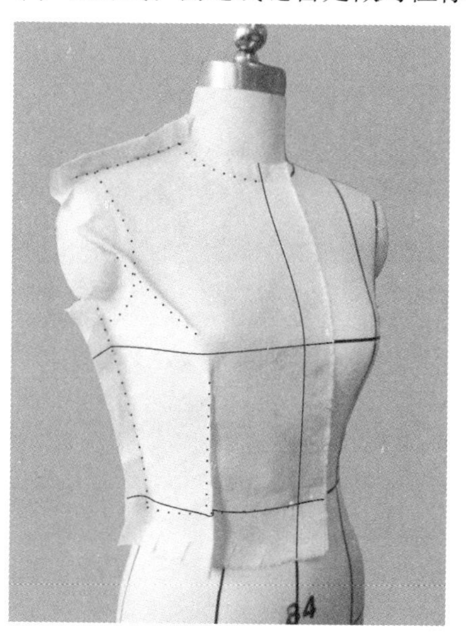

图 3-1-11 点影前衣身

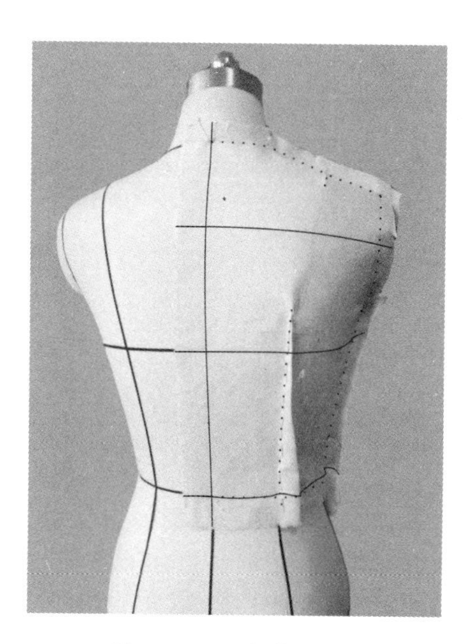

图 3-1-12 点影后衣身

3.1.5 下架修板

(1) 按点影位置画顺线条，袖窿处可用弧形尺画出规范的曲线。

(2) 校板：前后肩线对合，前后侧缝对合，并注意前后领口、袖窿弧线圆顺(图 3-1-13、图 3-1-14)。

(3) 留缝份，裁剪衣片，肩缝、侧缝、领围、袖窿留 1cm 缝份，底摆留 4cm 缝份。

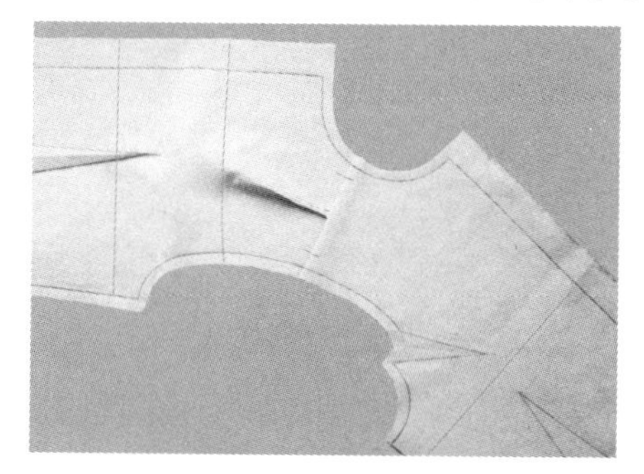

图 3-1-13 校对肩线

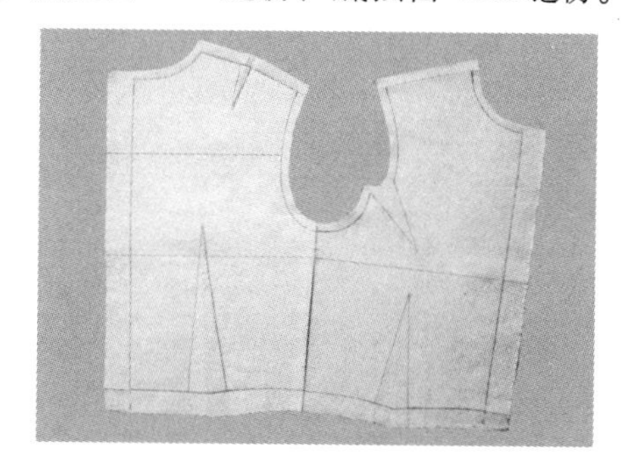

图 3-1-14 校对侧缝线

3.1.6 组装试穿

(1) 用折叠别组装前后衣身及收取省道。后片压前片，省道倒向中心线。

(2) 仔细观察款式造型是否准确合理，松量是否均匀分布，调整直至完善，重新点影标记，待修正纸样(图 3-1-15)。

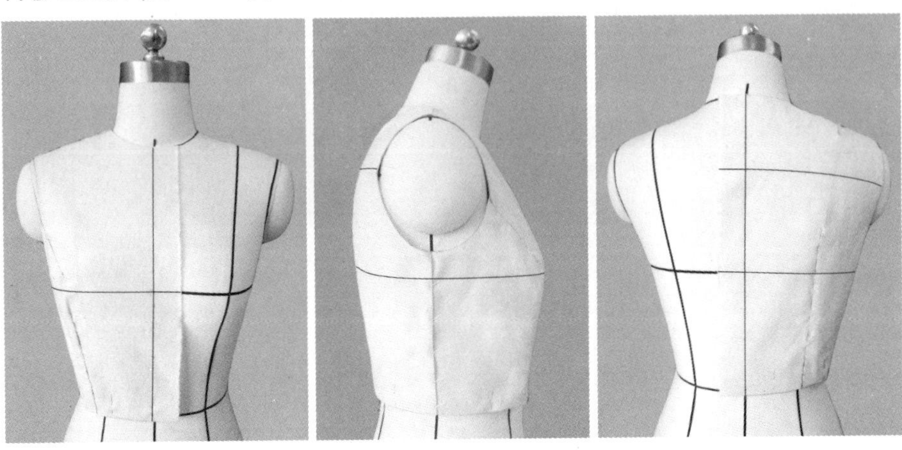

图 3-1-15 试穿效果

3.1.7 下架拓板

(1) 把试样后的衣身再次平面展开，按新点影位再次修正板型。

(2) 利用滚轮或拷贝台拓印纸样，样板线条要清晰、准确，对刀、对合、纱向、归拔标记要清楚(图 3-1-16)。

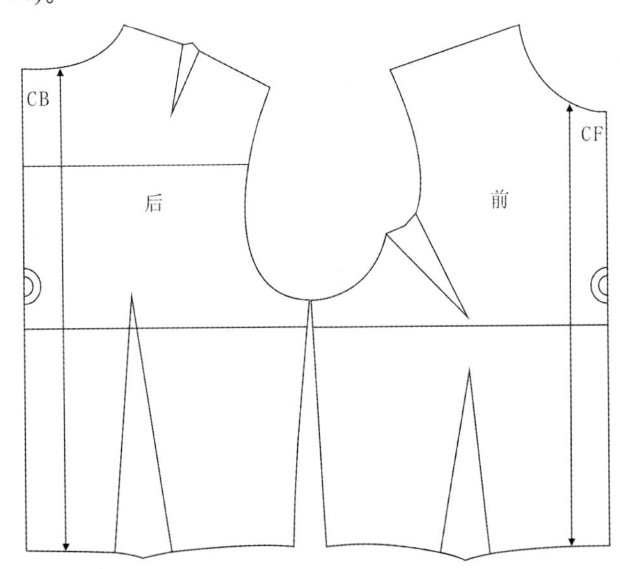

图 3-1-16 样板描图

3.2 胸省设计在衣身中的立体裁剪

女装胸部的变化向来是服装款式设计的要点。如何准确而完美地表现胸部造型也是设计难点。合体形态的胸部造型手法主要有三种形式：胸省设计、皱褶设计与分割线设计。

胸省是指向女性胸部突起区域，使服装合体所用省缝的总称，前片衣身中有无数个指向 BP 点的胸省，如肩省、肋省、腰省、门襟省、袖窿省、领口省等。其原理是通过省道转移，可以使省道设置在前片衣身的任意结构线上指向 BP 点。

3.2.1 肩省设计的立体裁剪

1. 款式分析

衣身呈现合体状态，在肩线上收取两个省道，省尖指向 BP 点(图 3-2-1)。

图 3-2-1 款式插图

2. 坯布准备

同 3-1-2 图中前衣片坯布准备。

3. 别样

(1) 披布：同衣身原型前身披布方法。将布料的前中心线、胸围线、腰围线分别对准人台相应的标志线，依次固定点①、点②、点③，保持布料丝缕方向横平竖直(图 3-2-2)。

(2) 整理腰部及侧缝：将布料从 BP 点至前中心线部位，平顺向下推至腰围处临时固定，腰部打剪口，再将布料从前向侧抚平固定点④。取掉点③处大头针，从点④处将布料向上推平至腋下固定点⑤，注意腰部留松量(图 3-2-3)。

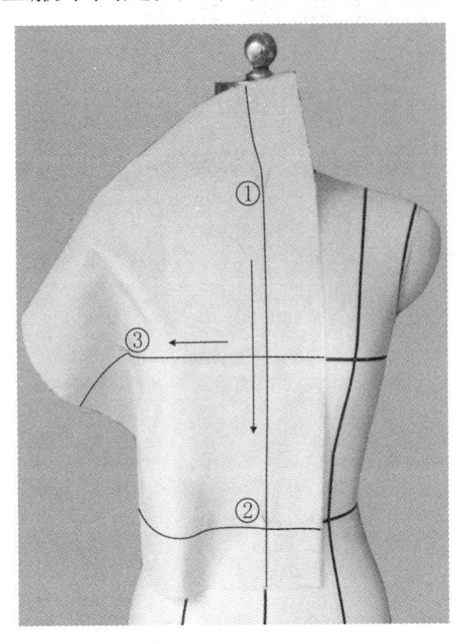

图 3-2-2 披布

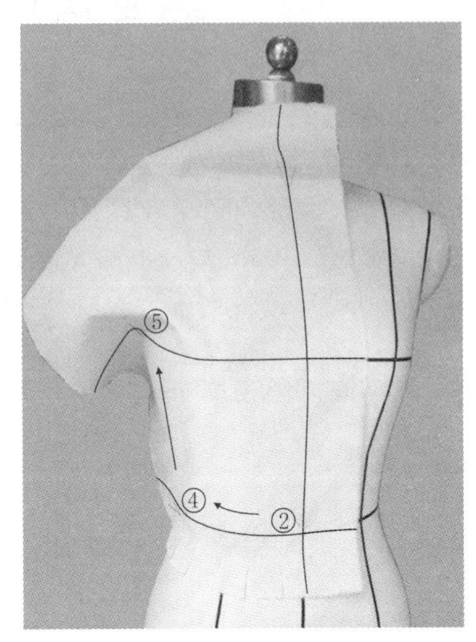

图 3-2-3 粗裁侧缝

(3) 整理袖窿：剪掉侧缝和袖窿部位多余布料，袖窿处打剪口，从腋下点⑤处向上抚平布料至肩端点⑥固定(图 3-2-4)。注意胸部布料贴合人台。

(4) 粗裁领口：将领口处多余布料剪掉，打剪口，将布料从点①向肩颈点推平，同时，从胸部向上至肩部抚平布料，在肩颈点处固定点⑦，形成前领围线(图 3-2-5)。

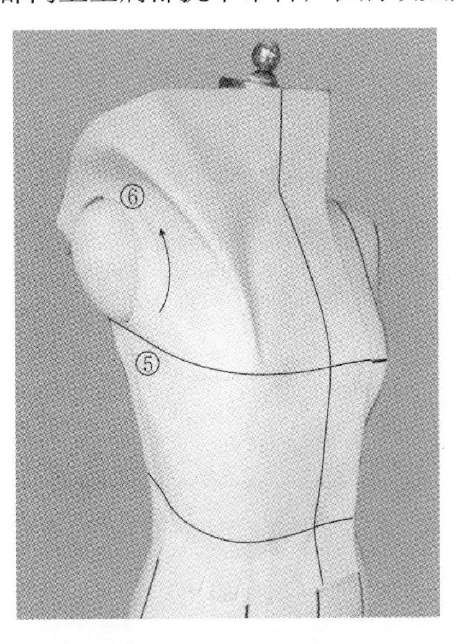

图 3-2-4 粗裁袖窿

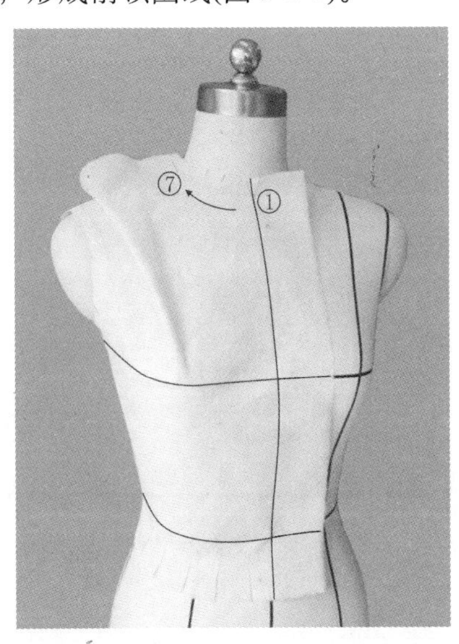

图 3-2-5 粗裁领口

(5) 收取肩省：将肩颈点与肩端点之间多余的布料分成两个省量，收取肩省，省尖指向胸部凸起区域，省道线呈平行状态(图 3-2-6、图 3-2-7)。

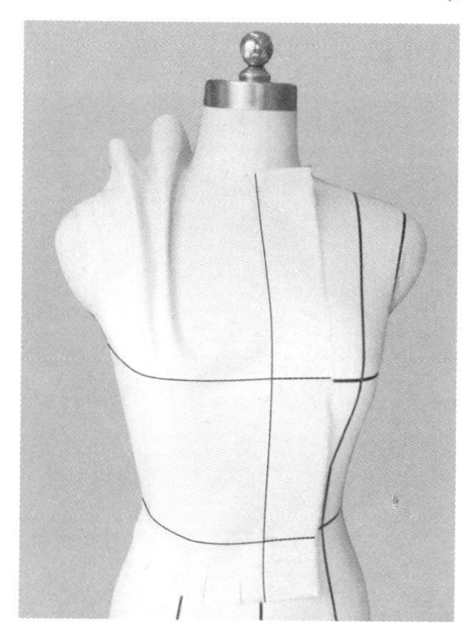

图 3-2-6 确定省量

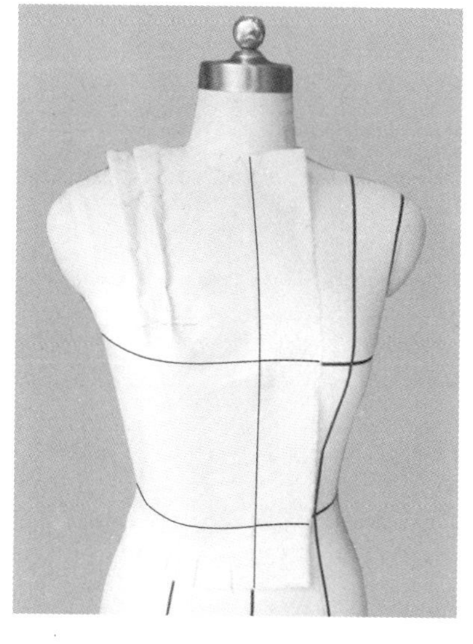

图 3-2-7 收取肩省

4. 点影

点影如图 3-2-8 所示。

5. 下架修板

下架修板如图 3-2-9 所示。

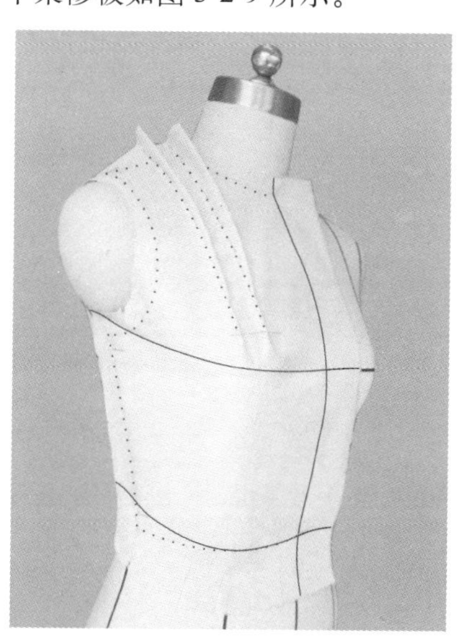

图 3-2-8 点影

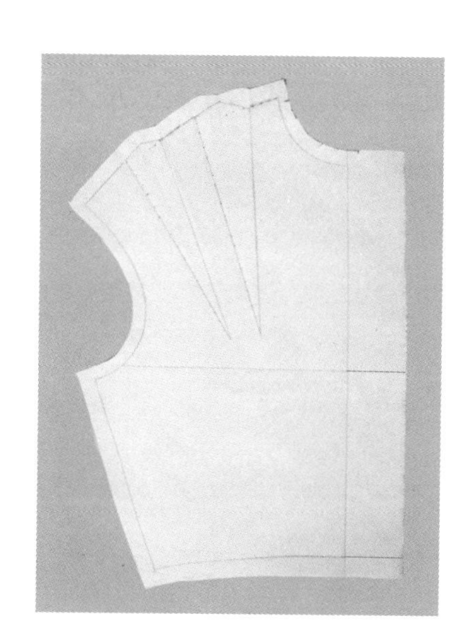

图 3-2-9 修板

6. 组装试穿

试穿效果如图 3-2-10 所示。

7. 下架拓板

样板描图如图 3-2-11 所示。

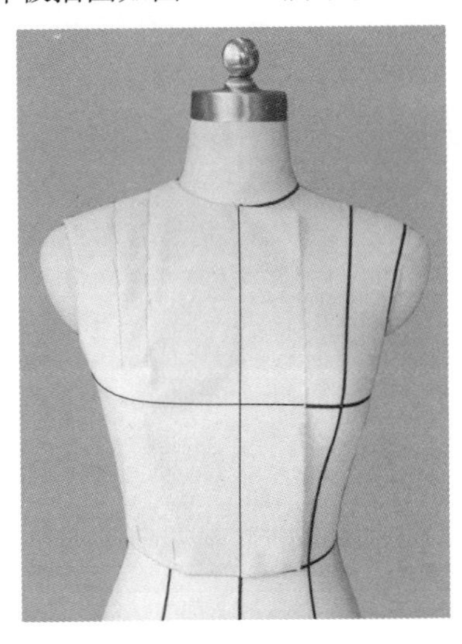

图 3-2-10 试穿效果

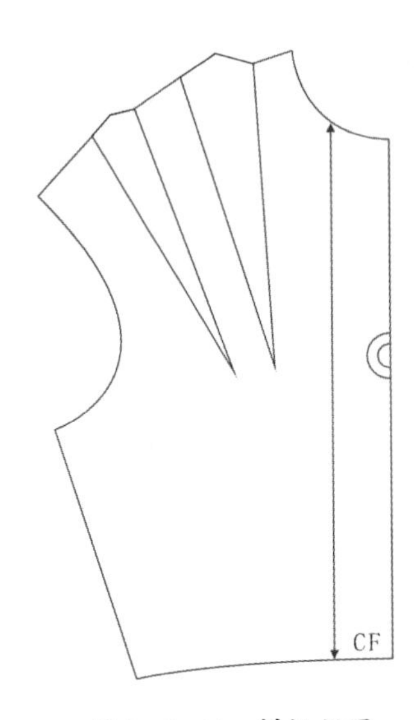

图 3-2-11 样板描图

3.2.2 领口省设计的立体裁剪

1. 款式分析

衣身呈现合体状态，仅在领围线上收取一个省道，省尖指向 BP 点(图 3-2-12)。

图 3-2-12 款式插图

2. 坯布准备(同前)

3. 别样

(1) 披布：同前肩省设计的披布方法(图 3-2-13)。

(2) 整理腰部及侧缝：同前肩省设计的整理腰部及侧缝的方法(图 3-2-14)。

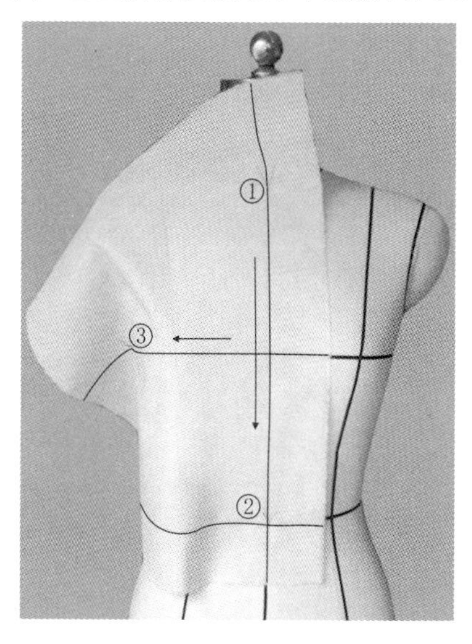

图 3-2-13　披布

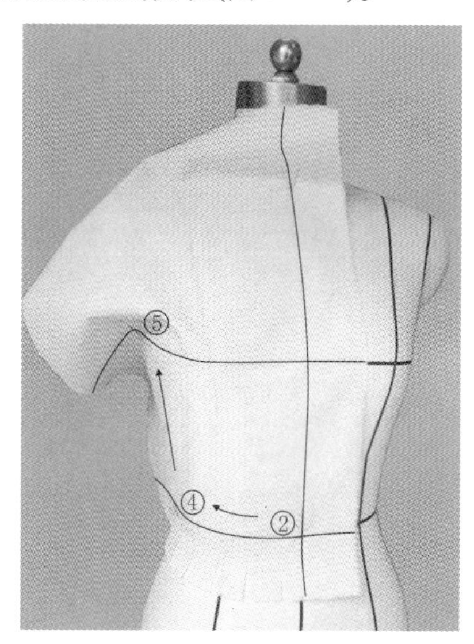

图 3-2-14　粗裁侧缝

(3) 整理袖窿：同前肩省设计的整理袖窿的方法(图 3-2-15)。

(4) 确定省位：从肩端点处将胸部余量推至领口处，肩颈点处固定，肩部布料平伏(图 3-2-16)。

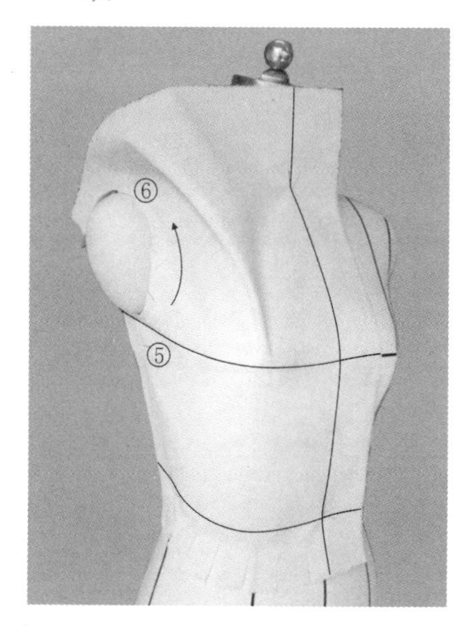

图 3-2-15　粗裁袖窿

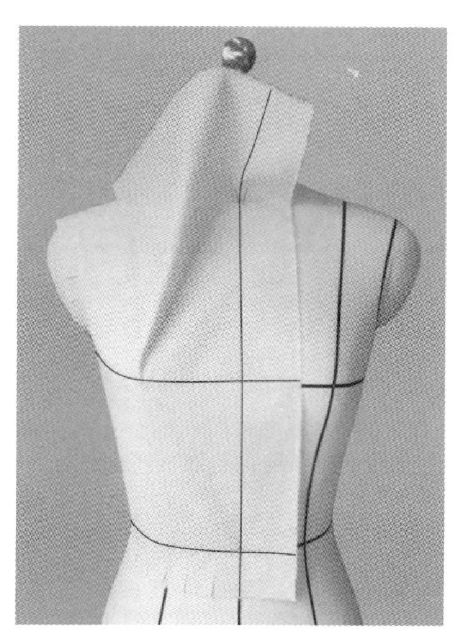

图 3-2-16　确定省位

(5) 收取领口省：将领口处余量别合省道，省尖指向 BP 点，将领口处多余布料剪掉(图 3-2-17、图 3-2-18)。

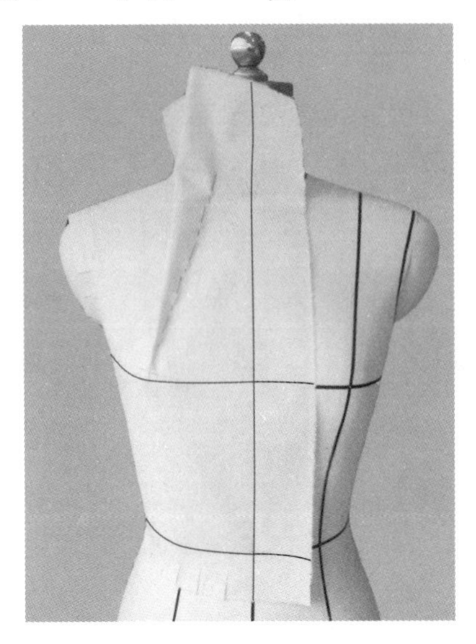

图 3-2-17　收取领口省

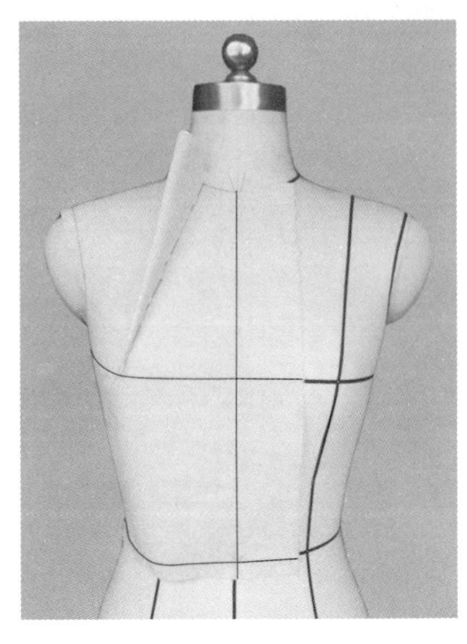

图 3-2-18　裁剪余料

4. 点影

点影如图 3-2-19 所示。

5. 下架修板

修板如图 3-2-20 所示。

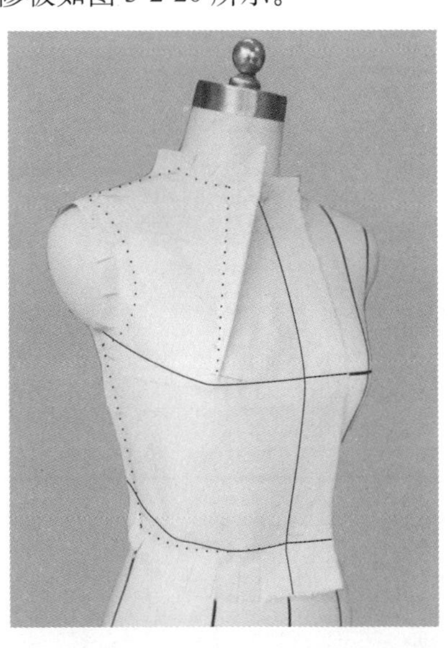

图 3-2-19　点影

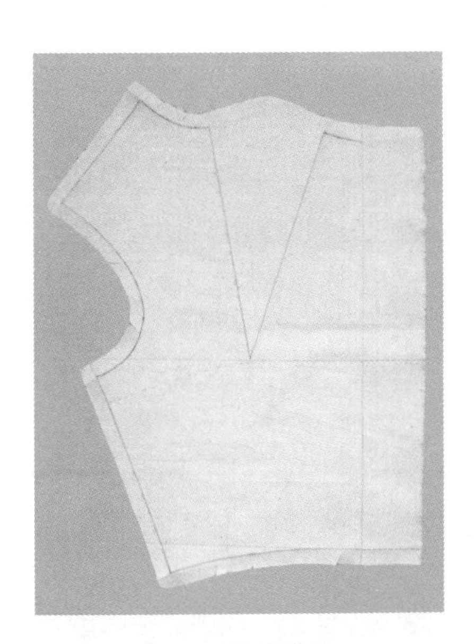

图 3-2-20　修板

6. 组装试穿

试穿效果如图 3-2-21 所示。

7. 下架拓板

样板描图如图 3-2-22 所示。

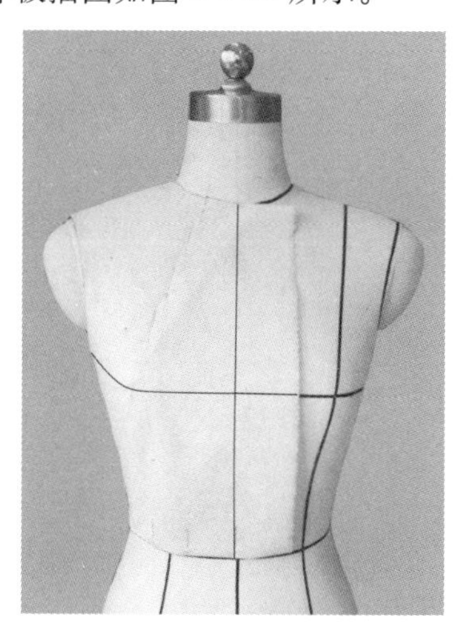

图 3-2-21 试穿效果

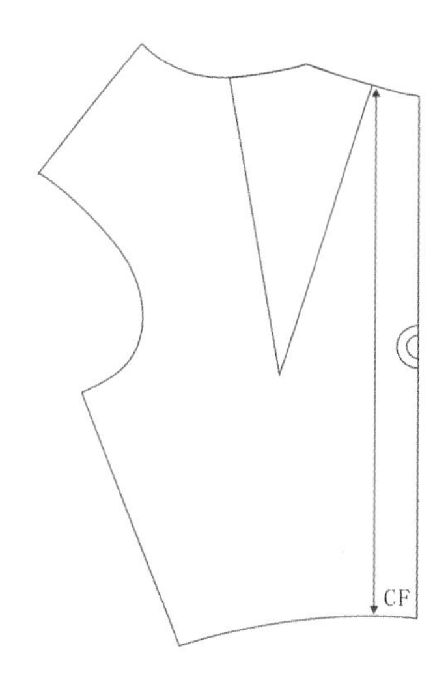

图 3-2-22 样板描图

3.2.3 门襟省设计的立体裁剪

1. 款式分析

衣身呈现合体状态，仅在前中心线上收取一个省道，省尖指向 BP 点(图 3-2-23)。

图 3-2-23 款式插图

2. 坯布准备(同前)

3. 别样

(1) 披布：同前肩省设计的披布方法(图 3-2-24)。

(2) 整理腰部及侧缝：同前肩省设计的整理腰部及侧缝的方法(图 3-2-25)。

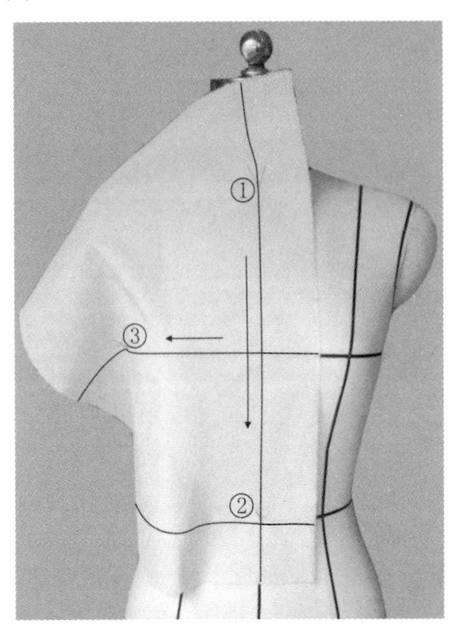

图 3-2-24 披布

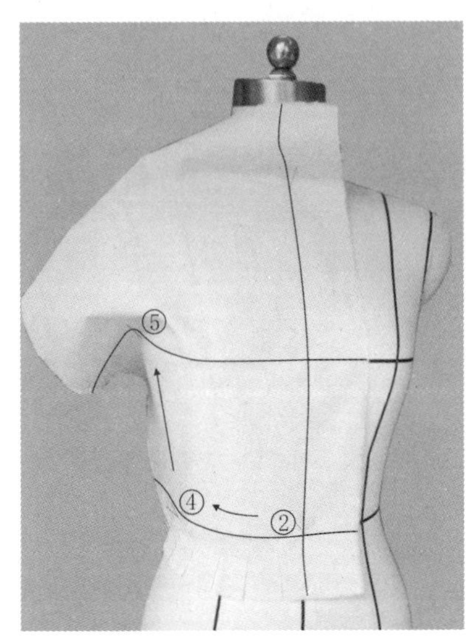

图 3-2-25 粗裁侧缝

(3) 整理袖窿：同前肩省设计的整理袖窿的方法(图 3-2-26)。

(4) 整理肩部：从肩端点⑥抚平布料至肩颈点固定点⑦，将领口部位余料剪掉，打剪口，使布料贴合颈部，余量推至前胸部位(图 3-2-27)。

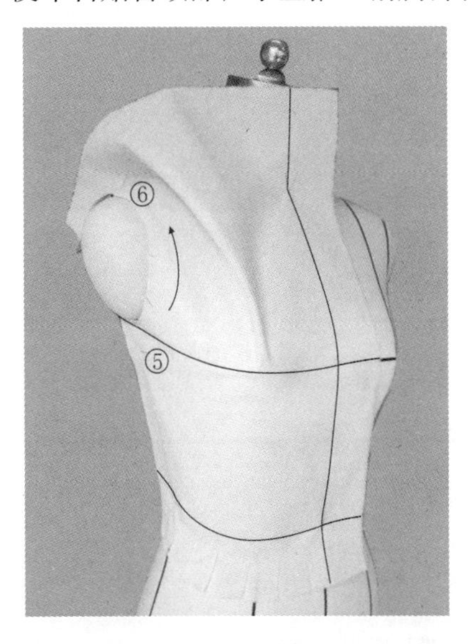

图 3-2-26 粗裁袖窿

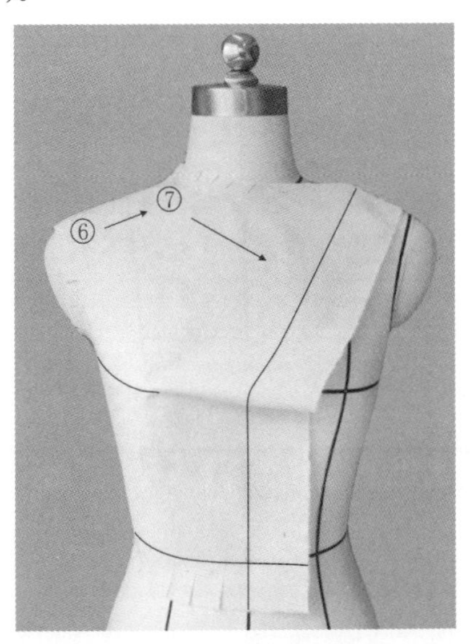

图 3-2-27 整理肩部

(5) 收取门襟省：将胸前门襟处余量别合省道，省道线呈水平状态，省尖指向 BP 点，将门襟处多余布料剪掉(图 3-2-28、图 3-2-29)。

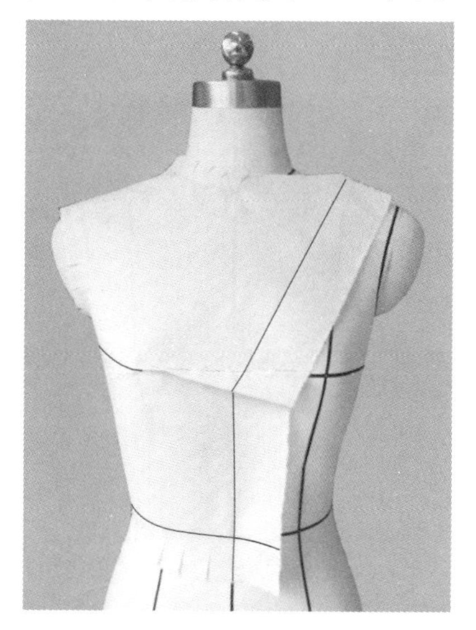

图 3-2-28 收取门襟省

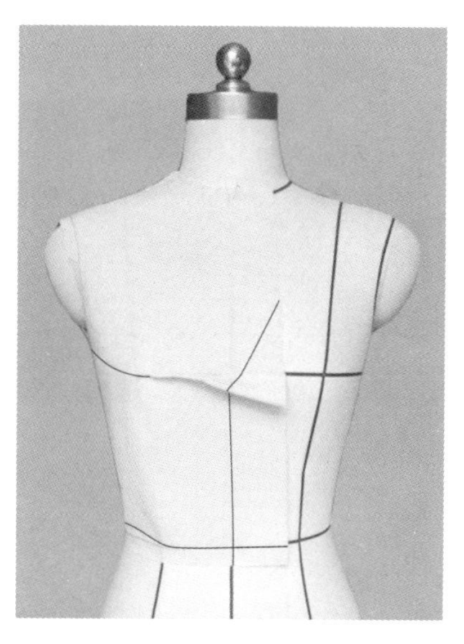

图 3-2-29 裁剪余料

4. 点影

点影如图 3-2-30 所示。

5. 下架修板

修板如图 3-2-31 所示。

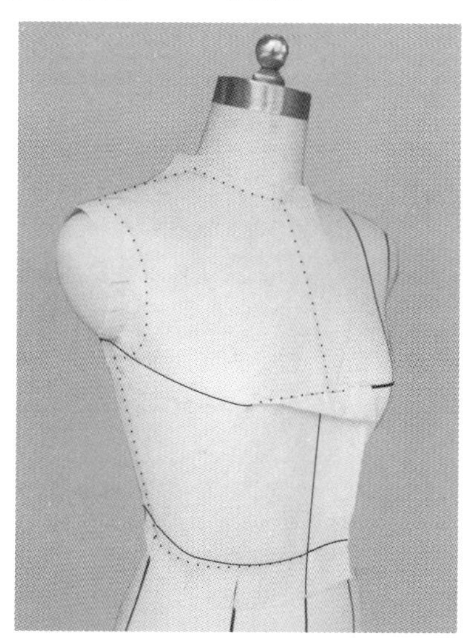

图 3-2-30 点影

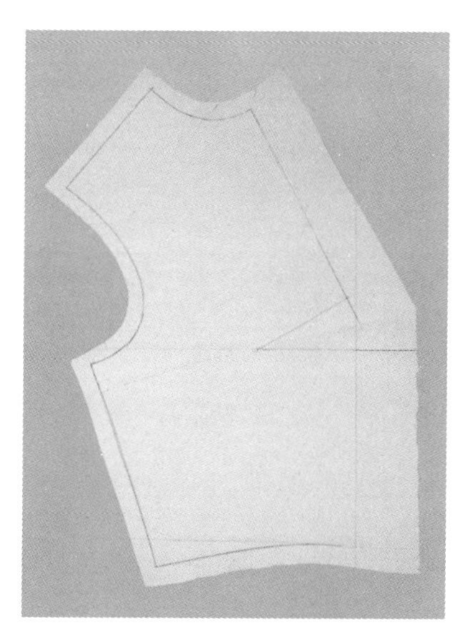

图 3-2-31 修板

6. 组装试穿

试穿效果如图 3-2-32 所示。

7. 下架拓板

样板描图如图 3-2-33 所示。

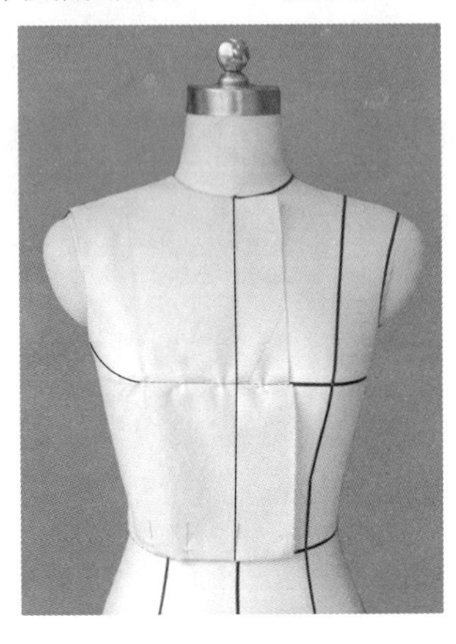

图 3-2-32　试穿效果

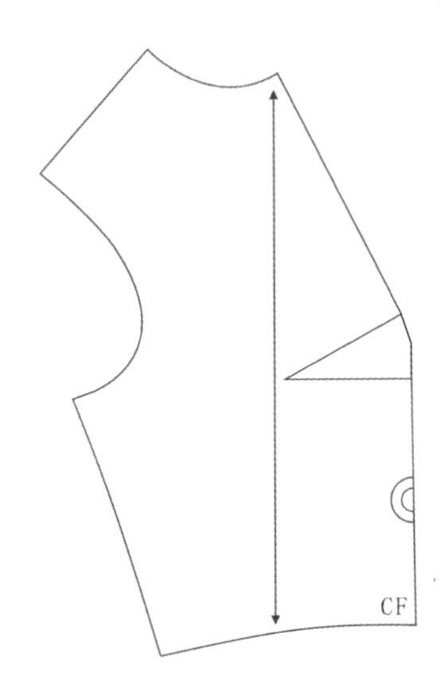

图 3-2-33　样板描图

3.2.4　肋下多省设计的立体裁剪

图 3-2-34　款式插图

1. 款式分析

衣身呈现合体状态，在侧缝线下端收取两个省道，省尖指向胸部突起区域(图 3-2-34)。

2. 坯布准备(同前)

3. 别样

(1) 披布：方法同前(图 3-2-35)。

(2) 粗裁领口、肩线：将领口部位余料剪掉，打剪口，从前颈点①处将布料抚平至肩颈点固定点④，再从点④将布料向肩端点抚平固定点⑤，肩颈部位坯布平整(图 3-2-36)。

(3) 整理胸：首先固定 BP 点，然后放开腋下点③，再从肩端点⑤向下推胸部余量至胸围线下。袖窿处余料剪掉，打剪口抚平布料，保持胸部坯布贴合、平顺，在腋下侧缝处固定点⑥(图 3-2-37)。

(4) 整理腰部及省量：将布料从前中心腰节处点②向侧面推平，打剪口，在侧缝线上固定点⑦，胸腰差的省量都转至侧缝线上，注意腰部留松量(图 3-2-38)。

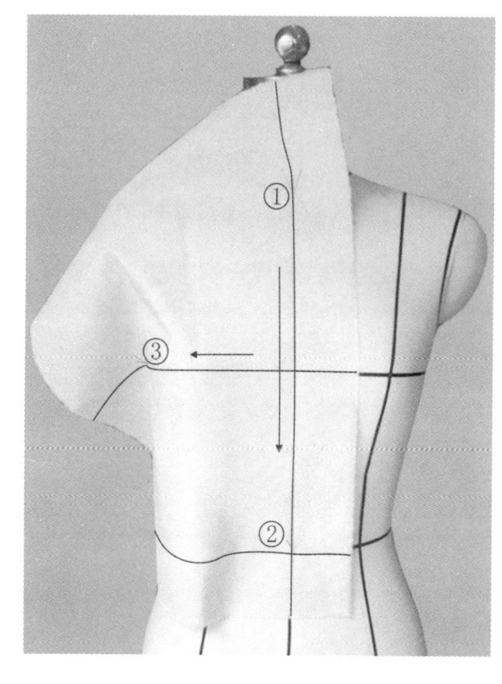

图 3-2-35 披布

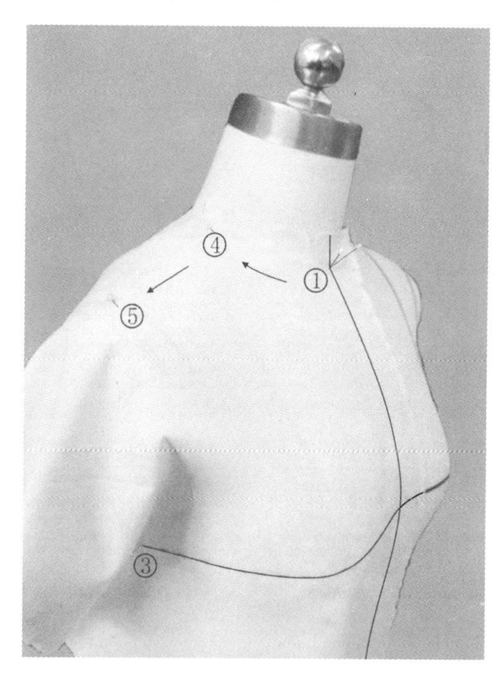

图 3-2-36 粗裁领口

(5) 收取肋省：将侧缝线上省量分为两个肋省收掉，两个省基本平行，省尖指向胸部凸起区域(图 3-2-39)。

4. 点影

将衣片省道线、肩线、侧缝线、领口线、袖窿弧线、腰围线等部位进行点影标记(图 3-2-40)。

5. 下架修板

平面展开衣片，按点影位画顺各部位线条(图 3-2-41)。

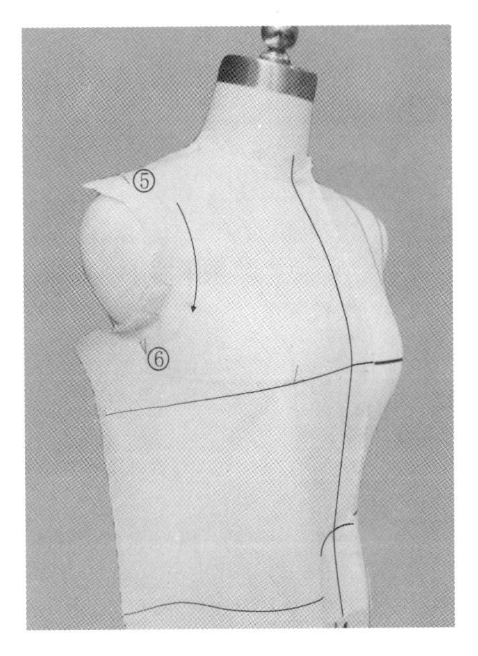

图 3-2-37　粗裁袖窿

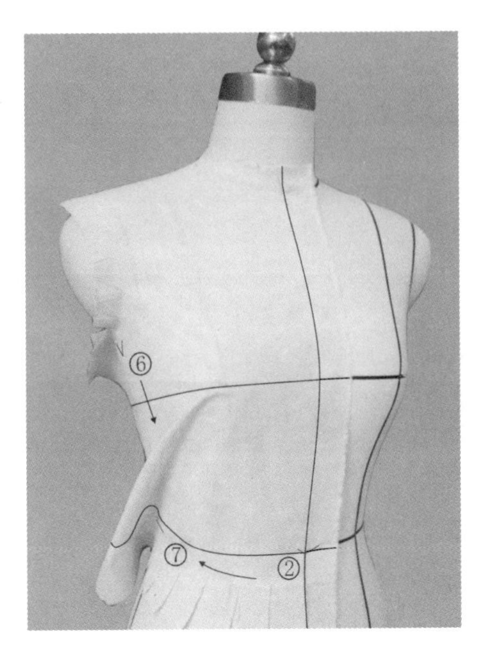

图 3-2-38　整理省量

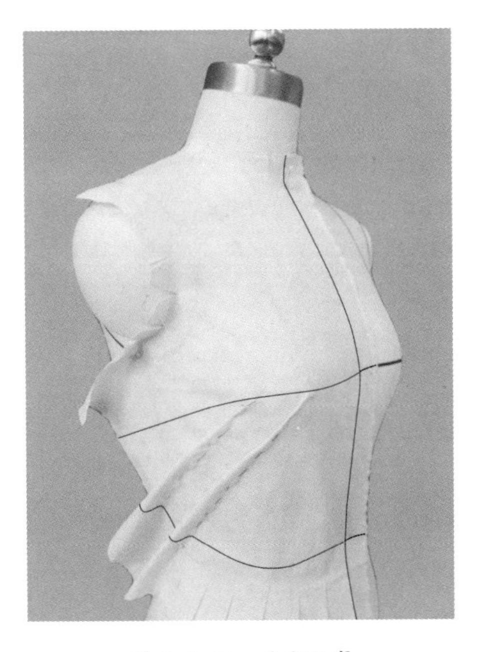

图 3-2-39　收取肋省

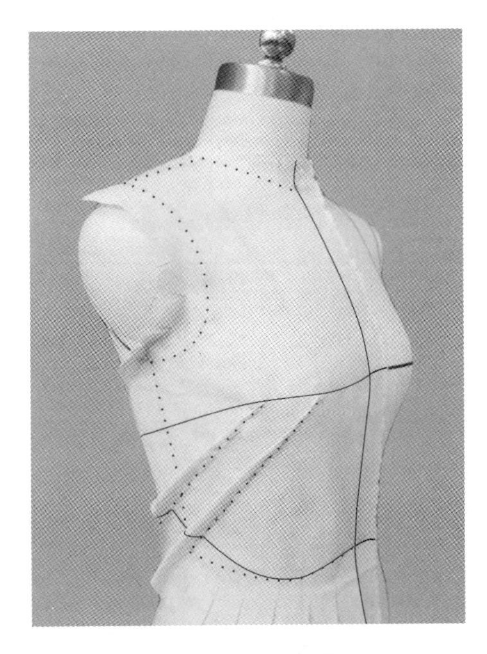

图 3-2-40　点影

6. 组装试穿

试穿效果如图 3-2-42 所示。

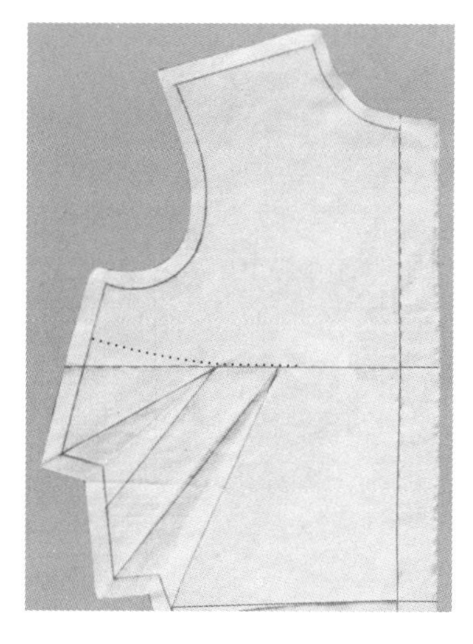

图 3-2-41 修板

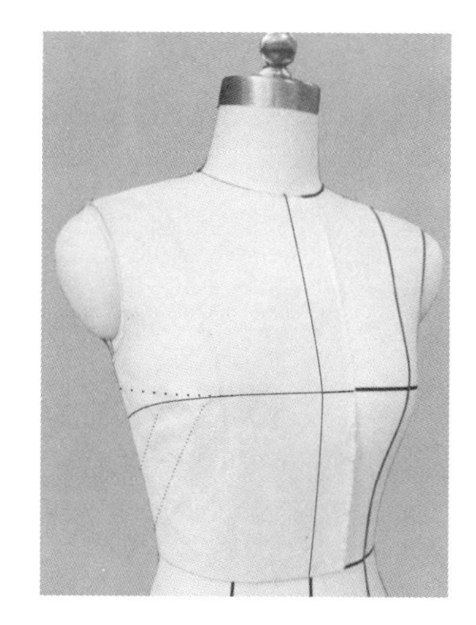

图 3-2-42 试穿效果

7. 下架拓板

样板描图如图 3-2-43 所示。

图 3-2-43 样板描图

3.2.5 腰省设计的立体裁剪

1. 款式分析

衣身呈现合体状态，仅在腰围线上收取一个省道，省尖指向 BP 点(图 3-2-44)。

2. 坯布准备(同前)

图 3-2-44　款式插图

3. 别样

(1) 披布：方法同前(图 3-2-45)。

(2) 粗裁领口：方法同肋下多省设计粗裁领口操作(图 3-2-46)。

(3) 粗裁肩部、袖窿：方法同肋下多省设计粗裁肩部、袖窿操作(图 3-2-47)。

(4) 收取腰省：从腋下固定点处将布料向下抚平至腰节处固定，腰部余量收取腰省，注意留出活动松量(图 3-2-48)。

4. 点影

点影如图 3-2-49 所示。

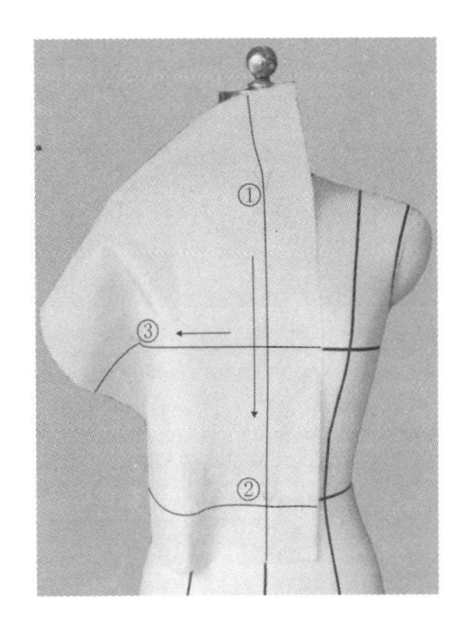

图 3-2-45　披布

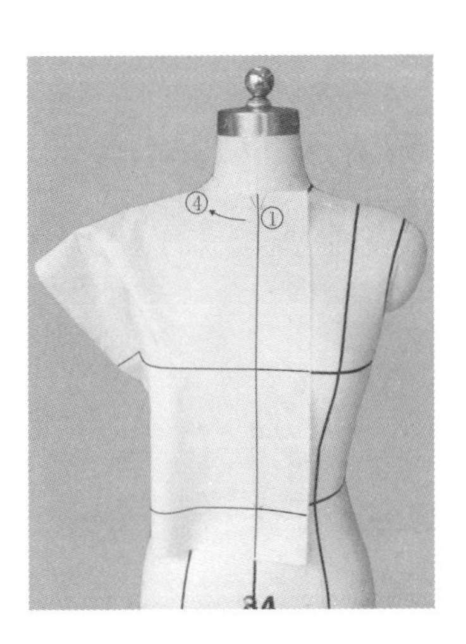

图 3-2-46　粗裁领口

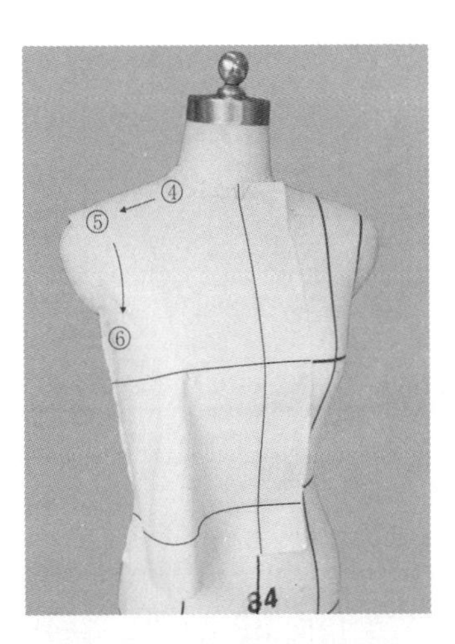

图 3-2-47　粗裁肩部及袖窿

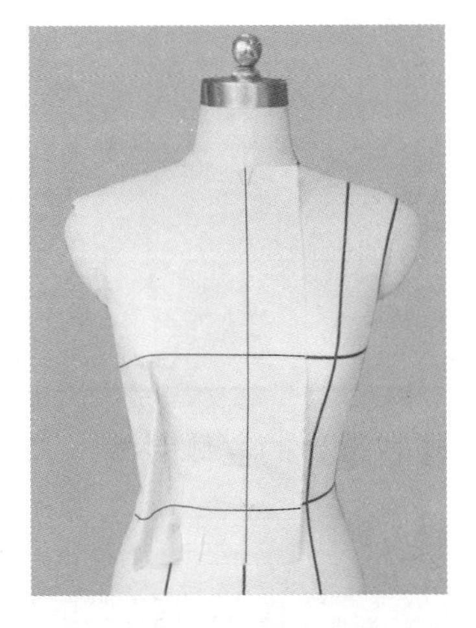

图 3-2-48　收取腰省

5. 下架修板

修板如图 3-2-50 所示。

6. 组装试穿

试穿效果如图 3-2-51 所示。

7. 下架拓板

样板描图如图 3-2-52 所示。

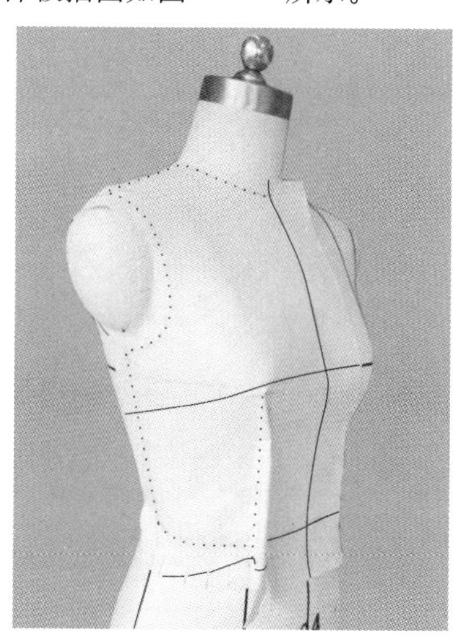

图 3-2-49 点影

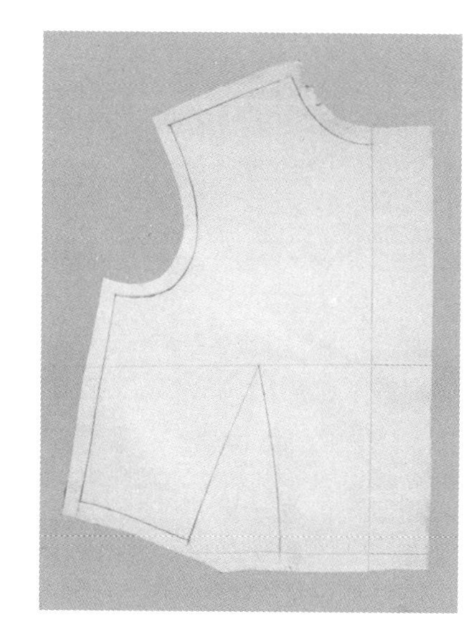

图 3-2-50 修板

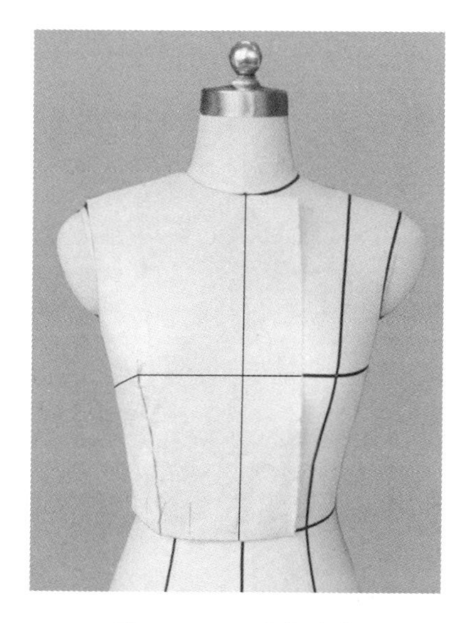

图 3-2-51 试穿效果

图 3-2-52 样板描图

3.2.6 人字省设计的立体裁剪

1. 款式分析

衣身呈现合体状态，人字省斜跨左右衣片，省尖分别指向左右 BP 点，两省交点在前中心线上(图 3-2-53)。

2. 坯布准备(图 3-2-54)

图 3-2-53 款式插图

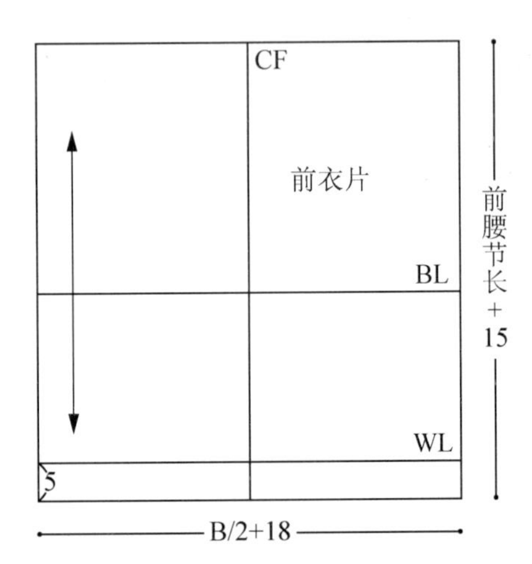

图 3-2-54 坯布准备

3. 别样

(1) 标记省位线：用粘带在人体模型上贴出人字省位置(图 3-2-55)。

(2) 披布：将布料的前中心线、胸围线分别对准人台的前中心线、胸围线，依次固定前颈点①、前中心线与腰围线的交点②、左右 BP 点③④，保证坯布与人台标志线重合，坯布丝缕方向横平竖直(图 3-2-56)。

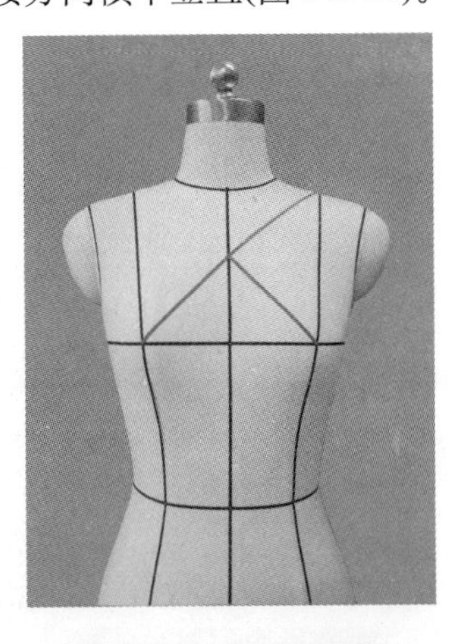

图 3-2-55 标记线

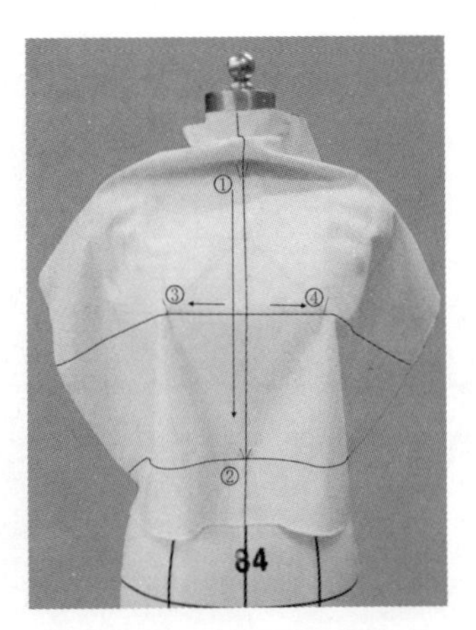

图 3-2-56 披布

(3) 整理腰部及侧缝：将布料从 BP 点至前中心线部位，平顺向下推至腰围处临时固定，腰部打剪口，再将布料从前向侧抚平固定点⑤，从点⑤处将布料向上推平至腋下固定点⑥，注意腰部留松量。左身同理操作(图 3-2-57)。

(4) 整理肩部及省量：将布料从胸围线向袖窿、肩部自然贴服在人台上临时固定，修剪侧缝处、袖窿处多余布料，再次调整胸部余量，推平余量，固定肩点⑦，省量推至肩线处。左身同理操作，注意胸围线上左右余量对称(图 3-2-58～图 3-2-60)。

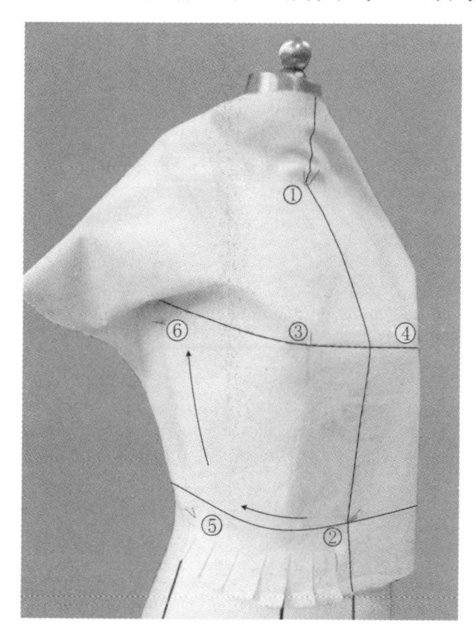

图 3-2-57　整理腰部及侧缝

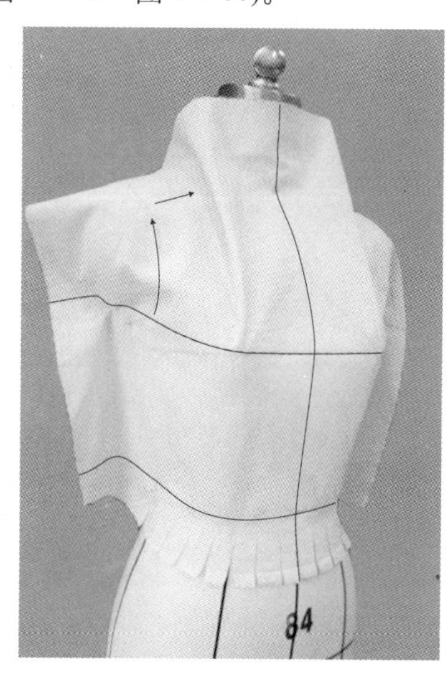

图 3-2-58　整理肩部

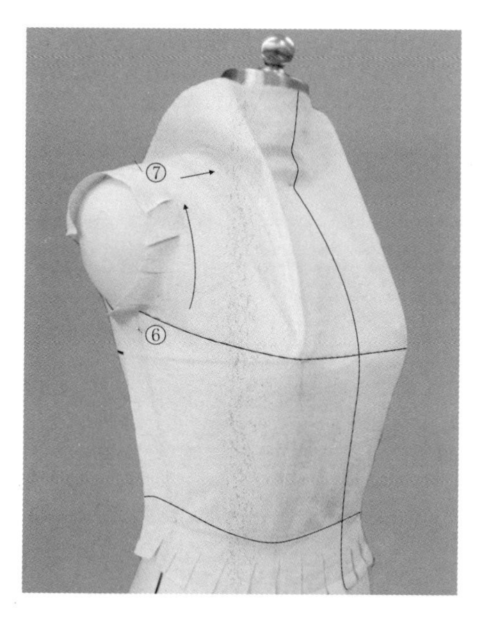

图 3-2-59　粗裁袖窿

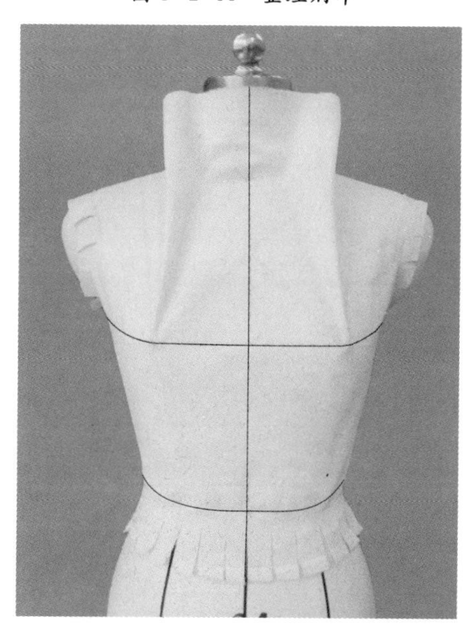

图 3-2-60　整理省量

(5) 收取长省：先将右身肩部省量放倒至左身。从肩点⑦处平推布料至肩颈点⑧，大头针固定。粗裁领口线，固定领口位。将省量在人字标记线处收取，省尖指向 BP 点，大头针抓合固定(图 3-2-61)。

(6) 收取短省：将长省省中线剪开，不要剪过 BP 点，再将右身省量推至短省标记线位置，省尖指向 BP 点，大头针抓合固定。将长省多余布料剪掉，重新别合省位。整体观察，看长短省交点是否位于前中心线上(图 3-2-62～图 3-2-64)。

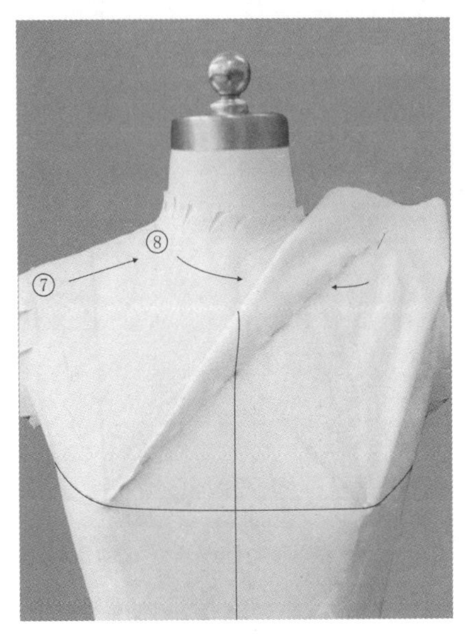

图 3-2-61　收取长省

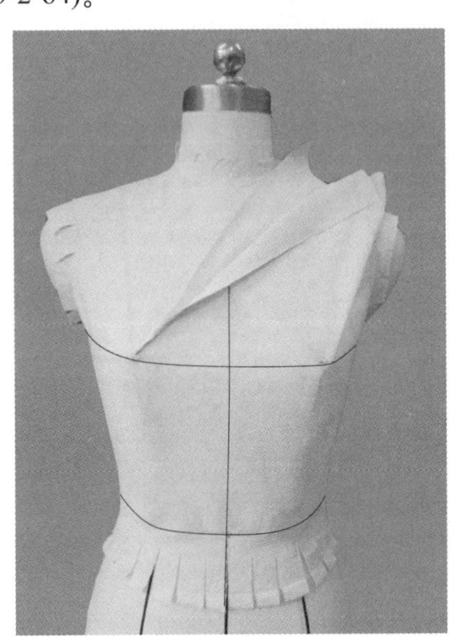

图 3-2-62　剪开省中线

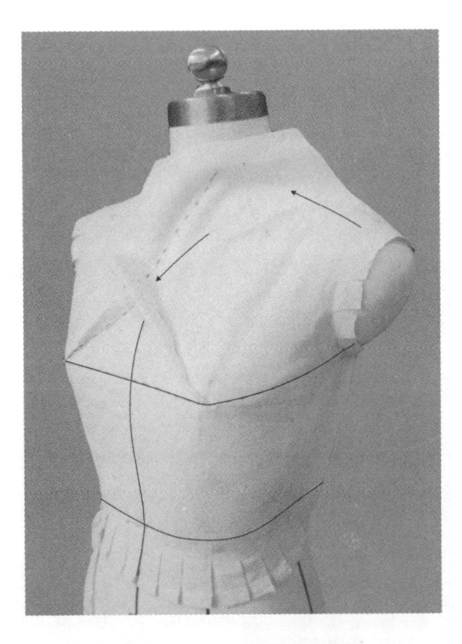

图 3-2-63　确定短省位

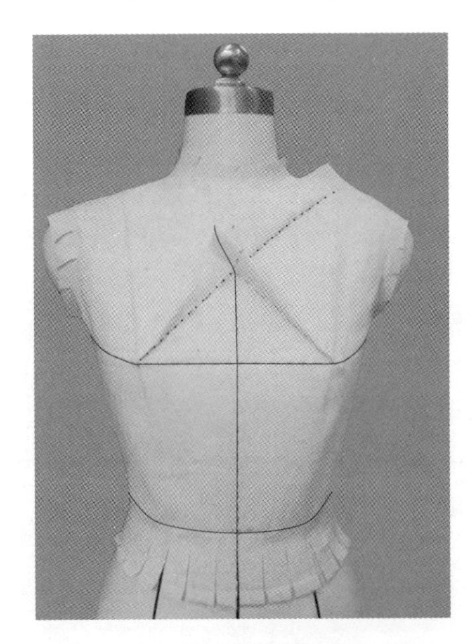

图 3-2-64　收取短省

4. 点影

将衣片省道线、肩线、侧缝线、领口线、袖窿弧线、腰围线等部位进行点影标记(图 3-2-65)。

5. 下架修板

平面展开衣片，按点影位画顺各部位线条，同时校对左右肩线、侧缝线、袖窿线和领口线是否对称一致(图 3-2-66)。

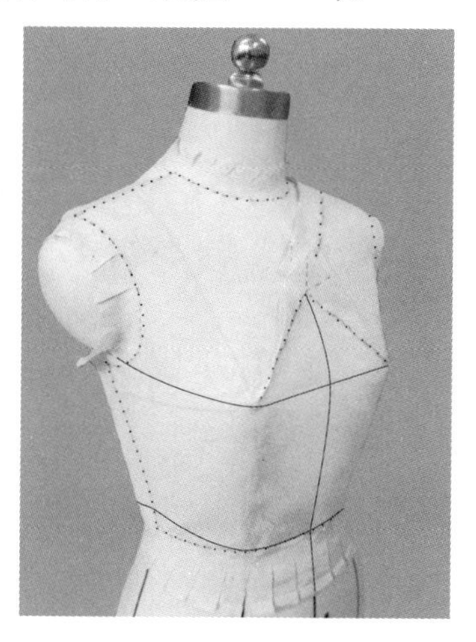

图 3-2-65 点影

图 3-2-66 收取腰省修板

6. 组装试穿

试穿效果如图 3-2-67 所示。

7. 下架拓板

样板描图如图 3-2-68 所示。

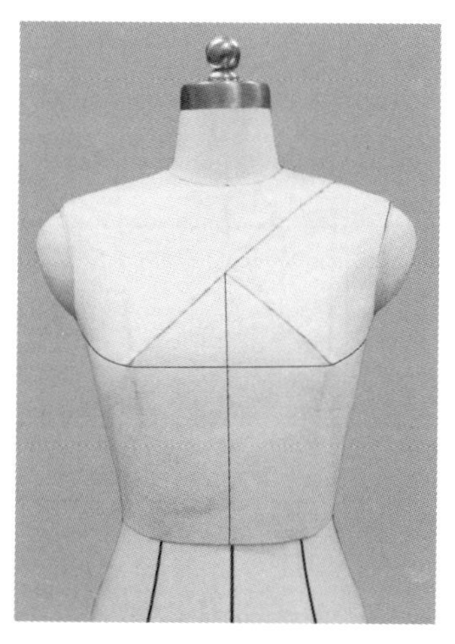

图 3-2-67 试穿效果

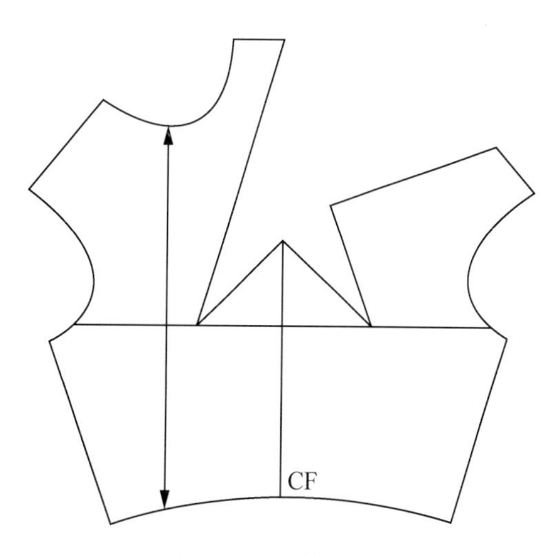

图 3-2-68 样板描图

3.2.7 胸省设计总结

省是服装设计中对围度落差的余量进行处理的一种形式，使服装造型由传统的平面二维设计走向了真正意义上的立体三维造型。在前片衣身中，胸腰差量可以设为一个或一个以上省道，若在胸围线上下两端均设置省道，胸围线处于水平状态；若省道仅设在胸围线上端，胸围线不再处于水平状态，呈现向上弧度；省道仅设在胸围线下端，胸围线也不再处于水平状态，呈现向下弧度。不同省道的设置实际上就是省道的转移。同样，在衣身后片中的肩胛省、裙片中的臀腰省、袖片中的肘省等，都可以遵循省道转移的原理进行设计。

3.3 褶皱设计在衣身中的立体裁剪

褶皱是将布料有规律或无规律地抽缩、折叠起来，形成自然、立体的形态特征，增添款式造型变化，常用于女装设计中。

3.3.1 前中心碎褶设计的立体裁剪

1. 款式分析

衣身呈现合体状态，无省道，胸前中心线处抽碎褶，褶量实际为门襟省的的省量(图 3-3-1)。

2. 坯布准备(图 3-3-2)

图 3-3-1 款式插图

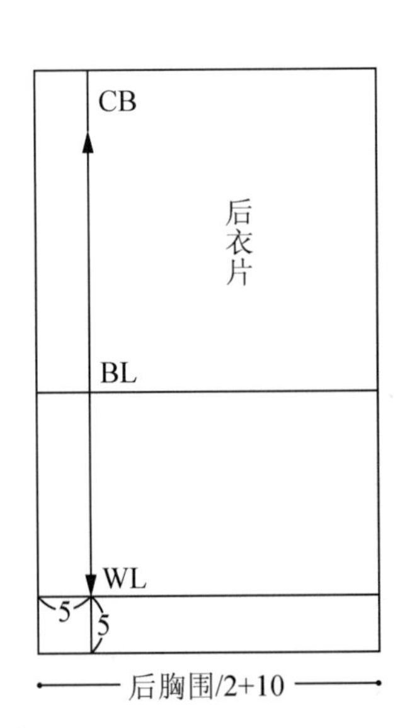

图 3-3-2 坯布准备(单位：cm)

3. 别样

(1) 标记造型线：根据效果图，在人台上分别用粘带贴出前后领形线、袖窿线(图 3-3-3、图 3-3-4)。

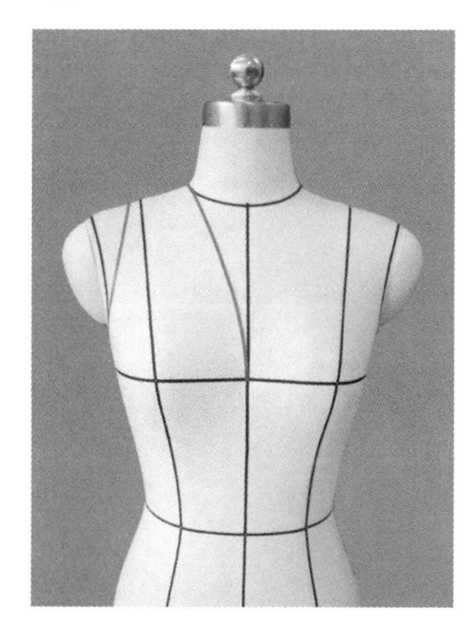

图 3-3-3 标记前衣身造型线

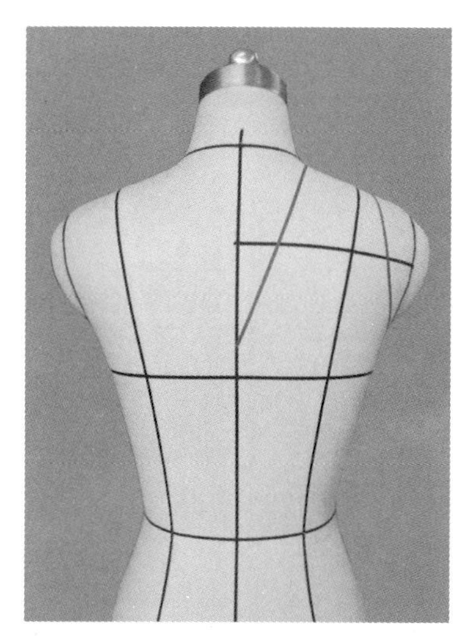

图 3-3-4 标记后衣身造型线

(2) 前身披布：将布料的前中心线、胸围线分别对准人台的前中心线、胸围线，依次固定前颈点①、前中心线与腰围线的交点②、BP 点③，保证坯布与人台标志线重合，坯布丝缕方向横平竖直(图 3-3-5)。

(3) 整理前片腰部及侧缝：将布料从 BP 点至前中心线部位，平顺向下推至腰围处临时固定，腰部打剪口，再将布料从前向侧抚平至侧缝处固定点④，从点④处将布料向上推平至腋下侧缝处固定点⑤，剪掉侧缝处余料，注意腰部留松量(图 3-3-6)。

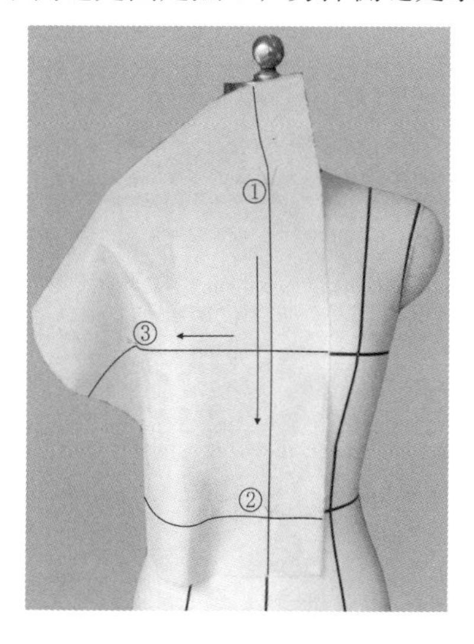

图 3-3-5 前身披布

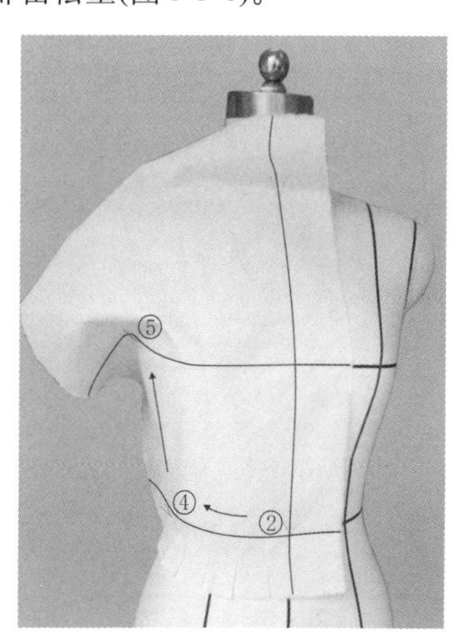

图 3-3-6 整理前片腰部及侧缝

(4) 整理前片袖窿及肩部：将袖窿处余料剪掉，打剪口，从腋下点⑤处沿袖窿向上推平布料至肩端点，固定点⑥。从肩端点⑥抚平布料至肩颈点处，固定点(图 3-3-7)。

(5) 整理前片领口及褶位：将领口处余料剪掉，打剪口，将余量从肩颈点⑦处向下推至前胸中心处位褶位(图 3-3-8)。

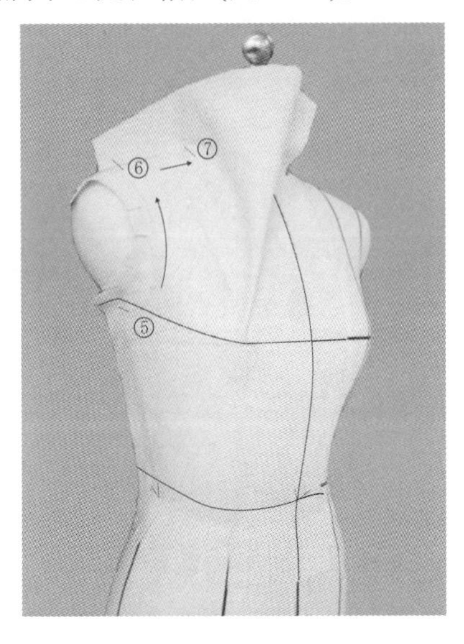

图 3-3-7 整理前片袖窿及肩部

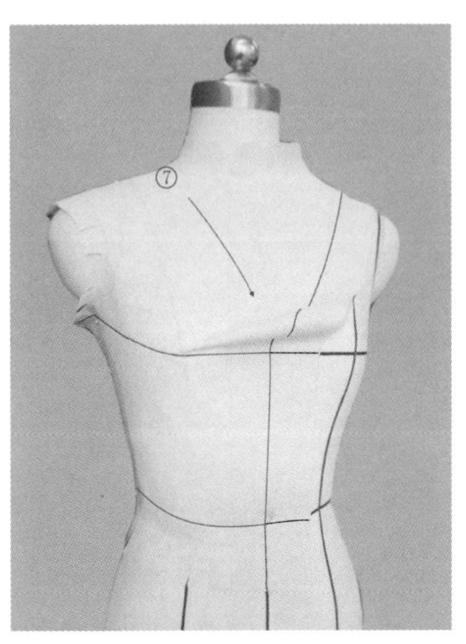

图 3-3-8 整理前片领口及褶位

(6) 捏褶：预留领口缝份，剪掉余料，将集中在前胸中心部位的布料余量捏成若干小褶，用大头针固定，注意褶位间距和方向均衡、美观(图 3-3-9)。

(7) 标记前止口：用粘带按领部造型贴出前止口标记线，同时固定褶量(图 3-3-10)。

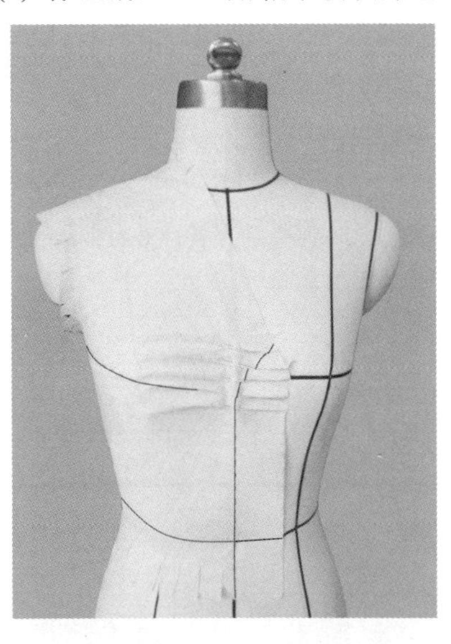

图 3-3-9 捏褶

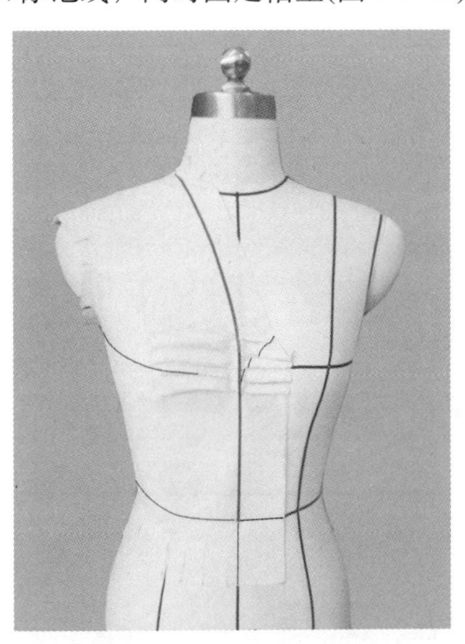

图 3-3-10 标记前止口

(8) 后身披布：将布料的后中心线、胸围线分别对准人台的后中心线、胸围线，依次固定后颈点①、后中心线上腰部点②、侧身胸围线上点③，保证坯布与人台标志线重合，坯布丝缕方向横平竖直(图 3-3-11)。

(9) 整理后片腰部及侧缝：将布料从后中心线上点②，向侧身推平至侧缝处固定点④，再从点④处将布料向上推平至腋下侧缝处固定点⑤，腰部布料平伏，留余量(图 3-3-12)。

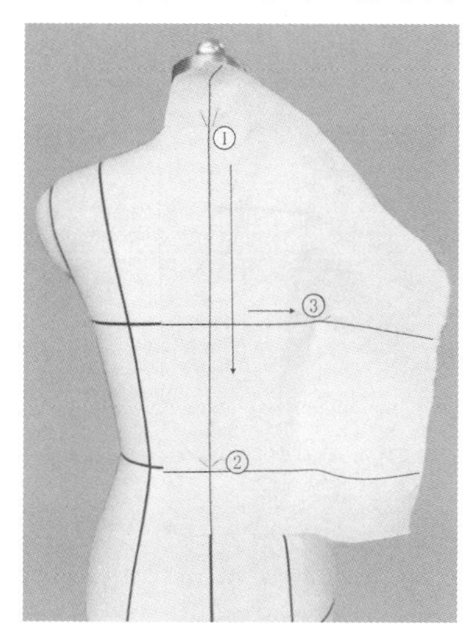

图 3-3-11　后身披布

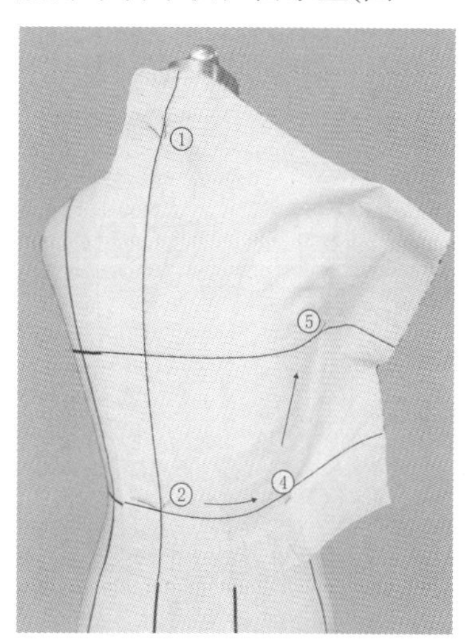

图 3-3-12　整理后片腰部及侧缝

(10) 整理后片袖窿及肩部：将袖窿处余料剪掉，打剪口，从腋下点⑤处沿袖窿向上推布料至肩端点，固定点⑥，袖窿处留有活动余量。同时从后背部向上抚平布料至肩线，在肩颈点处固定点⑦，注意肩背部布料平伏。用粘带贴出后领口标记线(图 3-3-13)。

(11) 别合前后衣身：将前后衣身的肩缝、侧缝用大头针别合，注意肩部平伏，腰部留松量，剪掉多余布料(图 3-3-14)。

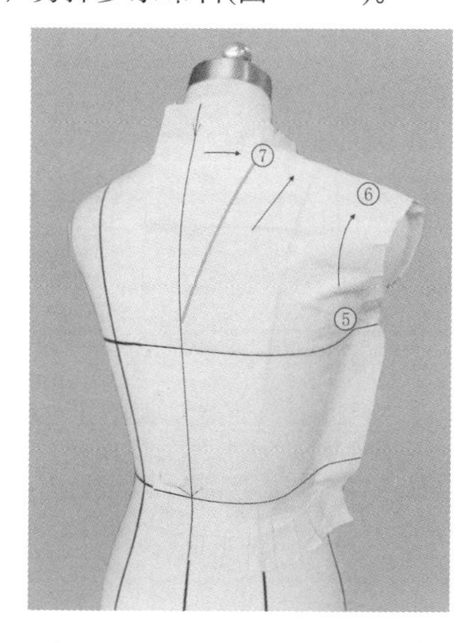

图 3-3-13　整理后片袖窿及肩部

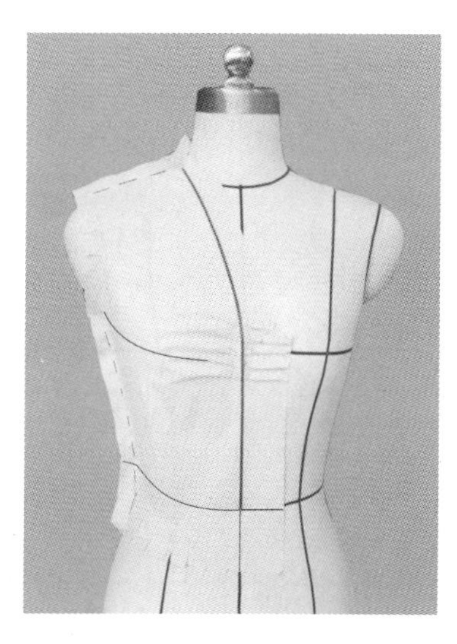

图 3-3-14　别合前后衣身

4. 点影

将衣片肩线、侧缝线、领口线、袖窿弧线、腰围线、褶位等部位进行点影标记(图 3-3-15)。

5. 下架修板

平面展开衣片，按点影位画顺各部位线条，同时校对前后肩线、前后侧缝线是否一致，袖窿弧线和领口线是否前后流畅(图 3-3-16)。

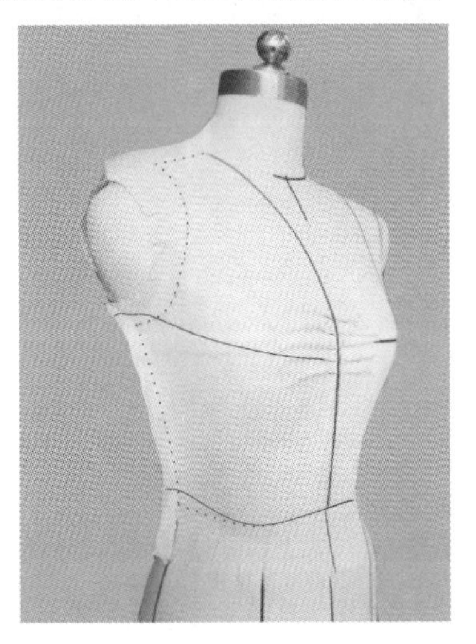

图 3-3-15　点影

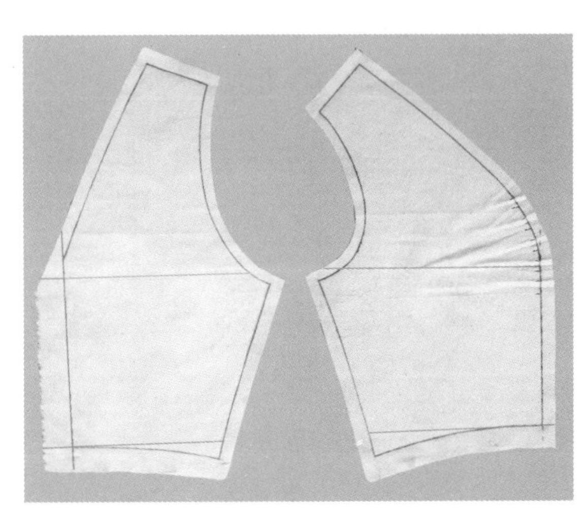

图 3-3-16　修板

6. 组装试穿

试穿效果如图 3-3-17 所示。

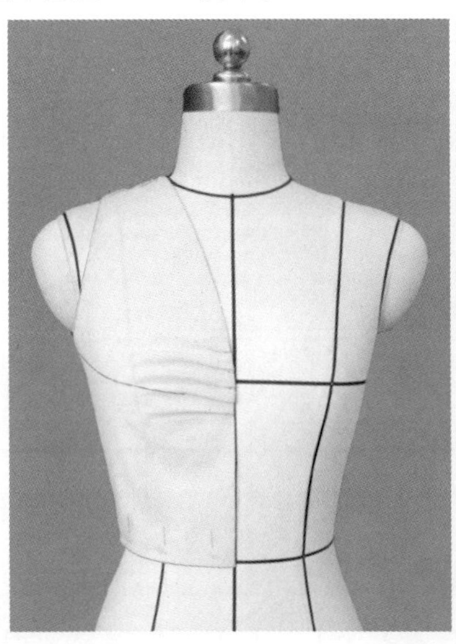

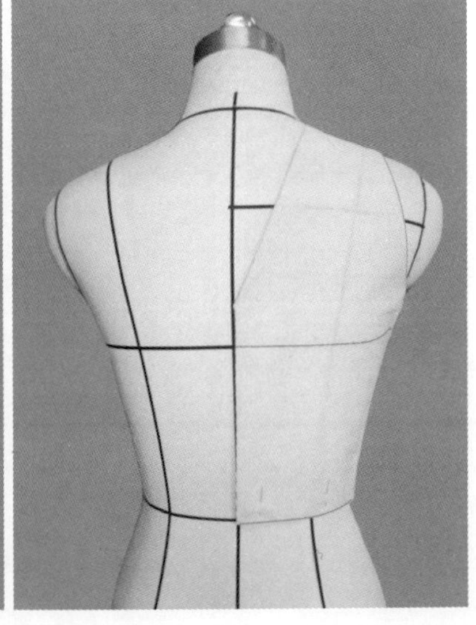

图 3-3-17　试穿效果

7. 下架拓板

样板描图如图 3-3-18 所示。

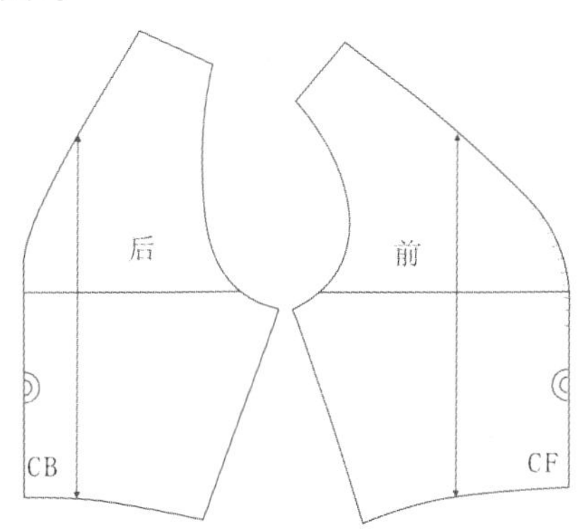

图 3-3-18 样板描图

3.3.2 领口碎褶设计的立体裁剪

1. 款式分析：衣身呈现合体状态，无省道，领围线上均匀设置碎褶，褶量实际为领口省的省量(图 3-3-19)。

图 3-3-19 款式插图

2. 坯布准备

同 3-3-2 图中前衣片坯布准备。

3. 别样

(1) 披布：同前领口省设计的披布方法(图 3-3-20)。

(2) 整理腰部及侧缝：同前领口省设计的整理腰部及侧缝的方法(图 3-3-21)。

(3) 整理袖窿：同前领口省设计整理袖窿的方法(图 3-3-22)。

(4) 确定褶量：同前领口省设计确定省位的方法(图 3-3-23)。

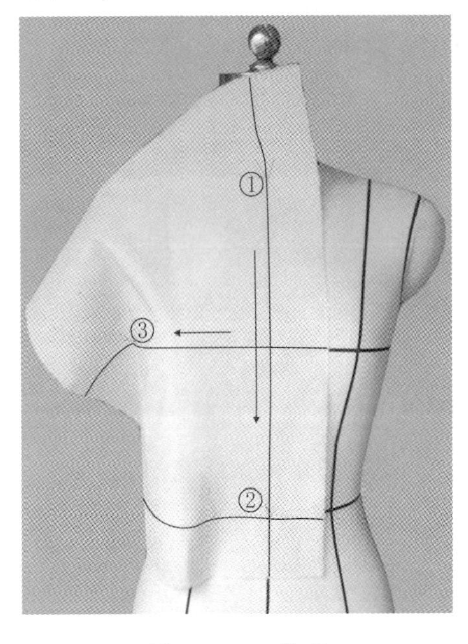

图 3-3-20 披布

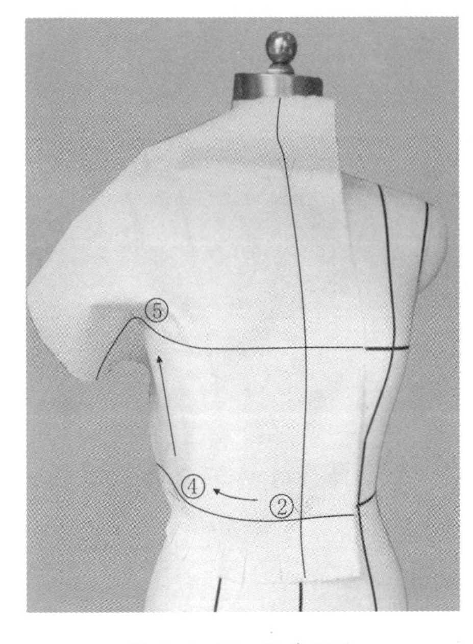

图 3-3-21 粗裁侧缝

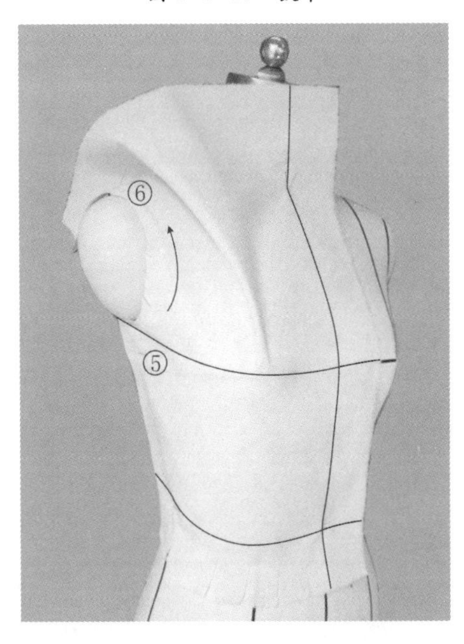

图 3-3-22 粗裁袖窿

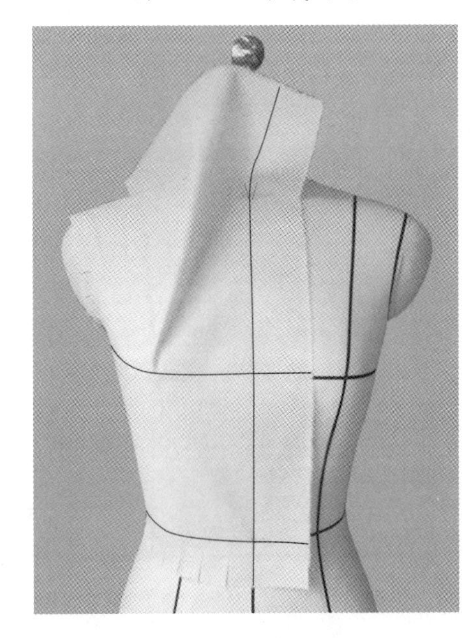

图 3-3-23 确定褶量

(5) 捏褶：将领口处余量均匀捏成小碎褶，并用大头针固定(图 3-3-24)。

(6) 标记领围线：用粘带直接在领口处贴出领围造型线(图 3-3-25)。

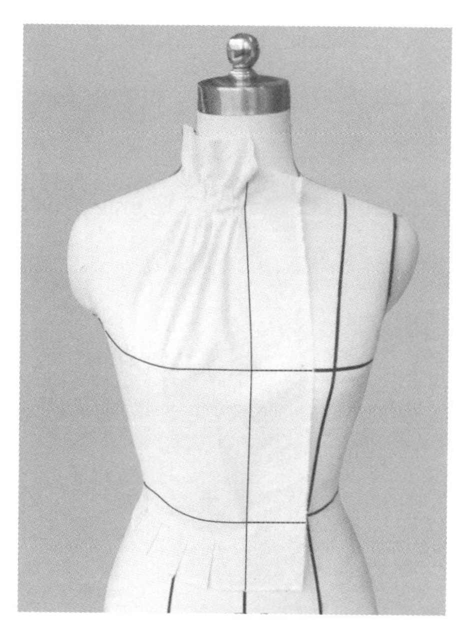

图 3-3-24 捏褶

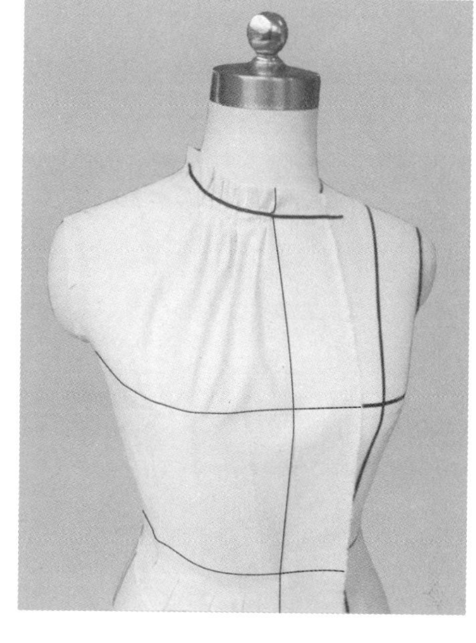

图 3-3-25 标记领围线

4. 点影

点影如图 3-3-26 所示。

5. 下架修板(图 3-3-27)

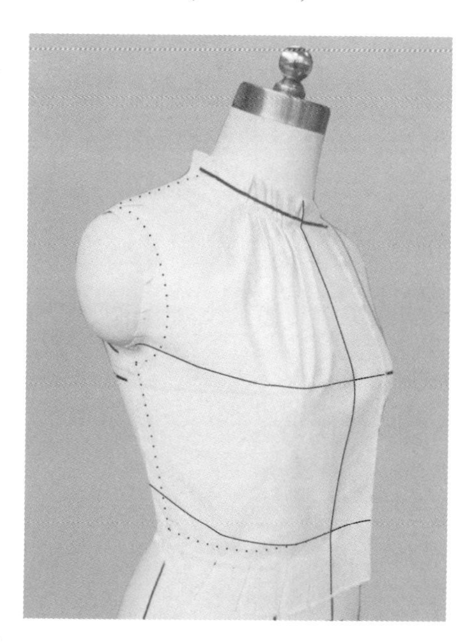

图 3-3-26 点影

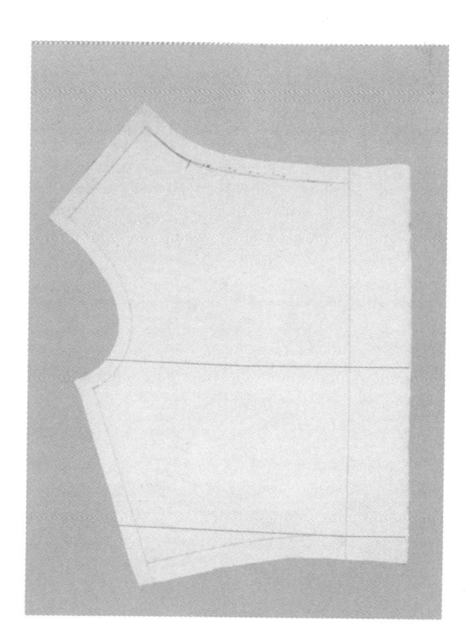

图 3-3-27 修板

6. 组装试穿

试穿效果如图 3-3-28 所示。

7. 下架拓板

样板描图如图 3-3-29 所示。

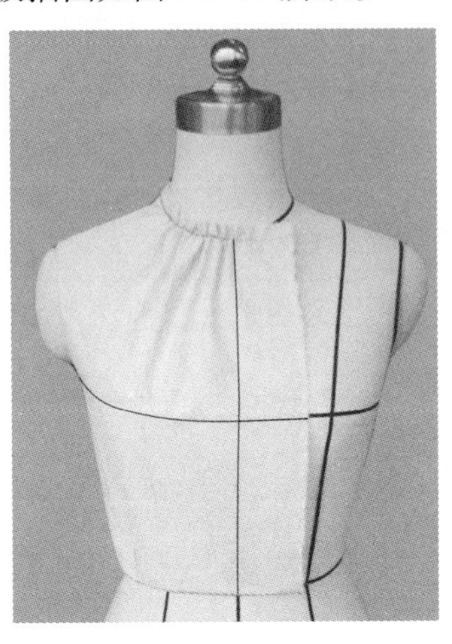

图 3-3-28 试穿效果

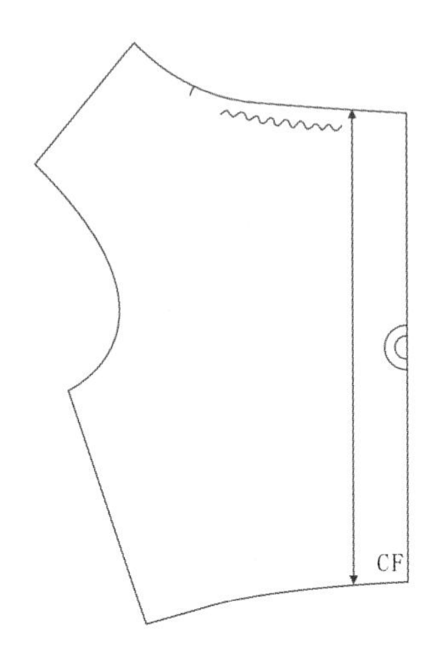

图 3-3-29 样板描图

3.3.3 不对称活褶设计的立体裁剪

1. 款式分析

衣身呈现合体状态，由跨越前后身的左右两片组成，右片设置三个放射状斜向活褶，左片设置一个腰省，收于胸部突起区域，挂脖吊带，露背(图 3-3-30)。

图 3-3-30 款式插图

2. 坯布准备(图 3-3-31)

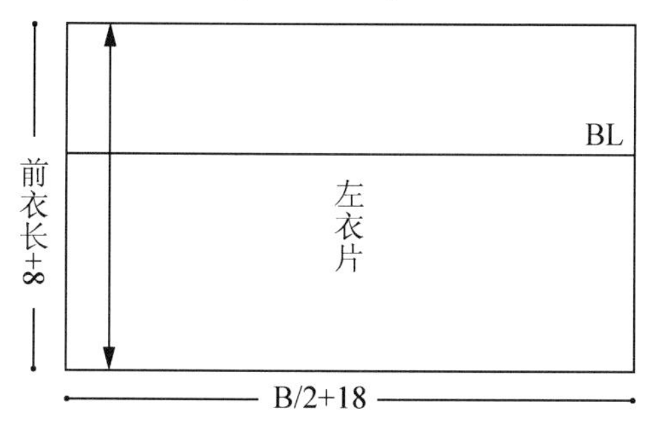

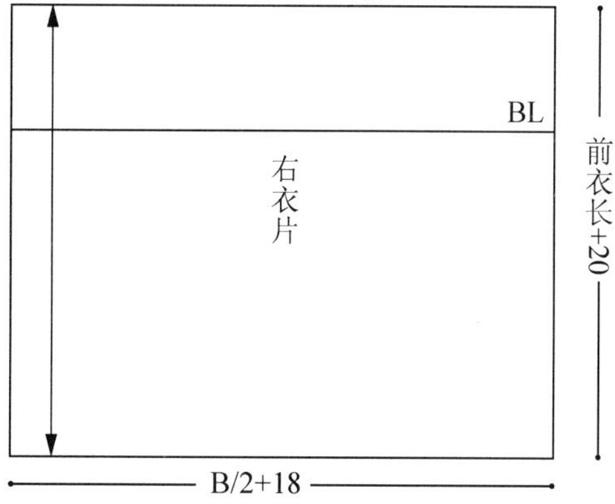

图 3-3-31　坯布准备(单位：cm)

3. 别样

(1) 标记造型线：根据效果图在人台上用粘带贴出款式造型线(图 3-3-32、图 3-3-33)。

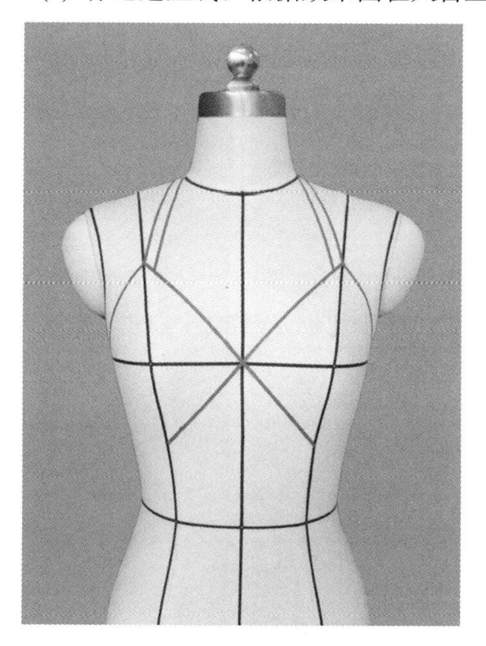

图 3-3-32　前身标记线

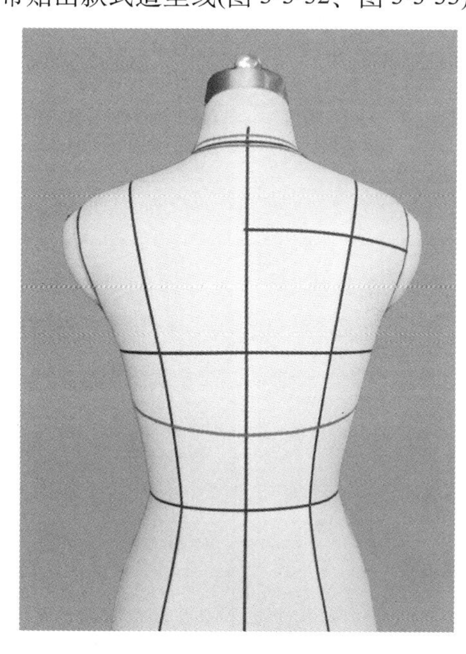

图 3-3-33　后身标记线

(2) 右身披布：将布料披在人台上，胸围线人台的胸围线重合，预留偏襟用布量，分别固定左右 BP 点①、②。将后身布量平顺包裹人台于背面临时固定，布料丝缕方向横平竖直(图 3-3-34)。

(3) 整理右身胸部造型：将布料从 BP 点①向上平推，至胸部款式造型处固定点③。在袖窿余料处打剪口，从点③处将布料平顺推至腋下，固定点④，再从点④将布料平顺推至腰围处固定点⑤，使胸下布料贴合身体(图 3-3-35)。

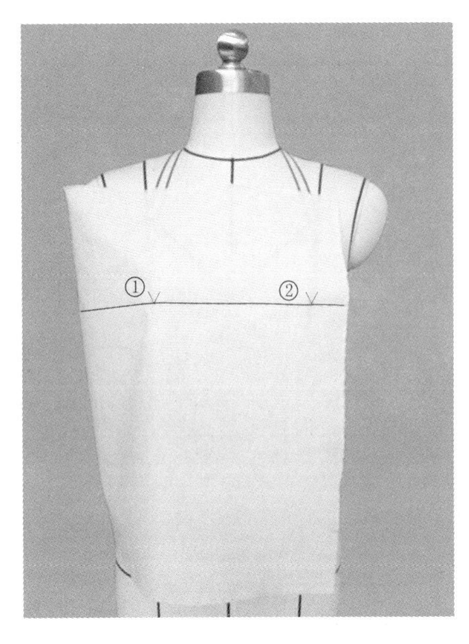

图 3-3-34　右身坯布

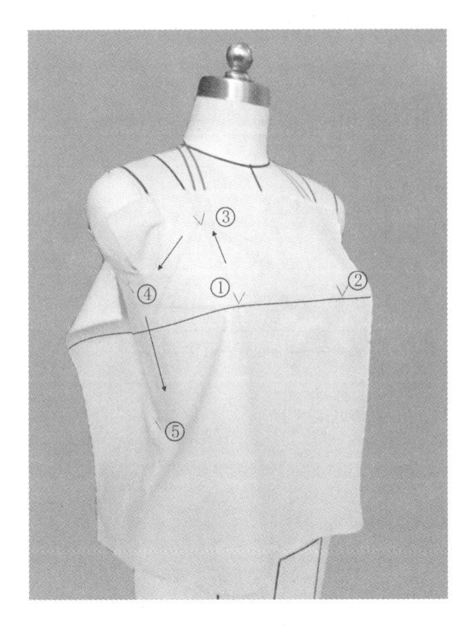

图 3-3-35　整理右身胸部造型

(4) 捏褶：取掉 BP 点②的大头针，从点③处将布料贴紧胸部向左身胸下结构线处推平，固定点⑥。从侧腰点⑤处将布料贴合腰部向左身结构线下端推平，固定点⑦，腰部余料打剪口。将推移至点⑥、点⑦之间的余料在结构线处捏三个活褶，使胸部合体。注意褶的位置、方向均衡、美观(图 3-3-36)。

(5) 粗裁右后身：从侧缝点④、点⑤处将布料贴合后腰平顺推至后中心线处固定点⑧、点⑨，并将腰部余料可以减掉(图 3-3-37)。

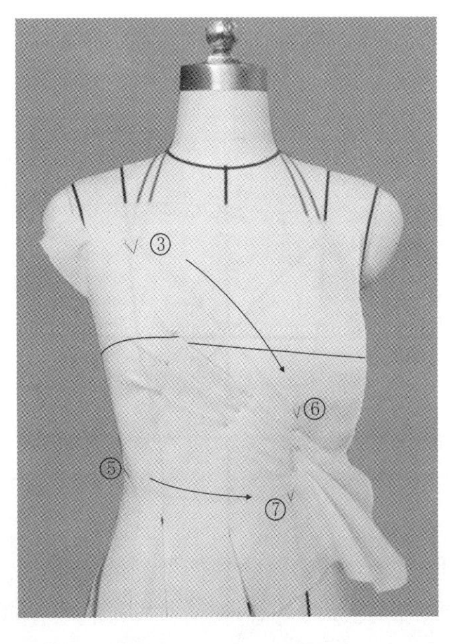

图 3-3-36　捏褶

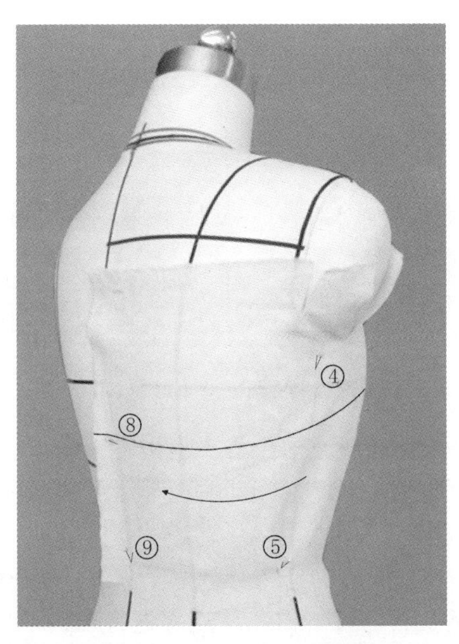

图 3-3-37　粗裁右后身

(6) 右身衣片点影：将右身衣片的前后结构线、腰围线、褶位、后中心线点影标记(图 3-3-38)。

(7) 左身披布：将布料披在人台上，胸围线人台的胸围线重合，预留偏襟用布量，分别固定左右 BP 点①、点②。将后身布量平顺包裹人台于背面临时固定，布料丝缕方向横平竖直(图 3-3-39)。

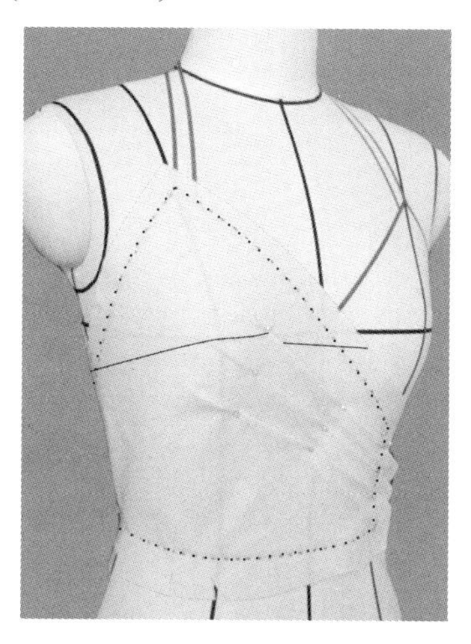

图 3-3-38　右身点影

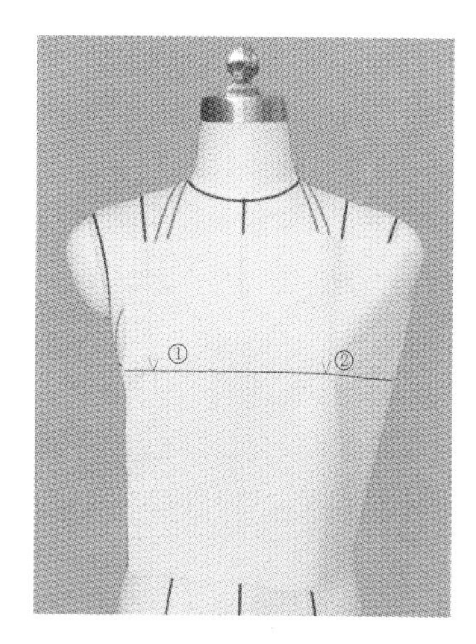

图 3-3-39　左身披布

(8) 整理左身胸部造型：将布料从 BP 点②向上平推，至胸部款式造型处固定点③。将 BP 点①处大头针取出，从点③处将布料贴紧胸部向下推至右身胸下门襟处，固定点④，从点④将布料平顺推至腰围处固定点⑤。再从点③处将布料贴紧胸部向下推至腋下，固定点⑥，从点⑥平顺将布料向下推至侧腰处，固定点⑦。将点⑥至点⑦间的余量收取腰省，省尖指向 BP 点，将腰部余料打剪口。注意胸部、腰部造型紧贴身体(图 3-3-40)。

(9) 粗裁左后身：从侧缝点⑥、点⑦处将布料贴合后腰平顺推至后中心线处固定点⑧、点⑨，腰部余料打剪口(图 3-3-41)。

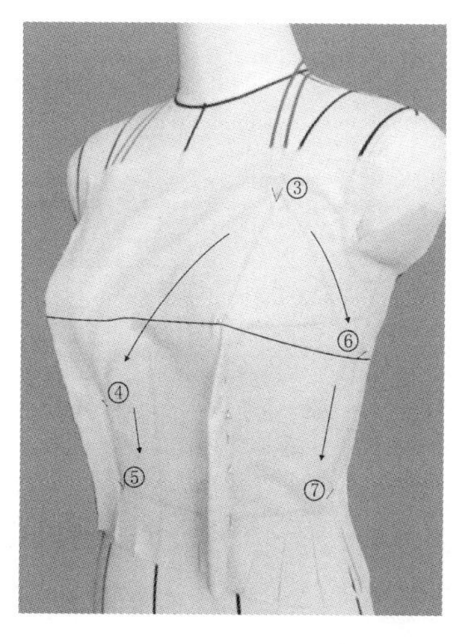

图 3-3-40　整理左身胸部造型

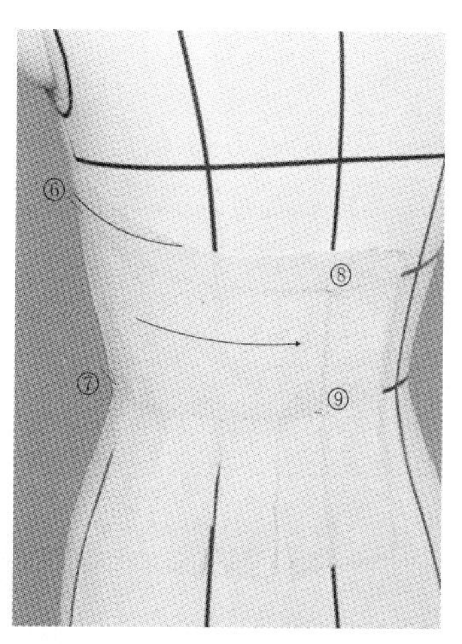

图 3-3-41　粗裁左后身

4. 左身衣片点影

将左身衣片的前后结构线、腰围线、省道、后中心线点影标记(图 3-3-42)。

5. 下架修板

平面展开衣片，按点影位画顺各部位线条，同时校对左右胸部造型线条、后中心线是否一致、圆顺(图 3-3-43)。

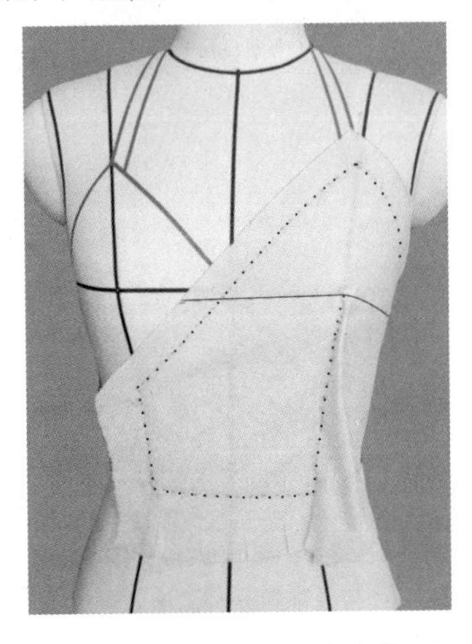

图 3-3-42 左身衣片点影

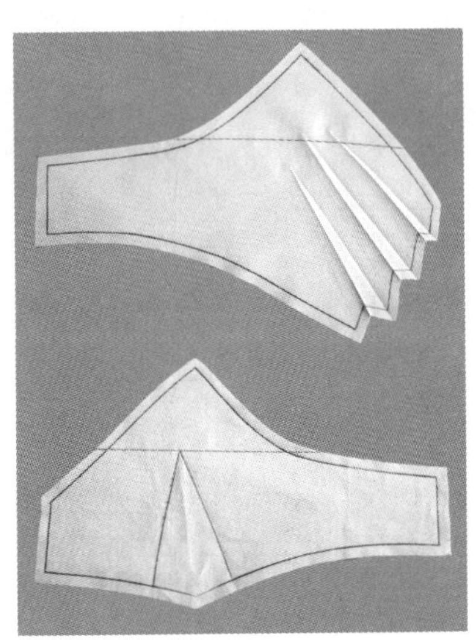

图 3-3-43 修板

6. 组装试穿

试穿效果如图 3-3-44 所示。

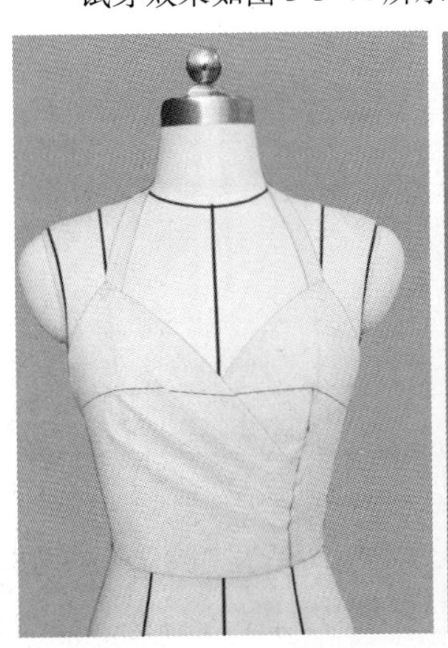

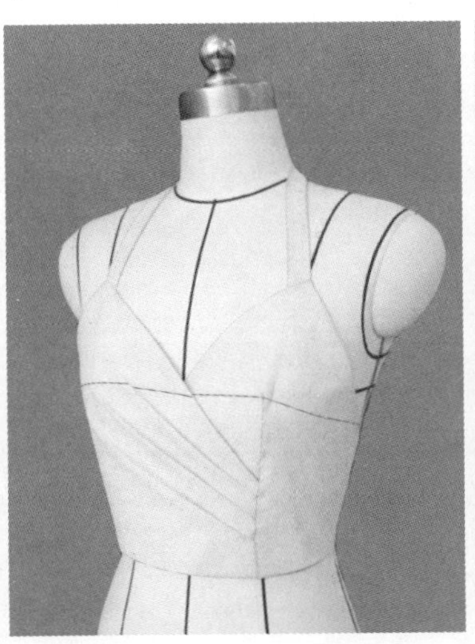

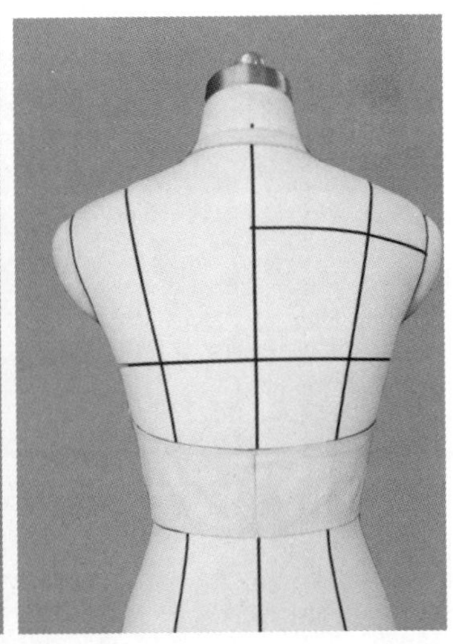

图 3-3-44 试穿效果

7. 下架拓板

描图效果如图 3-3-45 所示。

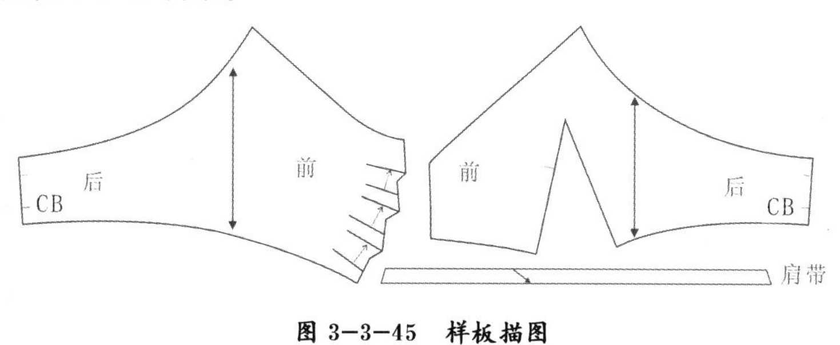

图 3-3-45 样板描图

3.4 分割线设计在衣身中的立体裁剪

分割线也是胸部立体造型的处理手法之一，它能最大限度地表达胸部曲线形态，相当于将省道设置在分割线上，起到收省的作用，同时使服装款式赋予变化。常见的分割线有纵向分割线，如公主线、刀背线。横向分割线，如育克线。还有斜向分割线、自由分割线等形态。

3.4.1 刀背设计的立体裁剪

1. 款式分析

衣身呈现合体 X 型状态，腰部有松量，前后肩缝公主线，四开身衣片(图 3-4-1)。

图 3-4-1 款式插图

2. 坯布准备(图 3-4-2)

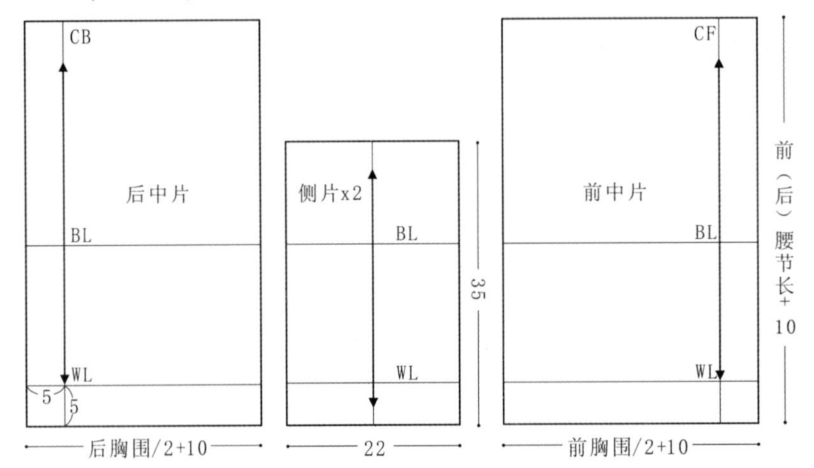

图 3-4-2 坯布准备(单位：cm)

3. 别样

(1) 标记造型线：根据效果图，在人台上用粘带贴出刀背结构线(图 3-4-3、图 3-4-4)。

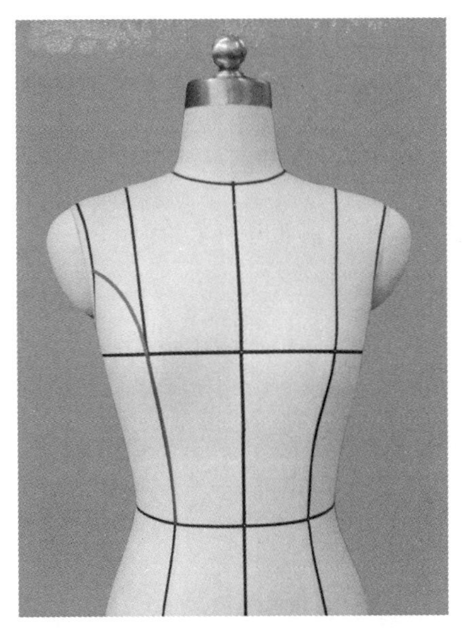

图 3-4-3 前身标记线

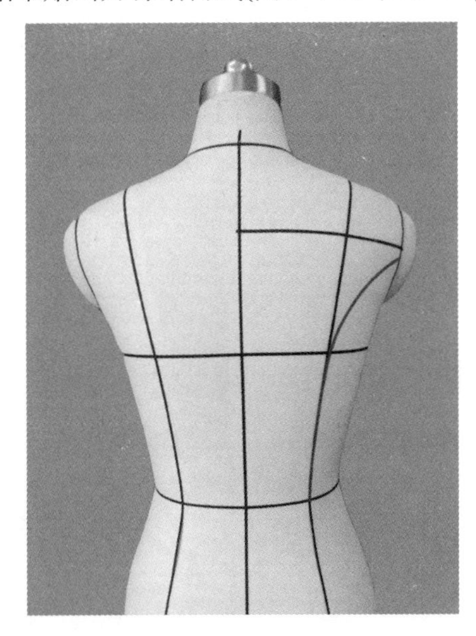

图 3-4-4 后身标记线

(2) 前身披布：将布料的前中心线、胸围线分别对准人台的前中心线、胸围线，依次固定前颈点①、前中心线上腰部点②、BP 点③，保证坯布与人台标志线重合，坯布丝缕方向横平竖直(图 3-4-5)。

(3) 粗裁前领口：预留领口缝份，打剪口，剪掉领口处的余料，将布料从点①向肩颈点推平，同时，从胸部向上至肩部抚平布料，在肩颈点处固定点④，形成前领围线。从点

④处向肩端点推平布料，大头针固定肩端点⑤，点④至点⑤间为前肩线部位(图 3-4-6)。

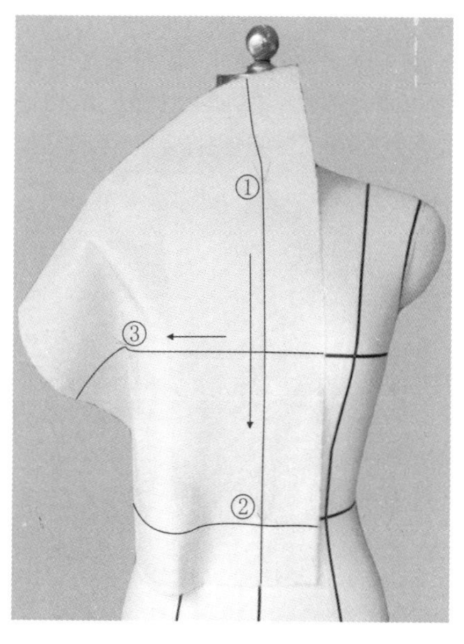

图 3-4-5　前身披布

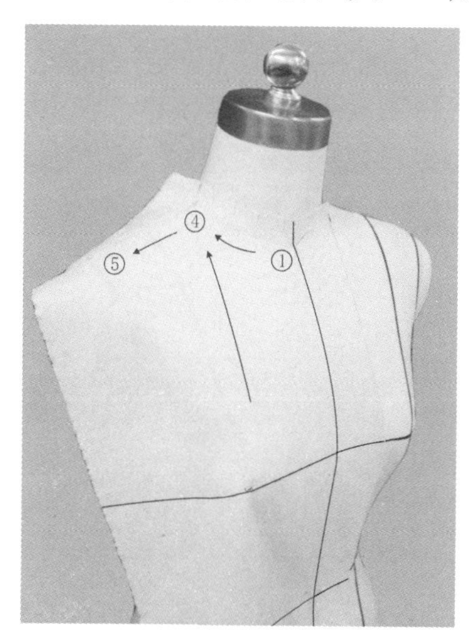

图 3-4-6　粗裁前领口

(4) 粗裁前刀背分割线：剪掉袖窿处余料，从肩端点⑤向下推平布料至刀背分割线位，固定点⑥。从 BP 点向下推平布料至刀背分割线腰部位，固定点⑦。按人台刀背标记线位留出用料，剪掉余料(图 3-4-7)。

(5) 前侧身披布：将布料的胸围线、腰围线分别对准人台相应的标志线，保持布料直丝垂直地面。分别在胸围线、腰围线上按侧身分割线固定布料两端(图 3-4-8)。

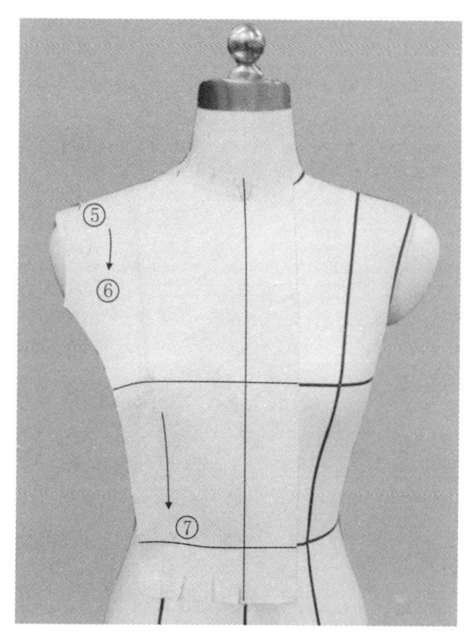

图 3-4-7　粗裁前刀背分割线

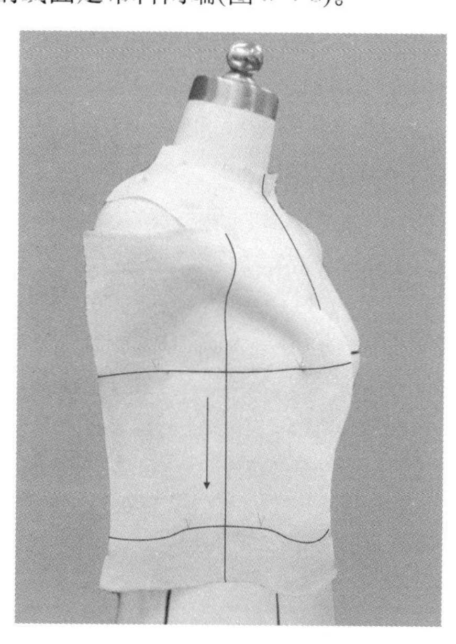

图 3-4-8　前侧身披布

(6) 别合前身刀背分割线：按人台标记的刀背分割线位置，将衣身前片和侧片抓合别。注意胸、腋下部位布料贴合人台，腰部留出活动松量(图 3-4-9)。

(7) 后身披布：将布料的后中心线、肩胛横线、胸围线、腰围线分别对准人台相应的标志线，依次固定后颈点①、后中心线上腰部点②、肩胛横线端点③，保证坯布与人台标志线重合，坯布丝缕方向横平竖直(图 3-4-10)。

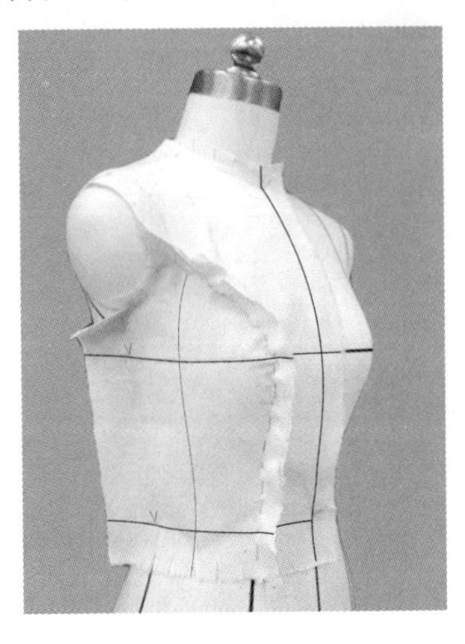

图 3-4-9　别合前身刀背分割线

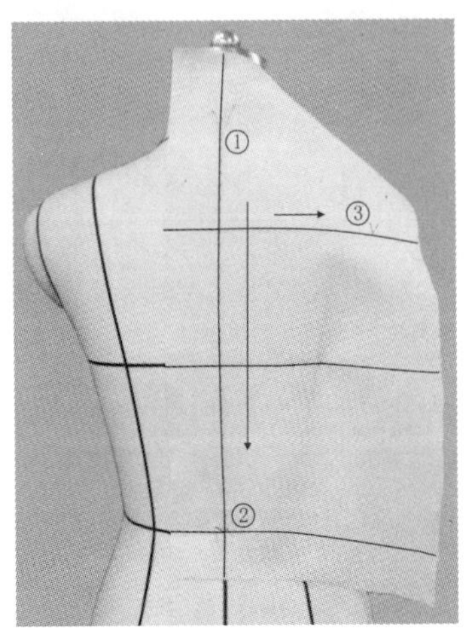

图 3-4-10　后身披布

(8) 粗裁后中片衣身：预留领口缝份，打剪口，剪掉领口处的余料，将布料从点①向肩颈点推平，固定点④，形成后领围线。从肩胛骨点③处向肩端点推平布料，固定肩端点⑤，点④至点⑤间为后肩线部位。注意肩宽处会出现因肩胛凸起产生的部分余量，在与前肩线别合时做缩缝处理。再从后腰节中心线向侧身推平布料至分割线部位，固定点⑥，按人台刀背标记线位留出用料，剪掉余料(图 3-4-11)。

(9) 后侧身披布：将布料的胸围线、腰围线分别对准人台相应的标志线，保持布料直丝垂直地面。分别在胸围线、腰围线上按侧身分割线固定布料两端(图 3-4-12)。

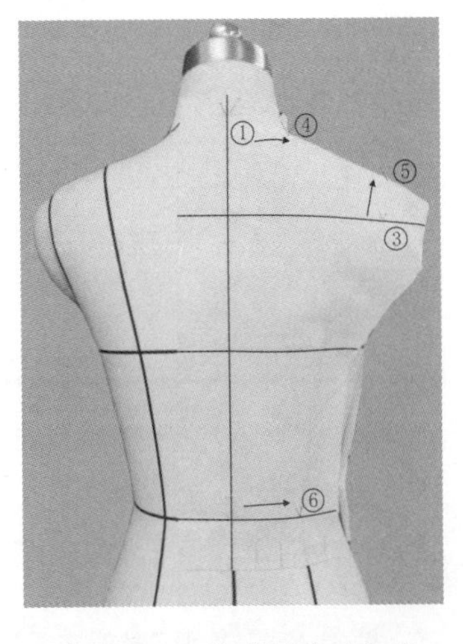

图 3-4-11　粗裁后中片衣身

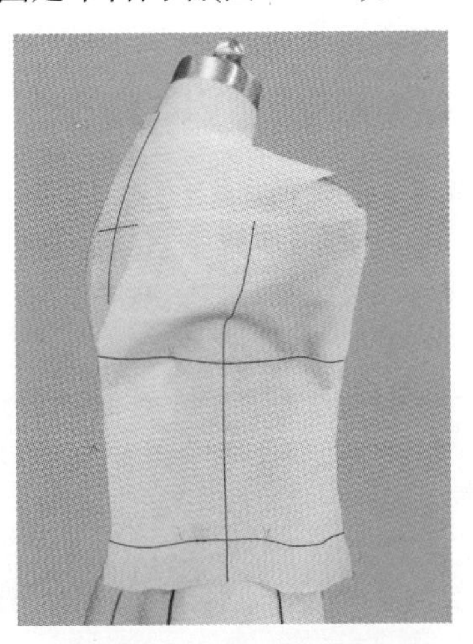

图 3-4-12　后侧身披布

(10) 别合后身刀背分割线：按人台标记的刀背分割线位置，将衣身后片和后侧片抓合别。注意后身形成箱型，腰部留出活动松量(图 3-4-13)。

(11) 别合前后衣身：别合前后衣身的肩缝、侧缝，剪掉多余布料。注意肩线贴合人台，后肩线做缩缝处理，侧缝留出活动松量(图 3-4-14)。

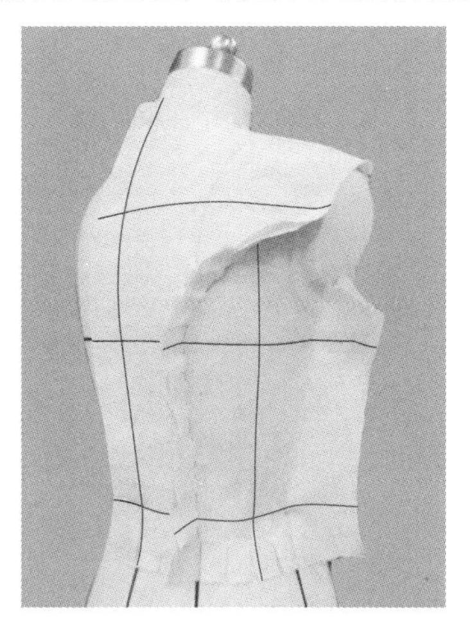

图 3-4-13　别合后身刀背分割线

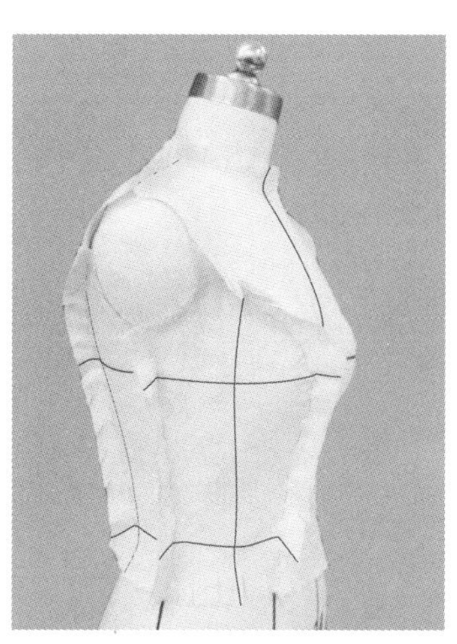

图 3-4-14　别合前后衣身

4. 点影

将前后衣身的肩线、侧缝线、腰围线、刀背分割线、袖窿线、前后对位记号点影标记(图 3-4-15)。

5. 下架修板

平面展开衣片，按点影位画顺各部位线条，同时校对前后肩线、侧缝线尺寸，大小片分割线尺寸是否吻合，领围线、袖窿弧线前后连接是否圆顺(图 3-4-16)。

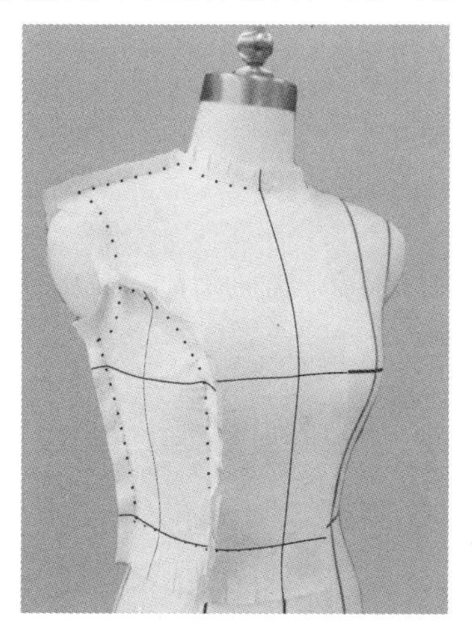

图 3-4-15　点影

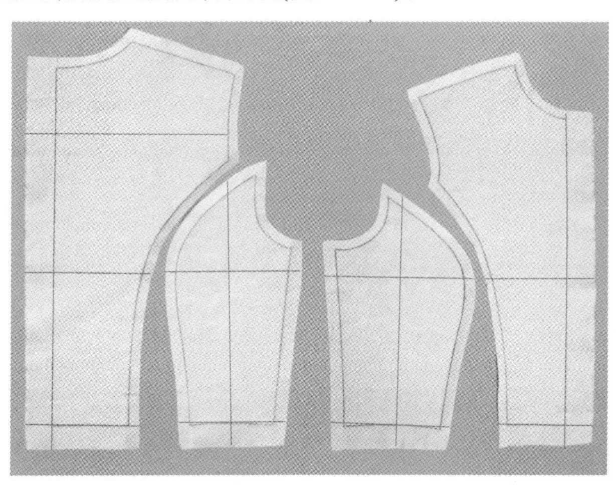

图 3-4-16　修板

6. 组装试穿

效果如图 3-4-17 所示。

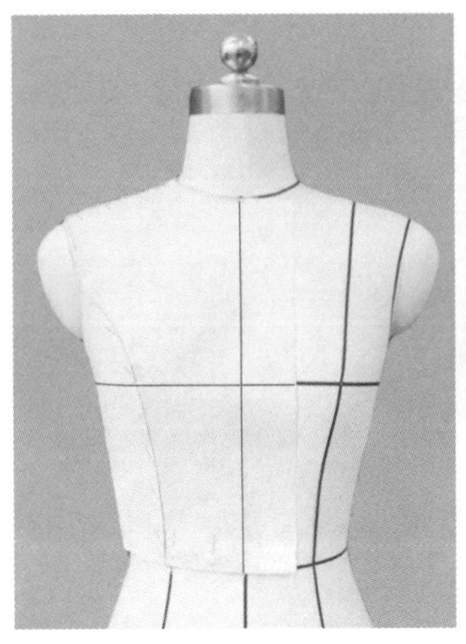
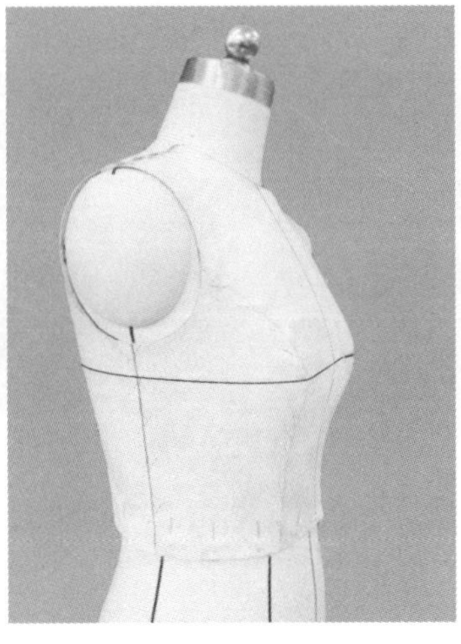
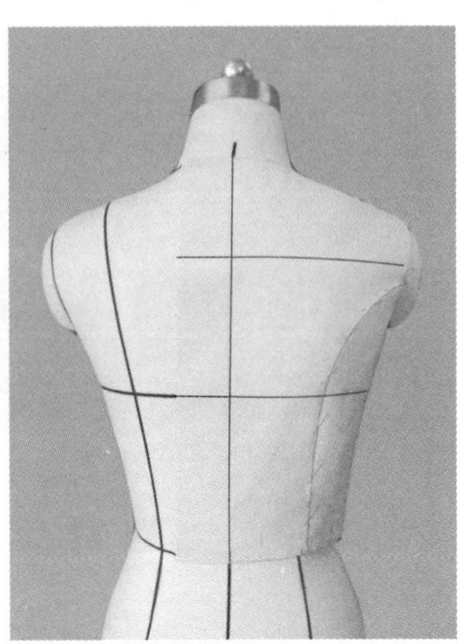

图 3-4-17 试穿效果

7. 下架拓板

样板描图如图 3-4-18 所示。

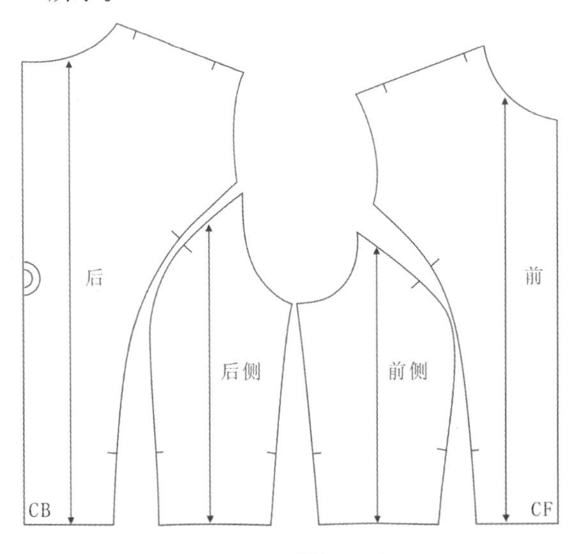

图 3-4-18 样板描图

3.4.2 自由曲线设计的立体裁剪

1. 款式分析

此款前衣片由三片组成，衣身呈现合体状态。在人体胸部上端有曲线分割，线条流畅，显露胸部。领口呈不对称的V字形造型，衣片上有公主线纵向分割经过人体胸部，将胸部的立体造型表现出来(图3-4-19)。

图3-4-19 款式插图

2. 坯布准备(图3-4-20)

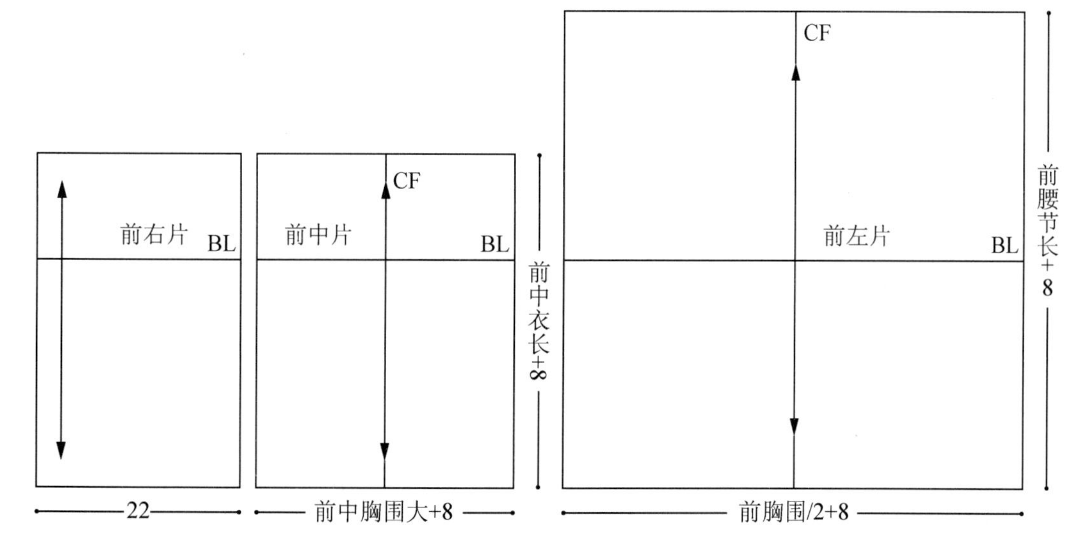

图3-4-20 坯布准备(单位：cm)

3. 别样

(1) 标记造型线：根据效果图，在人台上用粘带贴出曲线分割造型线，造型要美观，曲线转折处可将粘带打剪口，以保证线条流畅(图 3-4-21)。

(2) 左片披布：将左片布料的前中心线、胸围线分别对准人台的前中心线、胸围线，依次固定前颈点①，前中心线与腰围线的交点②，左右 BP 点③、④，使坯布与人台的标志线重合，坯布丝缕方向横平竖直(图 3-4-22)。

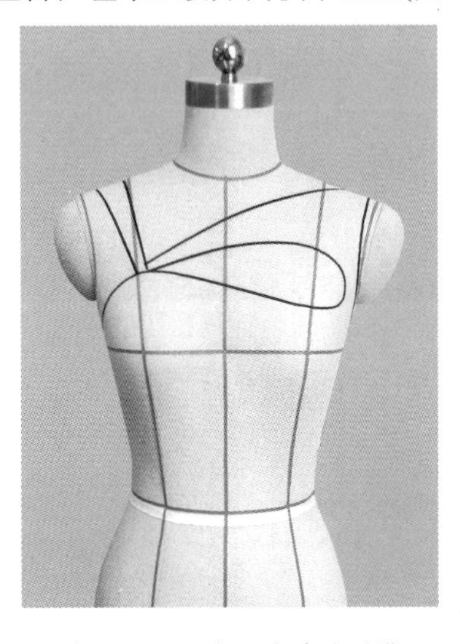

图 3-4-21　标记衣身造型线

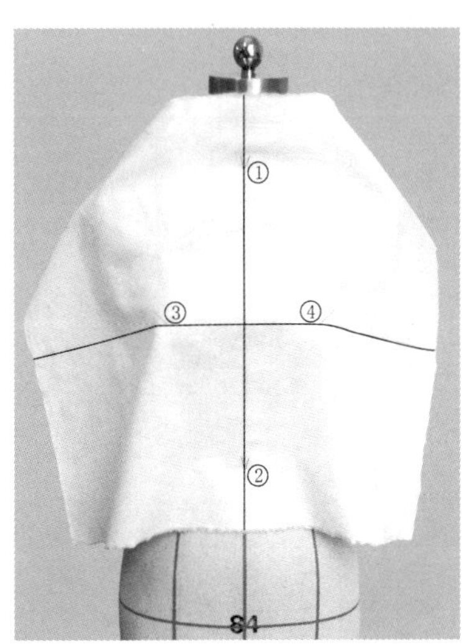

图 3-4-22　固定前中心线

(3) 固定左片胸围线：将坯布胸围线与人台胸围线重合，固定腋下点⑤(图 3-4-23)。

(4) 固定左片腰围：将坯布从胸围线处向下抚平布料，将腰部预留布料打剪口，使腰节处布料贴合人台，固定左身分割线、侧缝线在腰围上的点⑥、点⑦(图 3-4-24)。

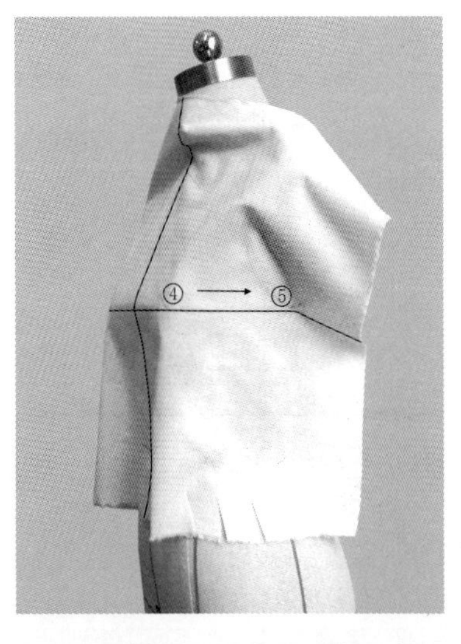

图 3-4-23　固定胸围线

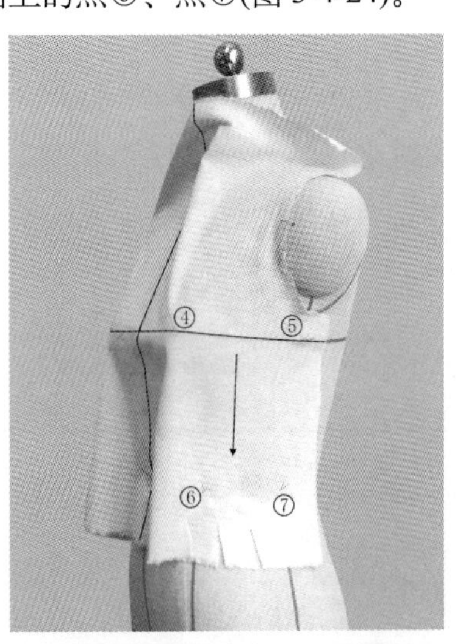

图 3-4-24　固定腰围

(5) 粗裁肩部及领口：将袖笼处余料打剪口，从腋下点⑤处贴合人台胸部抚平布料推至肩部，固定点⑧，注意胸部处的布料要抚紧。将布料前中心线处剪开，但不超过领口净线，将布料从左肩处贴合人台向右身推平，固定领口造型点⑨和右肩点⑩，按领口造型线粗裁领部余料(图 3-4-25、图 3-4-26)。

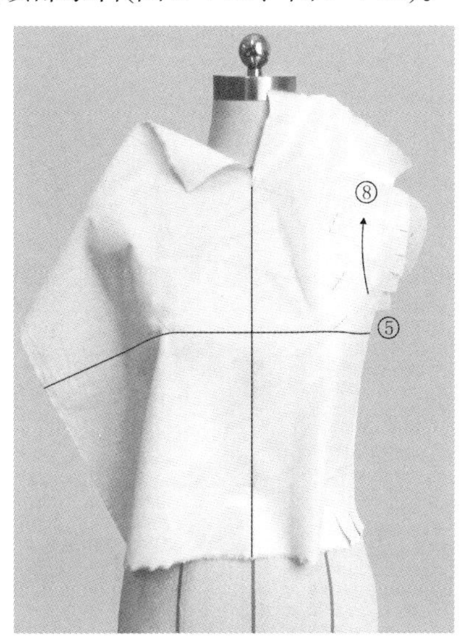

图 3-4-25　粗裁袖笼

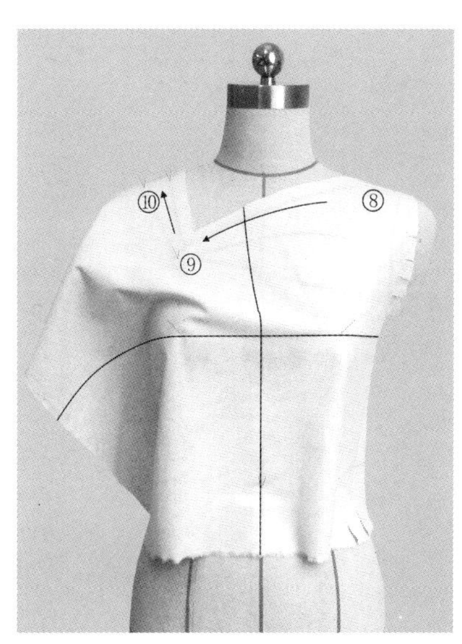

图 3-4-26　粗裁领口

(6) 粗裁左片分割线：按左片造型线和分割线部位预留布料进行粗裁(图 3-4-27)。

(7) 中片披布：将中片布料的前中心线、胸围线分别对准人台的前中心线、胸围线，依次固定前中心线上点①、点②，左右 BP 点③、点④，使坯布与人台的标志线重合，坯布丝缕方向横平竖直(图 3-4-28)。

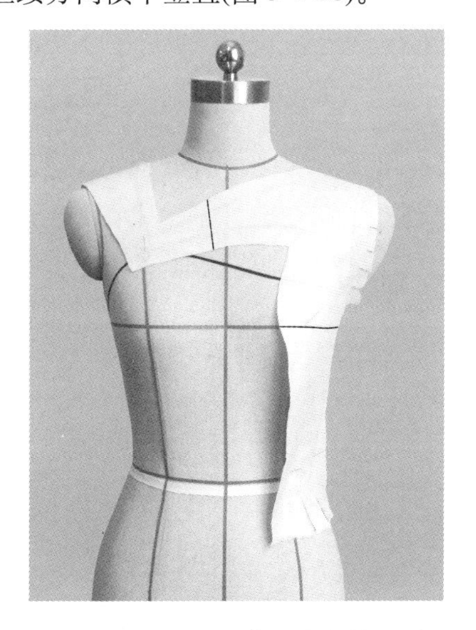

图 3-4-27　粗裁左片分割线

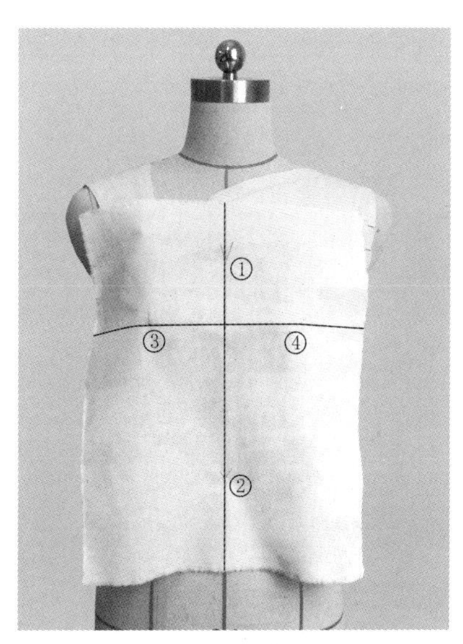

图 3-4-28　中片披布

(8) 固定中片胸围及腰围：将布料从胸围线处向上抚平，贴合人台按照胸部造型线固定点⑤、点⑥，向下抚平布料至腰部固定点⑦、点⑧，注意衣片与人体贴合(图 3-4-29)。

(9) 别合左侧分割线：按人台标记的分割线位置，将衣身中片和左片抓合别。注意胸部贴合人台，腰部留出活动松量(图 3-4-30)。

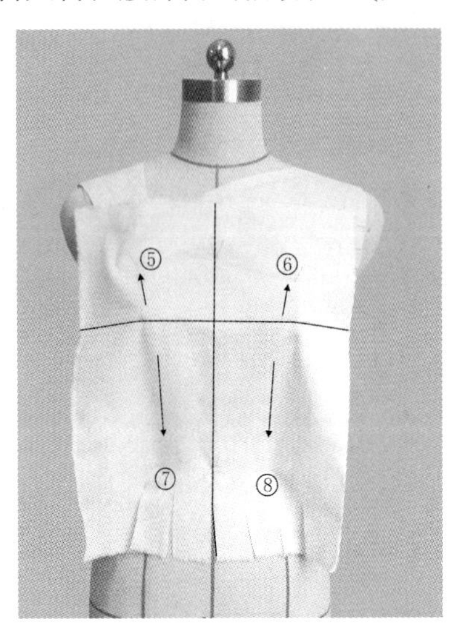

图 3-4-29 固定中片胸围及腰围

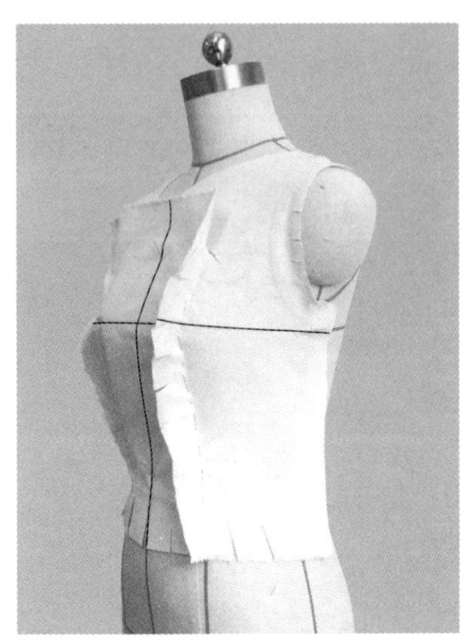

图 3-4-30 别合左侧分割线

(10) 粗裁中片：按造型线位置裁剪中片余料(图 3-4-31)。

(11) 右片披布：把右片布料的胸围线与人台标志线重合，固定胸围线上点①、点②，使坯布丝缕方向横平竖直(图 3-4-32)。

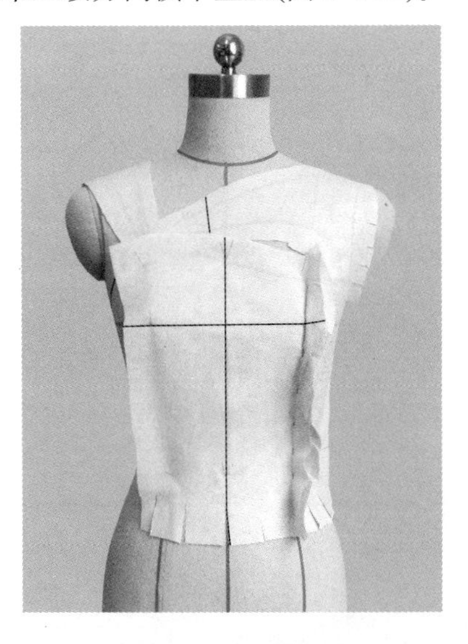

图 3-4-31 粗裁中片

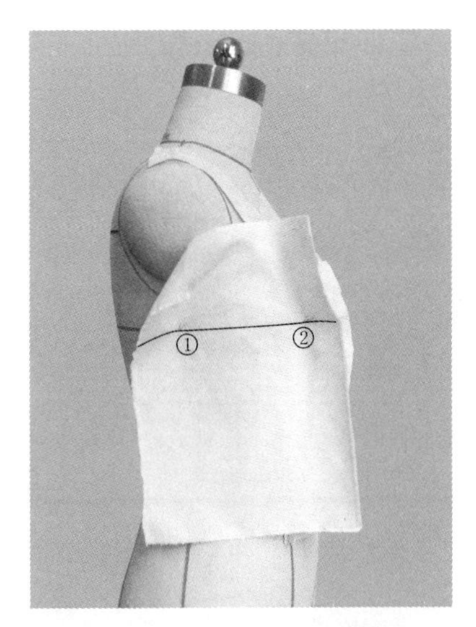

图 3-4-32 右片披布

(12) 固定中片腰围及袖笼：将坯布从胸围线处向下抚平布料，将腰部预留布料打剪口，使腰节处布料贴合人台，固定右身腰围上的点③、点④。从胸围线向上推平布料至胸部造型线处固定点⑤，使袖笼处贴合人台(图 3-4-33)。

(13) 别合右侧分割线：将右片和衣身中片抓合别，注意胸部贴合人台，腰部留出活动松量(图 3-4-34)。

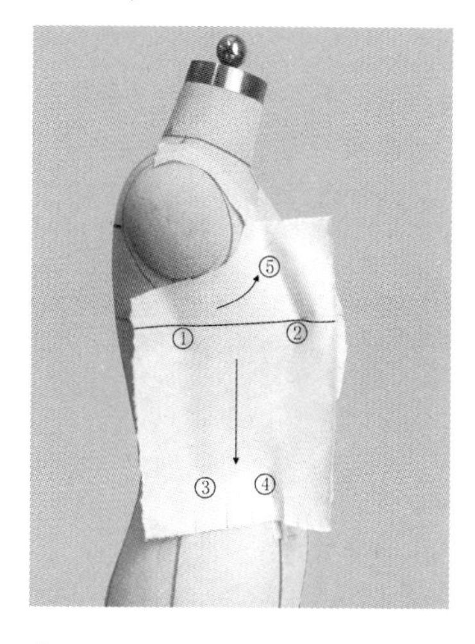

图 3-4-33　固定右片腰围和袖笼

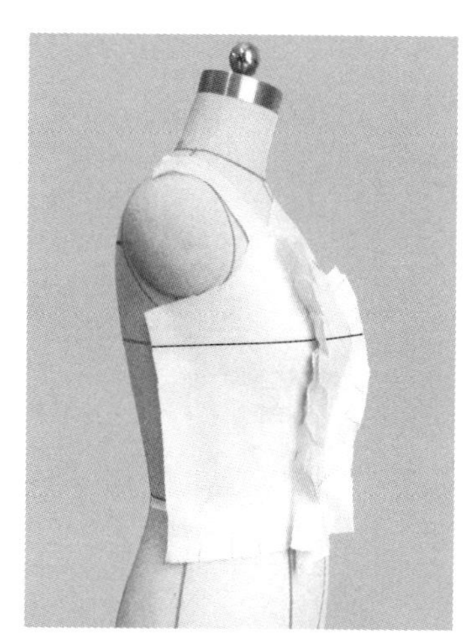

图 3-4-34　别合右侧分割线

4. 点影

将左、中、右衣片的肩线、侧缝线、腰围线、分割线、袖窿线、领部造型线点影标记(图 3-4-35)。

5. 下架修板

平面展开衣片，按点影位画顺各部位线条，同时校对左、右两片的侧缝线、分割线尺寸和形态是否对称，以及中片的左右分割线的对称性(图 3-4-36)。

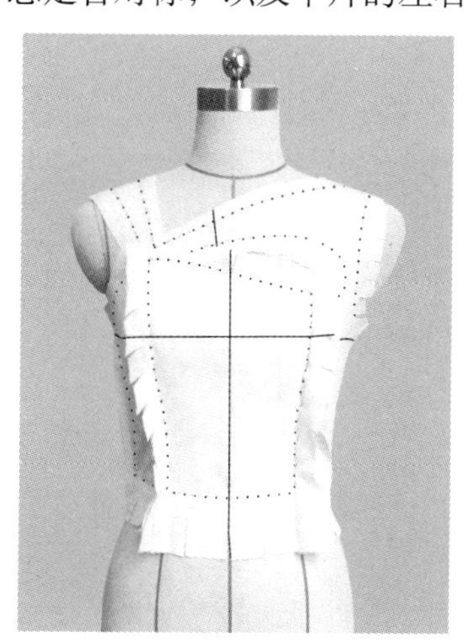

图 3-4-35　点影

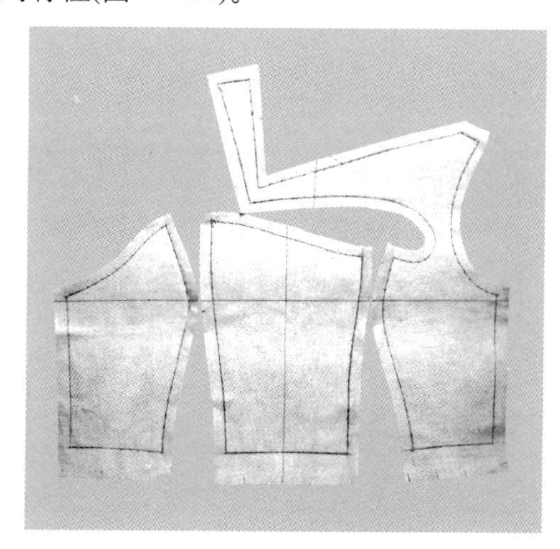

图 3-4-36　下架修板

6. 组装试穿(图 3-4-37)

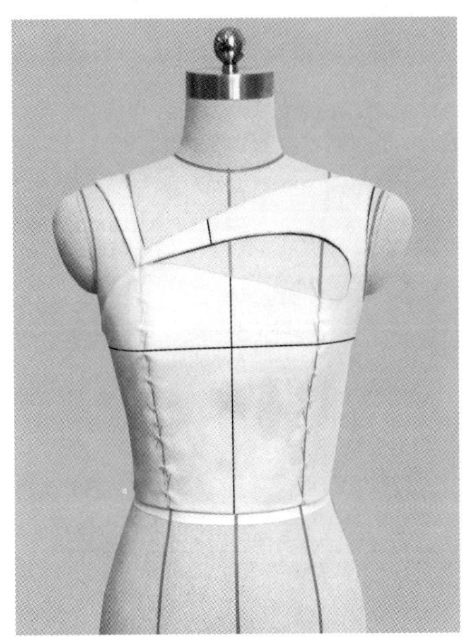

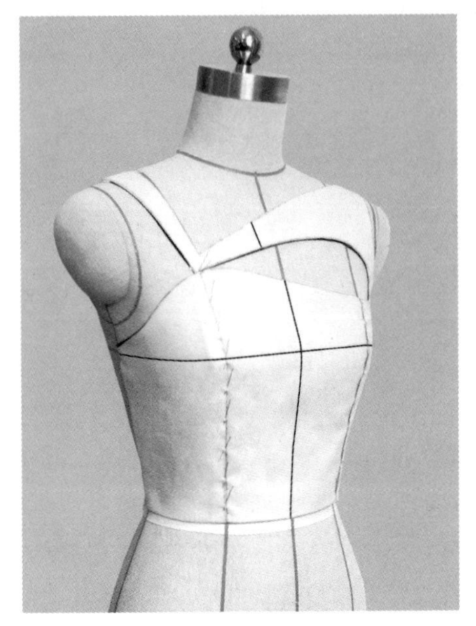

图 3-4-37 试穿效果

7. 下架拓板

样板描图如图 3-4-38 所示。

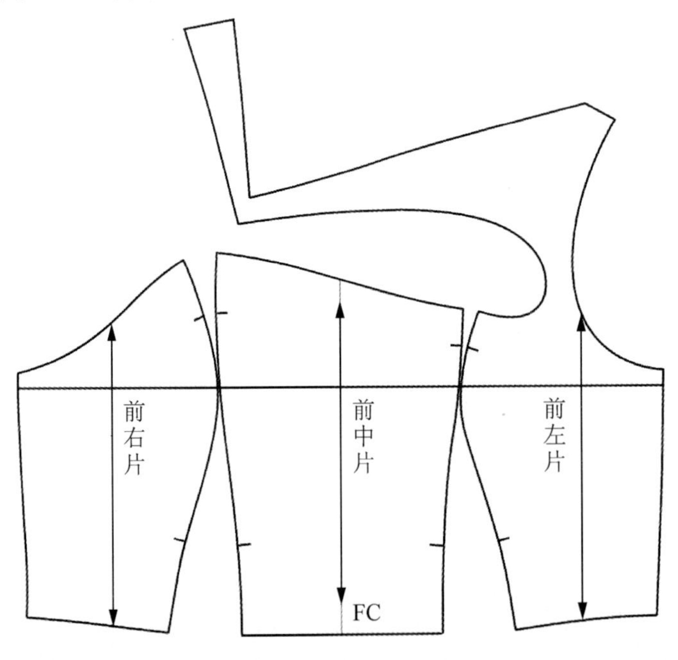

图 3-4-38 样板描图

习　题

课后思考

比较立体裁剪方法得到的衣身原型与平面裁剪法得到的衣身原型之间的差别。

课后练习 1

训练内容	衣身原型的立体裁剪
训练目的	了解衣身的构成原理，正确掌握衣身原型的立体裁剪操作方法和步骤
操作提示	① 用布要熨烫平整，丝缕方向横平竖直 ② 胸省和腰省的省尖指向胸部凸起区域，但不要到达 BP 点 ③ 保持胸部和腰部一定的松量 ④ 校板时注意前后肩线对合，前后侧缝对合，前后领口、袖窿弧线圆顺
作业评价	① 对衣身原型造型的认识是否准确 ② 对衣片与人体的空间关系把握是否合理 ③ 对丝缕方向的控制是否正确 ④ 作业整体效果是否整洁、美观

课后练习 2

训练内容	胸省转移设计的衣身立体裁剪(任选一款胸省转移的衣身进行操作)
训练目的	正确掌握胸省转移衣身的立体裁剪操作方法和步骤
操作提示	① 用布要熨烫平整，丝缕方向横平竖直 ② 省尖指向胸部凸起区域 ③ 保持胸部和腰部一定的松量 ④ 省量推移时注意丝缕方向的控制
作业评价	① 对胸省量的认识和控制是否准确 ② 对衣片与人体的空间关系把握是否合理 ③ 对丝缕方向的控制是否正确 ④ 作业整体效果是否整洁、美观

课后练习 3

训练内容	褶皱设计的衣身立体裁剪(任选一款抽褶或褶裥形式的衣身进行操作)
训练目的	正确掌握褶皱设计衣身的立体裁剪操作方法和步骤
操作提示	① 用布要熨烫平整，丝缕方向横平竖直 ② 把握褶的方向和间距 ③ 保持胸部和腰部一定的松量 ④ 起褶时注意丝缕方向的控制
作业评价	① 对胸省量的认识和控制是否准确 ② 对衣片与人体的空间关系把握是否合理 ③ 对丝缕方向的控制是否正确 ④ 作业整体效果是否整洁、美观

课后练习 4

训练内容	分割线设计的衣身立体裁剪(任选一款带分割线的衣身进行操作)
训练目的	正确分割线设计衣身的立体裁剪操作方法和步骤。
操作提示	① 用布要熨烫平整，丝缕方向横平竖直 ② 把握分割线作用于人体的结构设计 ③ 保持胸部和腰部一定的松量 ④ 注意每片衣片丝缕方向的控制
作业评价	① 对分割线的认识和控制是否准确 ② 对衣片与人体的空间关系把握是否合理 ③ 对丝缕方向的控制是否正确 ④ 作业整体效果是否整洁、美观

第4章 裙装立体裁剪

【学习目标】

1．理解裙装的构成原理。

2．掌握直身裙的立体裁剪操作方法和技术要点。

3．掌握不同廓形裙的立体裁剪操作方法和技术要点。

【本章引言】

裙装是遮盖下体的衣服，通常是以独立的形式出现，有时也指连衣裙的下半部分。在女性的服饰中，裙子的穿着范围相当广泛，从不同年龄、不同款式到不同场合，裙子是最富有特色和活力的服装品种。

4.1 裙装构成原理

4.1.1 省道设计

裙装省道设计的原理建立在理解人体下肢形态和机能的基础上。裙装上的省道作为服装的造型手段，通过收掉腰围与臀围的空间差量使服装立体合身。省尖指向凸起区域：前身的腹部和后身的臀部。从人体侧面观察凸起区域的位置，得知前身腹凸高于后身臀凸的水平线。所以，前身的省道比后身的省道短；前身的腰围与腹围的差值比后身的腰围与臀围的差值小，前身的省量比后身的省量小，如图 4-1-1 所示。

4.1.2 廓形与功能

廓形、分割和褶皱是裙子造型中的表现手法，其中起决定作用的是廓形。

裙装分割线设计要以穿着舒适、方便和造型美观为前提，避免分割线设计的随意性。竖线分割在与人体凹凸点不发生明显偏差的基础上，要尽量保持均衡分布；横线分割尽量设在人体腹部、臀部凸起区域。褶皱的设计更加灵活多样，它常与分割线配合使用。分割和褶皱往往是建立在廓形基础上的结构设计。

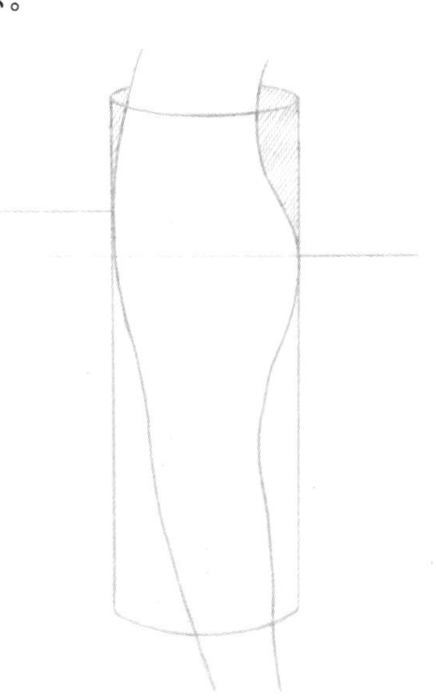

图 4-1-1 从人体侧面观察凸起区域

裙装廓形设计要充分考虑与人体功能的适合性。基于下肢运动时步幅大小的原因，裙装的长度与裙摆设计要合理。裙长越长，伴随动作裙摆量就要越大。如果摆量不足，可以通过开衩、折裥等手法来弥补。而制约廓形的关键是裙片腰线的曲度。廓形的变化范围从紧身裙、直身裙、小斜裙、斜裙、半圆裙到整圆裙的不同阶段，裙摆越大，腰部需要省道越少，腰线向上曲度越大，如图 4-1-2、图 4-1-3 所示。

图 4-1-2 紧身裙、直身裙、A 字裙、斜裙、半圆裙、圆裙

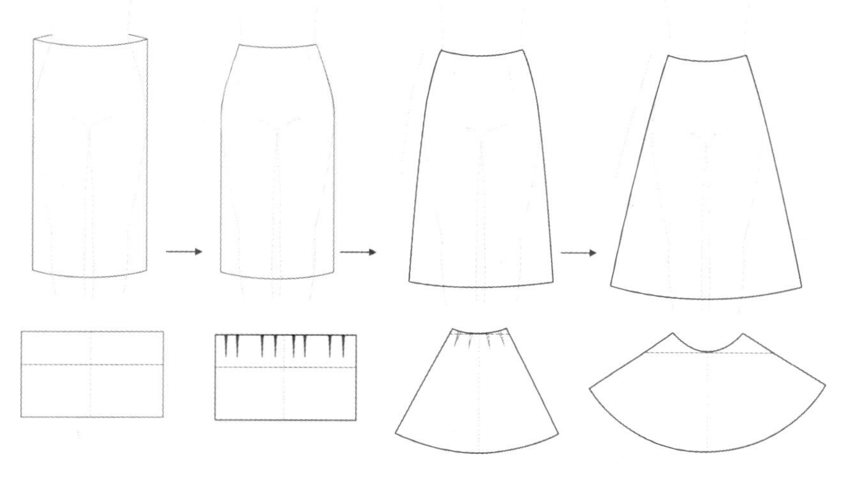

图 4-1-3　廓型与腰线曲度的关系

4.2　直身裙立体裁剪

1. 款式分析

前后裙片腰部收省，合体，裙摆与臀部围度基本相同，呈 H 型(图 4-2-1)。

2. 坯布准备(图 4-2-2)

图 4-2-1　款式插图

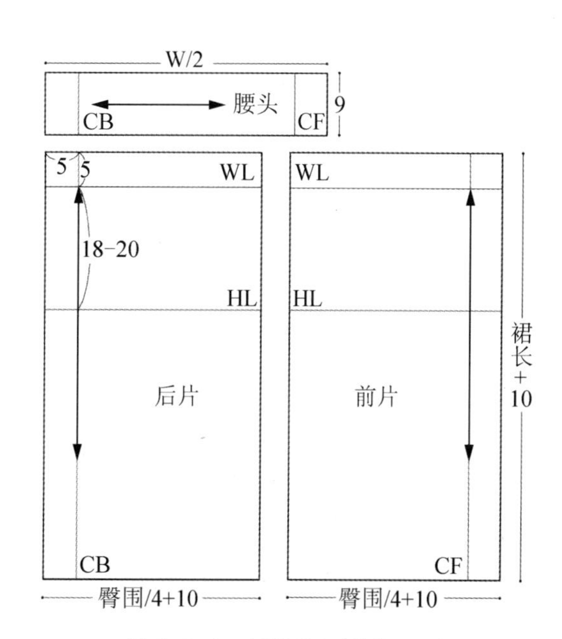

图 4-2-2　坯布准备(单位：cm)

3. 别样

(1) 标记后腰线：为符合腰部形体特征，在后腰中心下降 0.5～1cm 处，用粘带贴出后腰线标志线(图 4-2-3)。

(2) 前身披布：将布料的前中心线、腰围线、臀围线分别对准人台相应的标志线，依次固定前中心线上腰围线处点①、臀围线处点②、臀围线侧面点③，保证坯布与人台标志线重合，坯布丝缕方向横平竖直。注意臀围留松量，可直接捏出 0.5～1cm 布料用大头针暂时固定在人台上(图 4-2-4)。

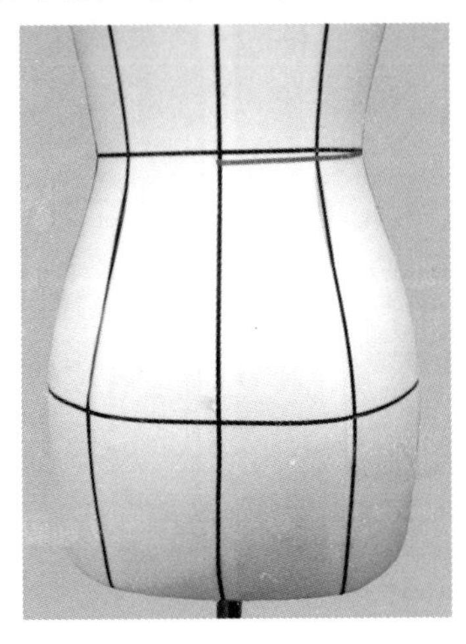

图 4-2-3 标记后腰线

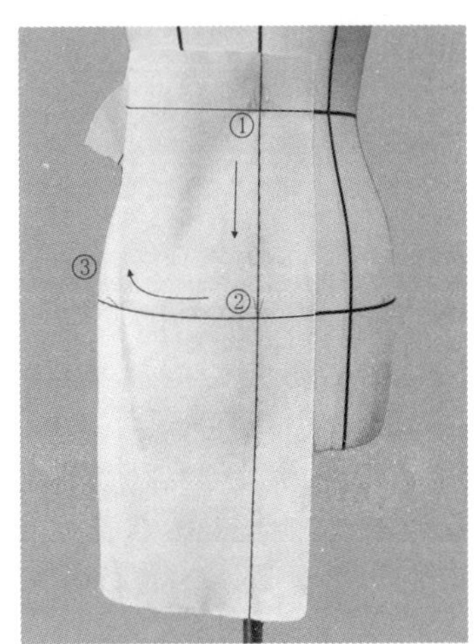

图 4-2-4 前身披布

(3) 整理前片侧缝：在侧缝臀围处打剪口，从点③将布料向上推平至腰围，固定点④，注意侧缝处收取胸腰差量(图 4-2-5)。

(4) 前片收取省道：将点①至点④间的余量分为两个省量捏省，注意省量位置、大小、方向，均衡、美观(图 4-2-6)。

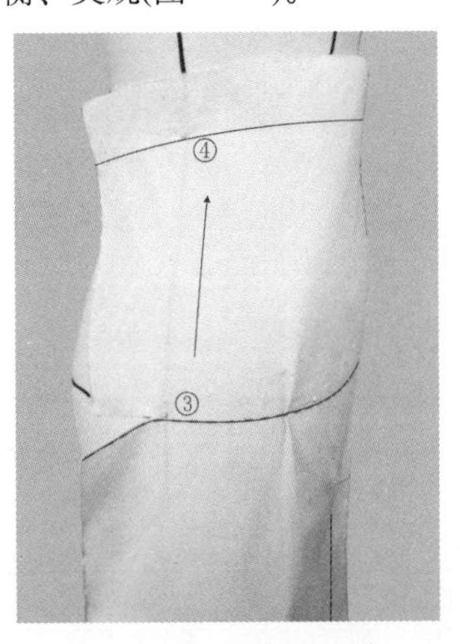

图 4-2-5 整理前片侧缝

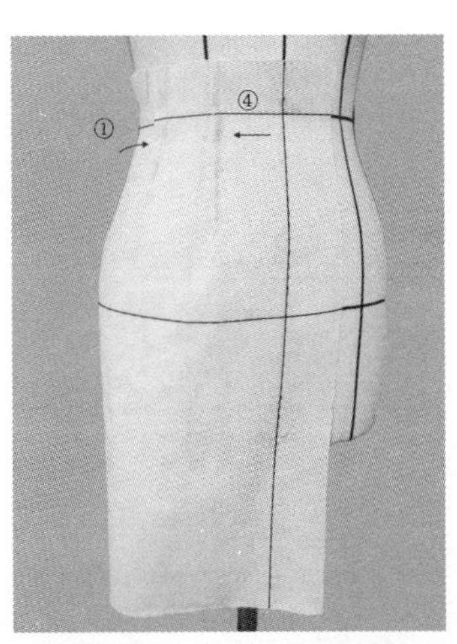

图 4-2-6 前片收取省道

(5) 后身披布：将布料的前中心线、腰围线、臀围线分别对准人台相应的标志线，依次固定前中心线上腰围线处点①、臀围线处点②、臀围线侧面点③，保证坯布与人台标志线重合，坯布丝缕方向横平竖直(图 4-2-7)。

(6) 整理后片侧缝及省量：在侧缝臀围处打剪口，从点③将布料向上推平至腰围，固定点④，注意侧缝处收取胸腰差量(图 4-2-8)。

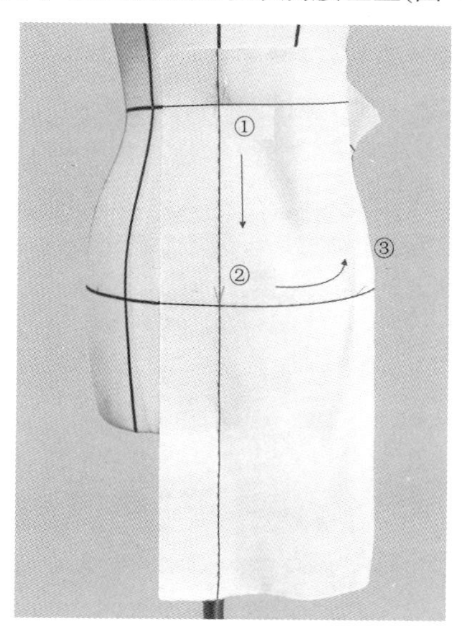

图 4-2-7　后身披布

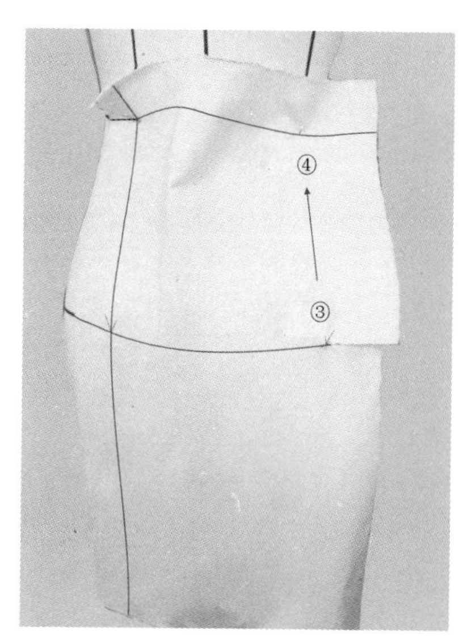

图 4-2-8　整理后身侧缝

(7) 前片收取省道：将点①至点⑧间的余量分为两个省量捏省，注意省量位置、大小、方向，均衡、美观(图 4-2-9)。

(8) 别合侧缝：别合侧缝，臀围线上侧缝线贴合身体，臀围线下侧缝线垂直地面(图 4-2-10)。

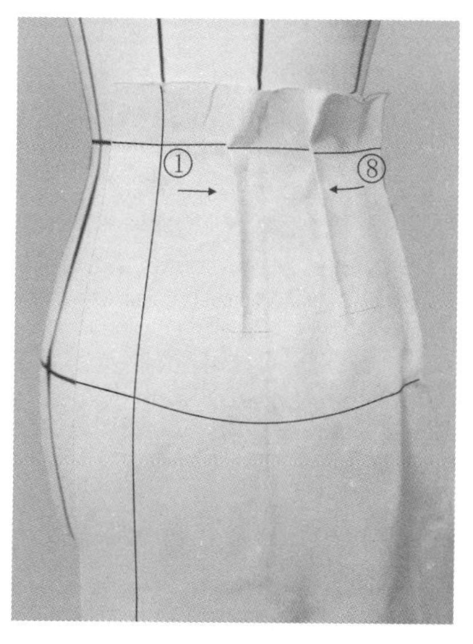

图 4-2-9　收取后片省道

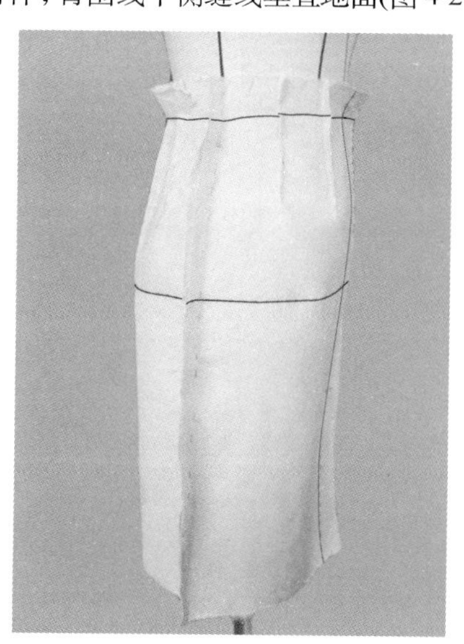

图 4-2-10　别合侧缝

4. 点影

将裙片侧缝线、腰围线、省道、对位点、裙长等部位进行点影标记(图 4-2-11)。

5. 下架修板

平面展开裙片，按点影位画顺各部位线条，同时校对前后侧缝线长度是否一致，腰口弧线是否前后流畅，裙摆宽度是否与臀围宽度一致(图 4-2-12)。

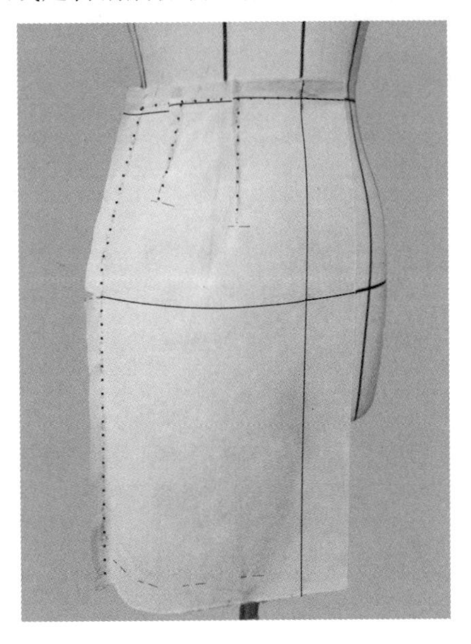

图 4-2-11 点影

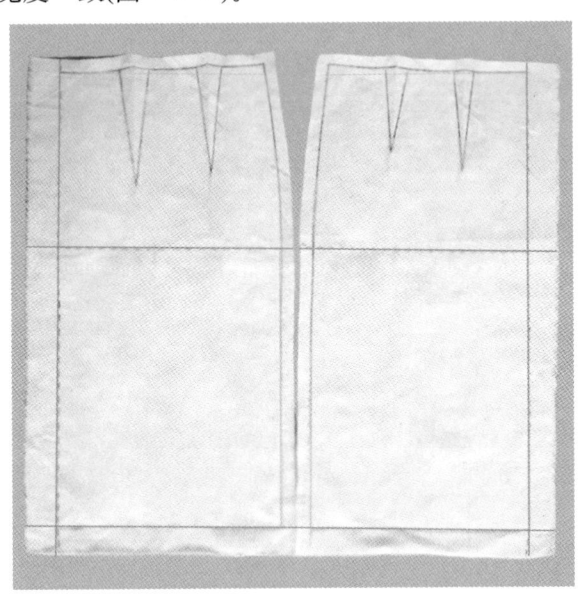

图 4-2-12 修板

6. 组装试穿

试穿效果如图 4-2-13 所示。

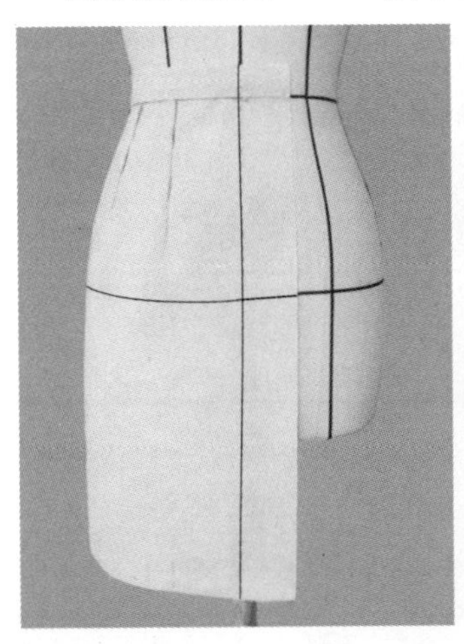

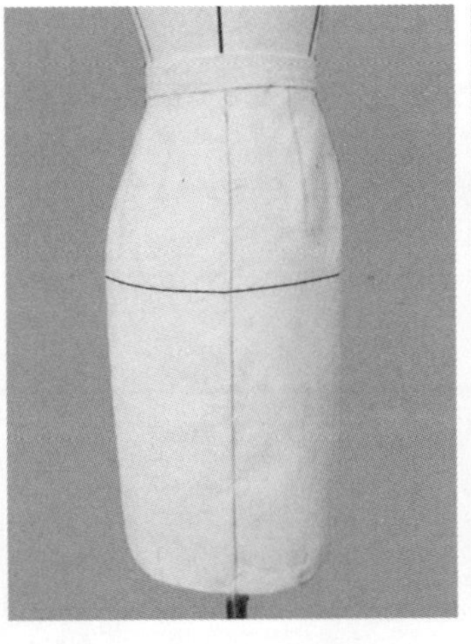

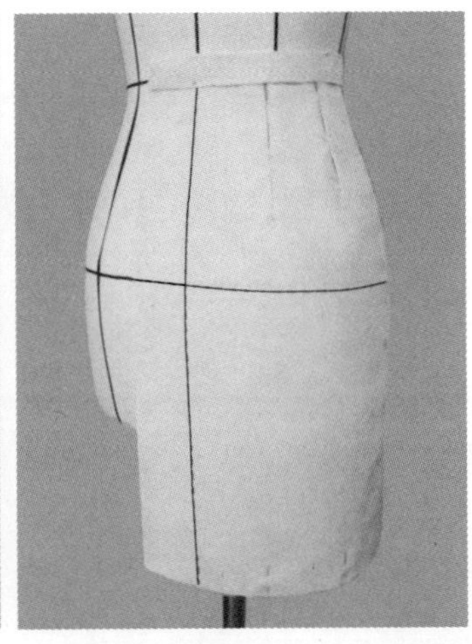

图 4-2-13 试穿效果

7. 下架拓板

样板描图如图 4-2-14 所示。

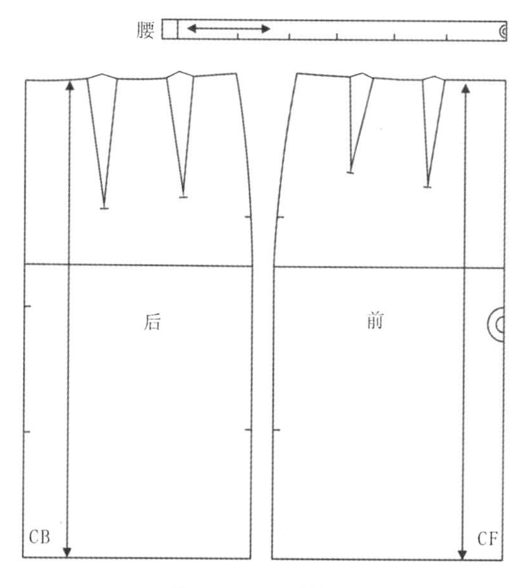

图 4-2-14 样板描图

4.3 A字裙立体裁剪

1. 款式分析(图 4-3-1)

腰部收取一个省道，廓型上小下大呈 A 型。

2. 坯布准备(图 4-3-2)

3. 别样

(1) 前身披布：将布料的前中心线、臀围线分别对准人台相应的标志线，分别在前中心线上下固定两点，臀围线上侧缝处固定一点，保证坯布丝缕方向横平竖直(图 4-3-3)。

(2) 增大下摆：转移部分腰臀差量至下摆，腰臀差值减小，下摆增大。注意根据下摆款式造型特征调整转移的差量(图 4-3-4)。

(3) 捏合前腰省：修剪腰部余料，打剪口，确定省量，捏合一个腰省。注意观察省的位置、大小和长短，调整裙摆的松度要均衡(图 4-3-5、图 4-3-6)。

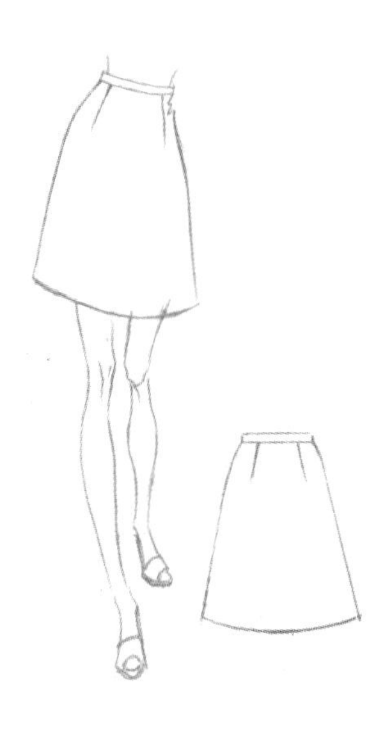

图 4-3-1 款式插图

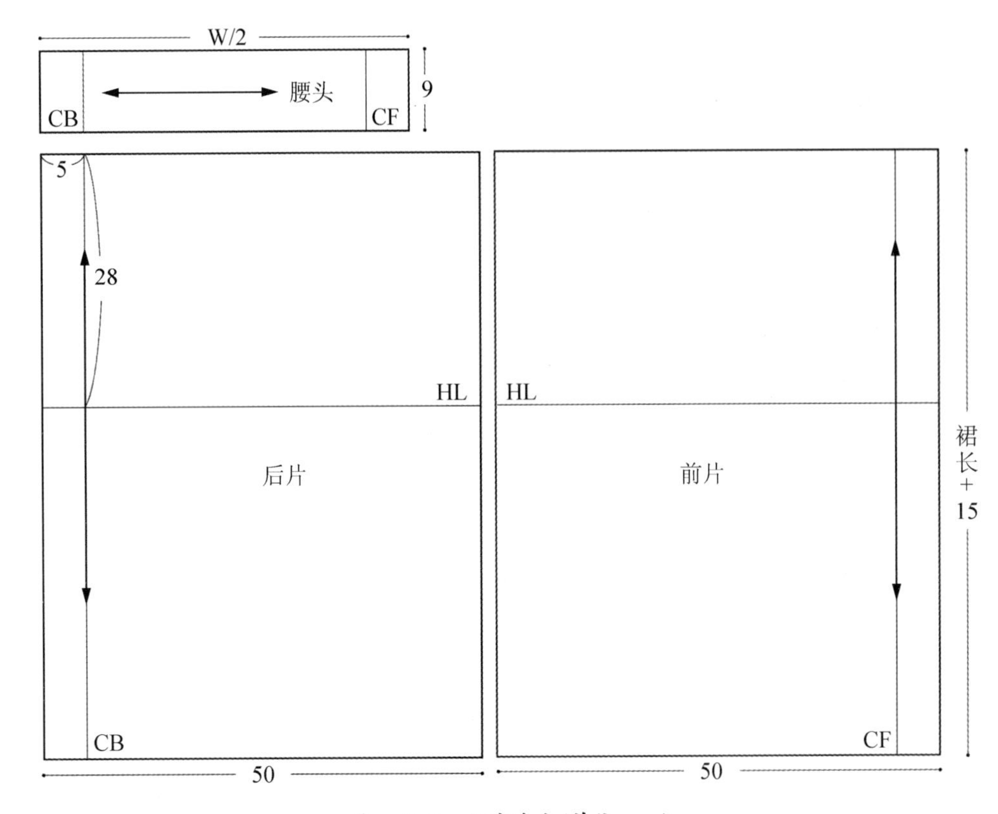

图 4-3-2　坯布准备(单位：cm)

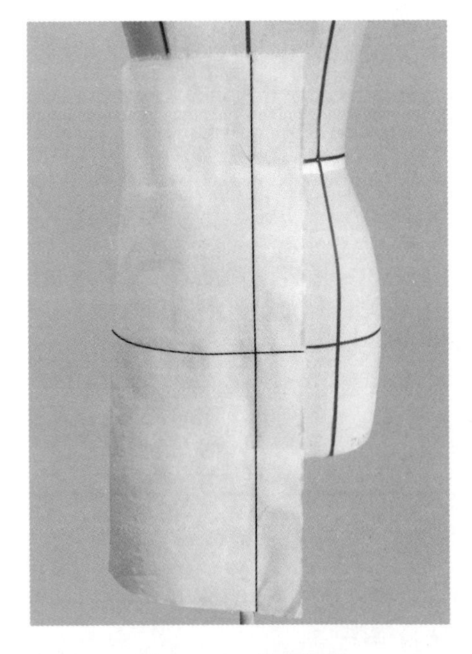

图 4-3-3　前身披布

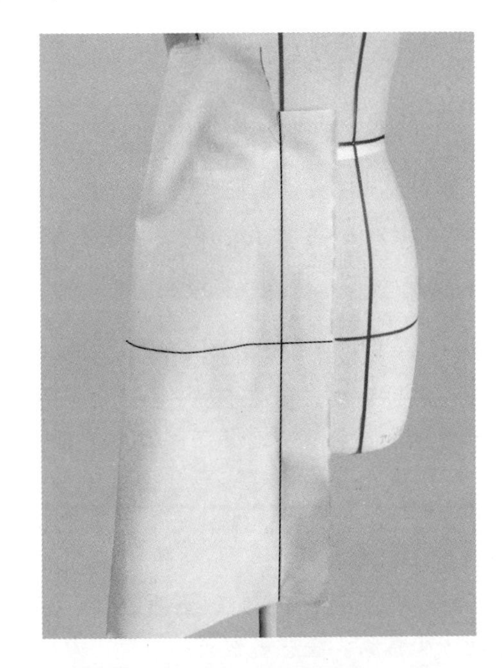

图 4-3-4　增大下摆

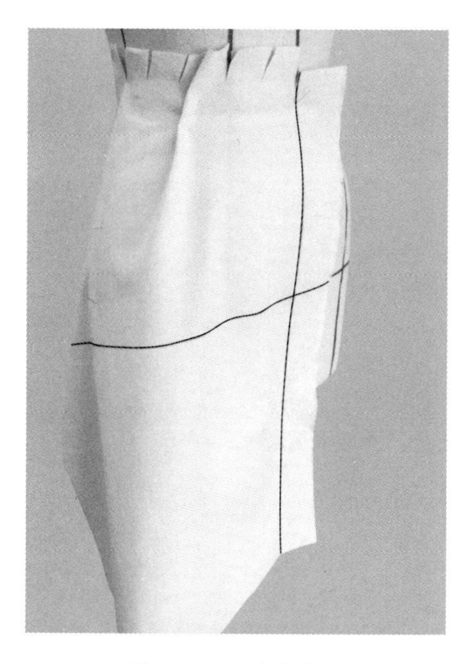

图 4-3-5　确定省量

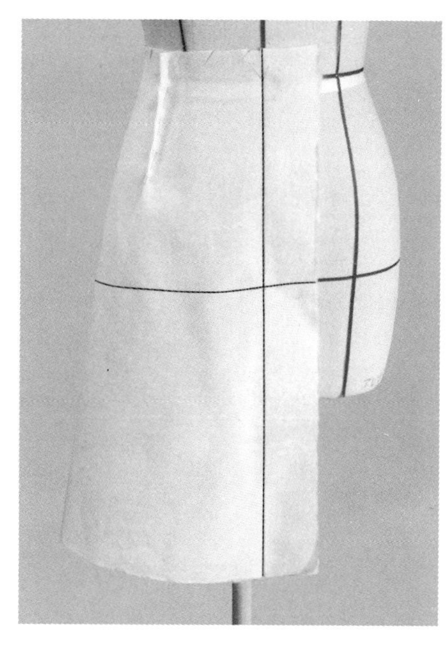

图 4-3-6　捏合前腰省

(4) 标记侧缝线：用粘带在布料上标记出侧缝线，剪掉余料(图 4-3-7)。

(5) 后身披布：将布料的后中心线、臀围线分别对准人台相应的标志线，分别在后中心线上下固定两点，臀围线上侧缝处固定一点，保证坯布丝缕方向横平竖直(图 4-3-8)。

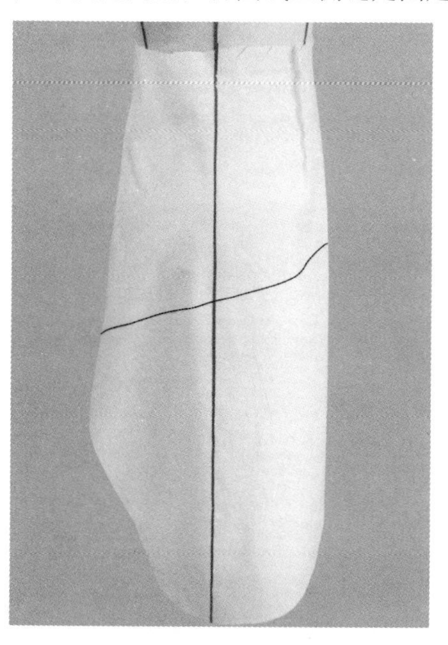

图 4-3-7　标记侧缝线

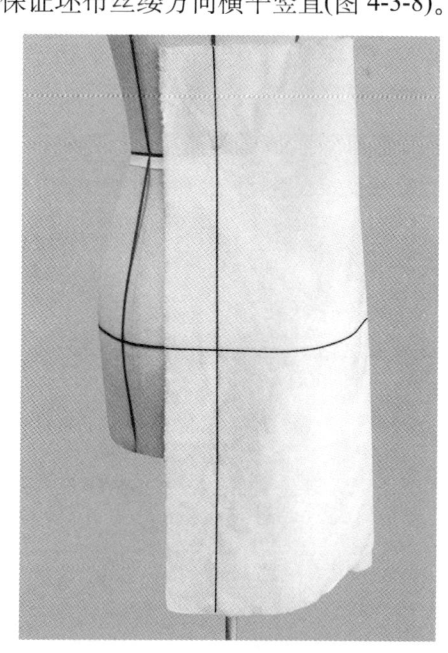

图 4-3-8　后身披布

(6) 增大下摆：同前片方法(图 4-3-9)。

(7) 捏合后腰省：修剪腰部余料，打剪口，确定省量，捏合一个腰省。注意观察省的位置、大小和长短，调整裙摆的松度要均衡(图 4-3-10)。

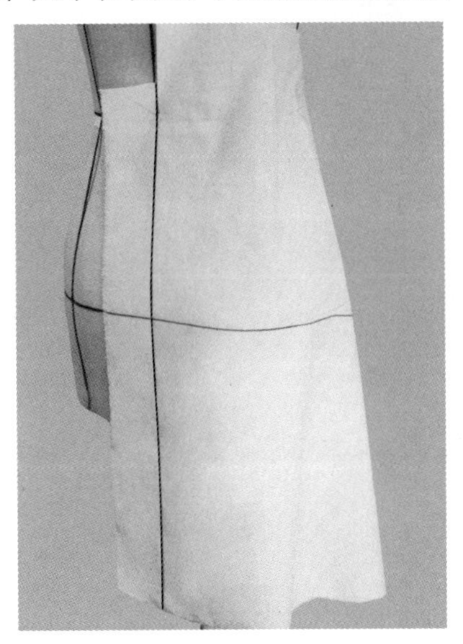

图 4-3-9　增大下摆

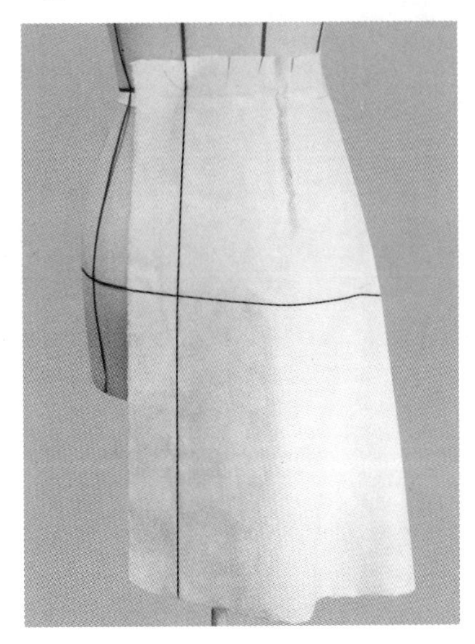

图 4-3-10　捏合后腰省

(8) 别合前后片：将前后裙片的侧缝线别合(图 4-3-11)。

4. 点影

将裙片侧缝线、腰围线、省道、对位点、裙长等部位进行点影标记(图 4-3-12)。

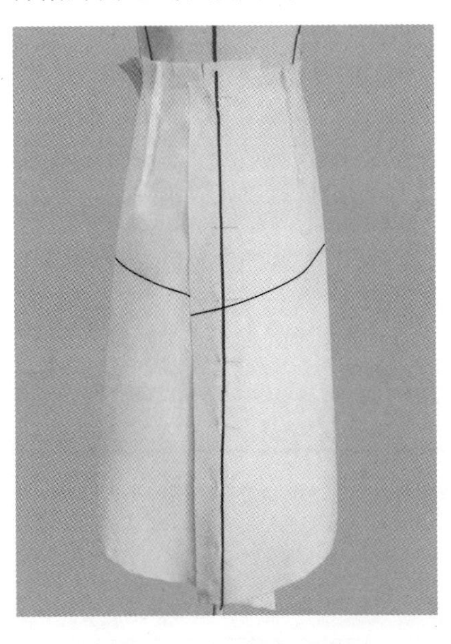

图 4-3-11　别合侧缝线

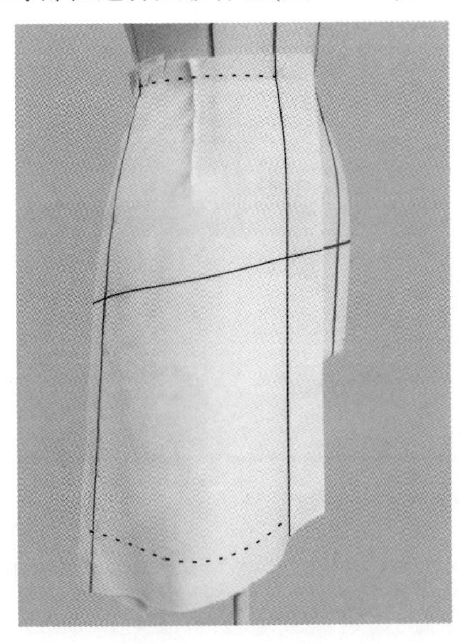

图 4-3-12　点影

5. 下架修板

平面展开衣裙片，按点影位画顺各部位线条，同时校对前后侧缝线长度是否一致，腰口弧线是否前后流畅(图 4-3-13)。

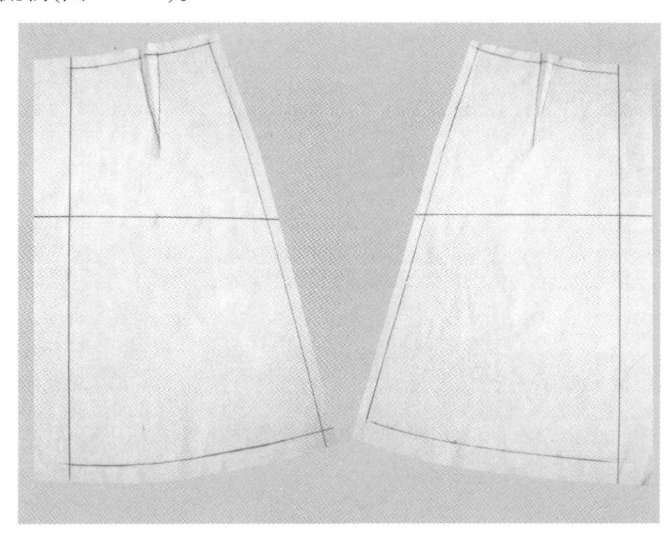

图 4-3-13 修板

6. 组装试穿

试穿效果如图 4-3-14 所示。

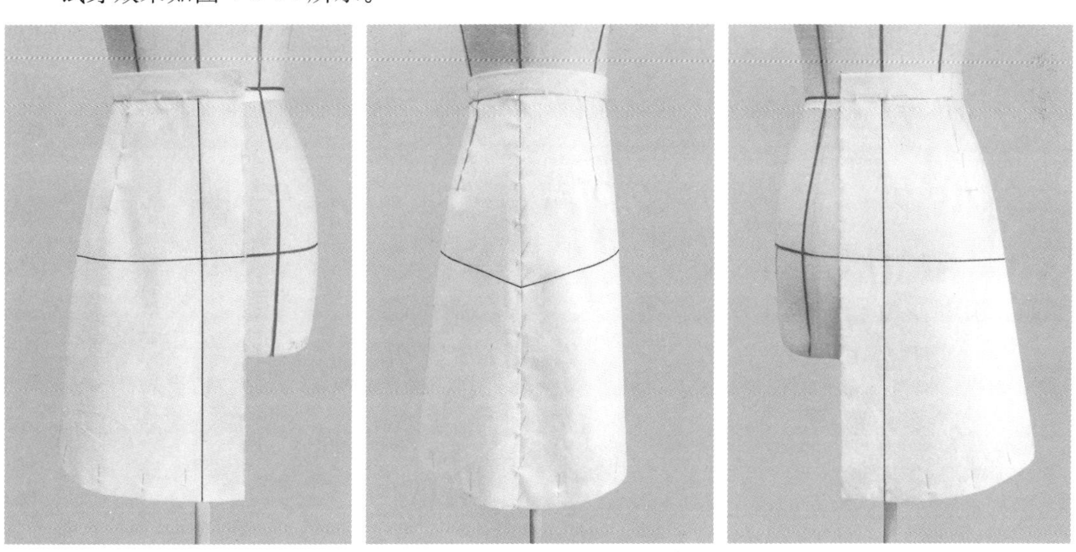

图 4-3-14 试穿效果

7. 下架拓板

样板描图图 4-3-15 所示。

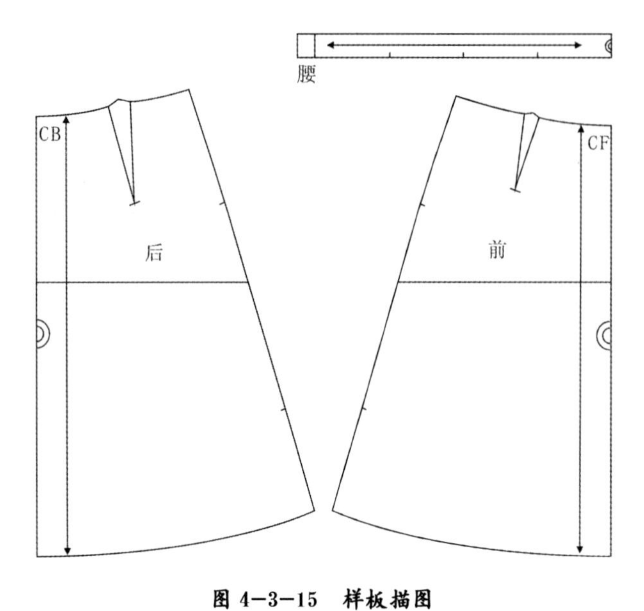

图 4-3-15　样板描图

4.4　波浪裙立体裁剪

1. 款式分析

腰部无省道，外形是上小下大，呈放射状，垂挂下来形成波浪裙摆，下摆有平齐的圆形(图 4-4-1)。

图 4-4-1　款式插图

2. 坯布准备(图 4-4-2)

3. 别样

(1) 标记后腰线：为符合腰部形体特征，在后腰中心下降 0.5～1cm 处，用粘带贴出后腰线标志线(图 4-4-3)。

(2) 前身披布：将布料的前中心线、腰围线、臀围线分别对准人台相应的标志线，固定前中心线上腰围线处一点和臀围处一点，侧缝处临时固定一点，保证坯布与人台前中心线重合，布料丝缕方向横平竖直。腰围线处留余料横向剪开(图 4-4-4)。

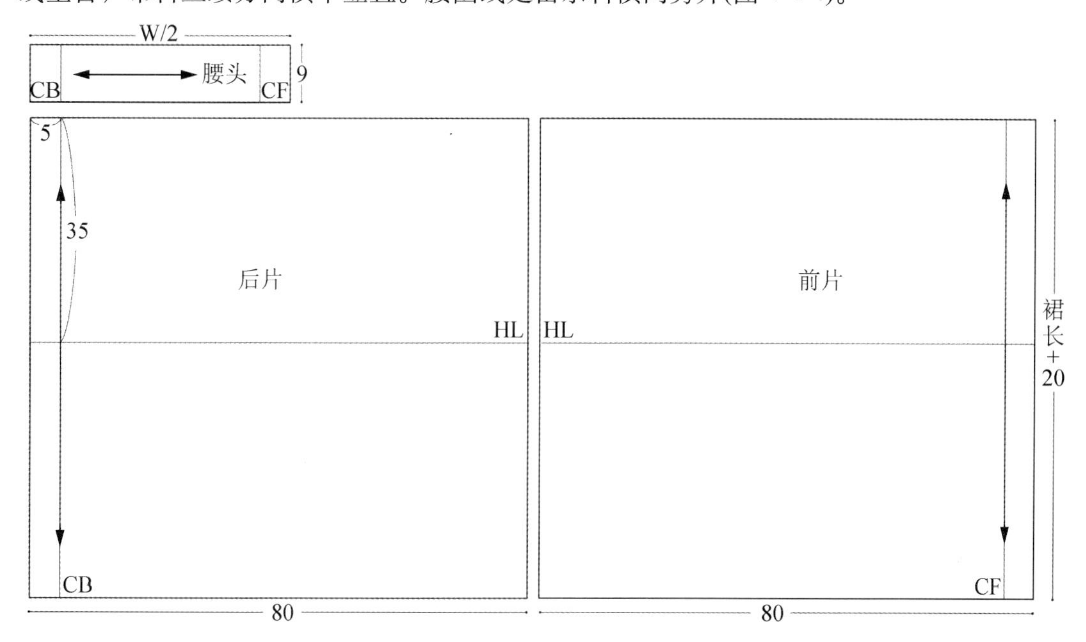

图 4-4-2 坯布准备(单位：cm)

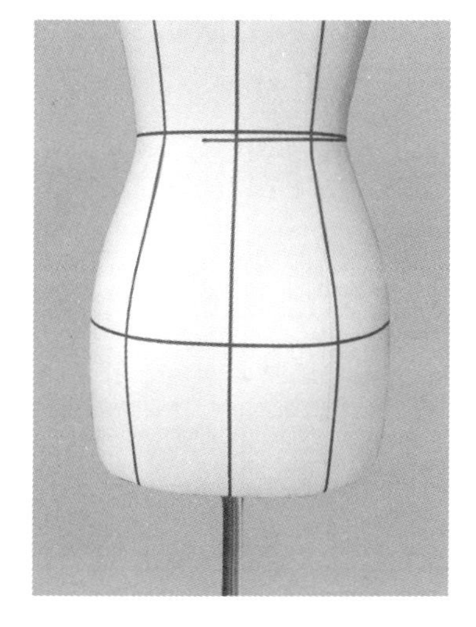

图 4-4-3 标记线后腰线

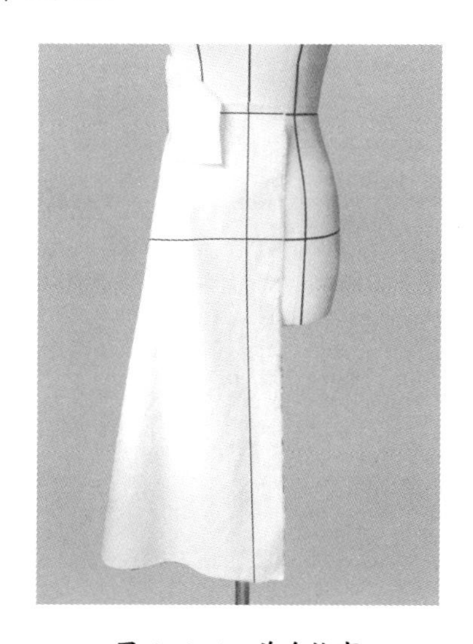

图 4-4-4 前身披布

(3) 确定前片腰围线和波浪位置：在腰围线上确定波浪位置，剪掉腰部多余布料，打剪口，保持腰围线贴合人台，调整裙廓型呈波浪状态。注意波浪位置和褶量要设置均匀(图 4-4-5、图 4-4-6)。

(4) 后身披布：方法同前身披布。保证坯布后中心线与人台后中心线重合，布料丝缕方向横平竖直，腰围线处留余料横向剪开(图 4-4-7)。

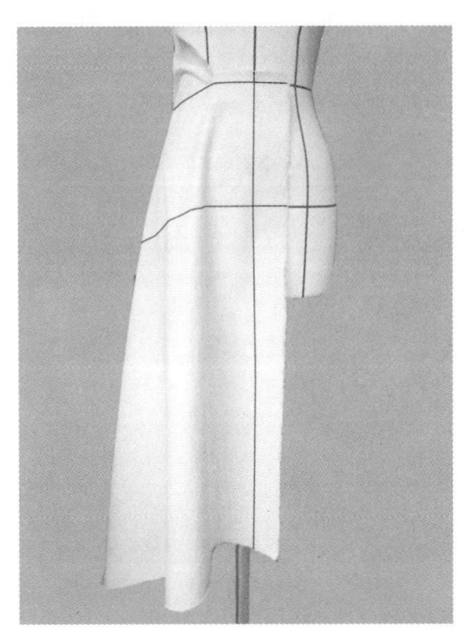

图 4-4-5　确定前面波浪形态

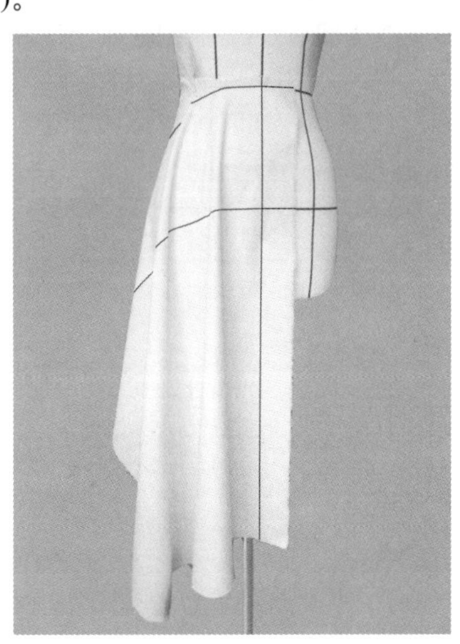

图 4-4-6　确定前侧面波浪形态

(5) 确定后片腰围线和波浪位置：同前片操作方法(图 4-4-8、图 4-4-9)。

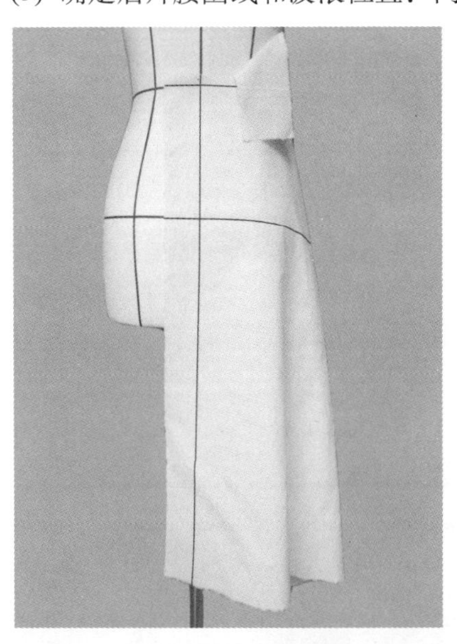

图 4-4-7　后身披布

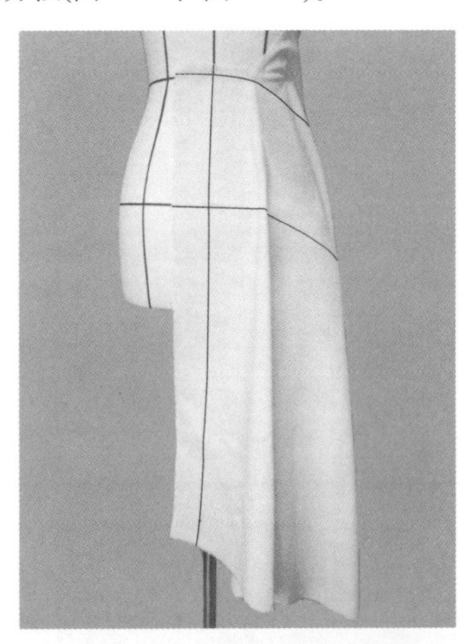

图 4-4-8　确定后面波浪形态

(6) 别合侧缝：将裙前片和后片在侧缝处别合，注意在侧面观察调整裙廓型状态，保持前后裙片波浪均衡(图 4-4-10)。

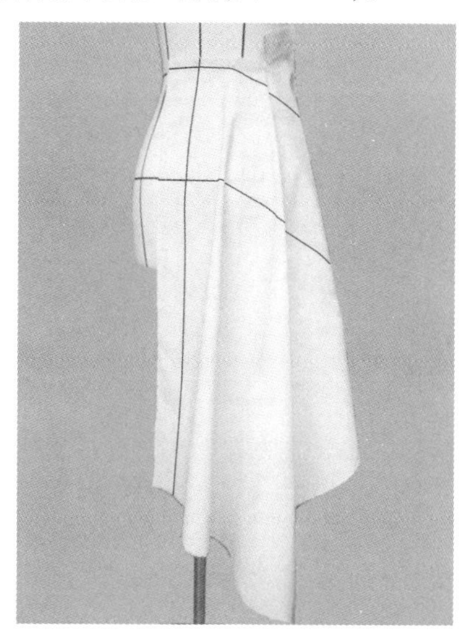

图 4-4-9　确定后侧面波浪形态

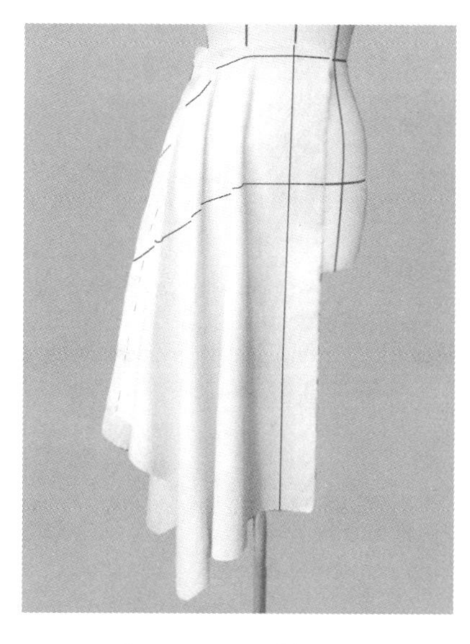

图 4-4-10　别合侧缝

4. 点影

将裙片侧缝线、腰围线、裙长等部位进行点影标记。

5. 下架修板

平面展开衣片，按点影位画顺各部位线条，同时校对前后侧缝线长度是否一致，腰口弧线是否前后流畅(图 4-4-11)。

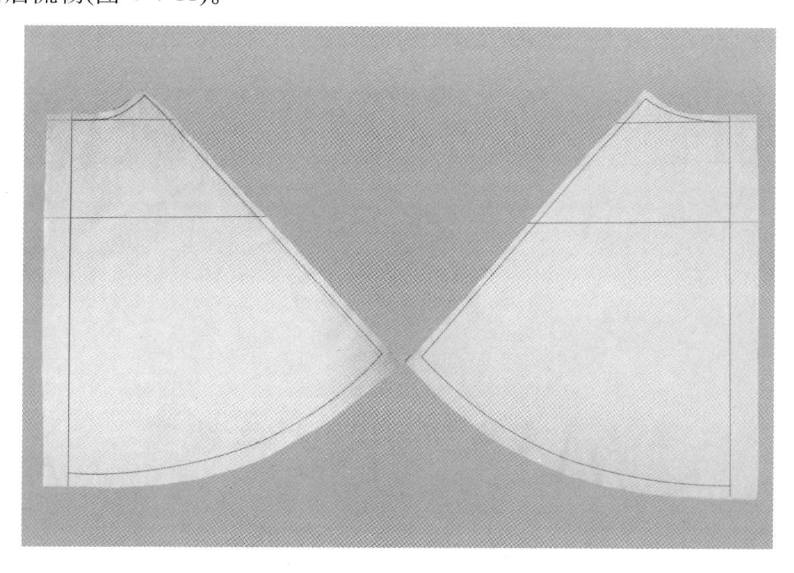

图 4-4-11　修板

6. 组装试穿

按腰围线位置组装腰头，宽窄按款式设计特征确定(图 4-4-12)。

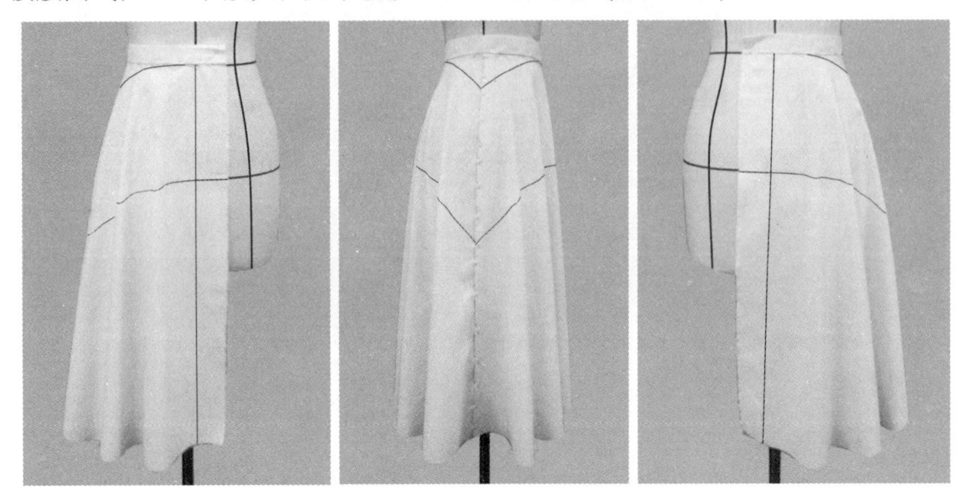

图 4-4-12 试穿效果

7. 下架拓板

样板描图如图 4-4-13 所示。

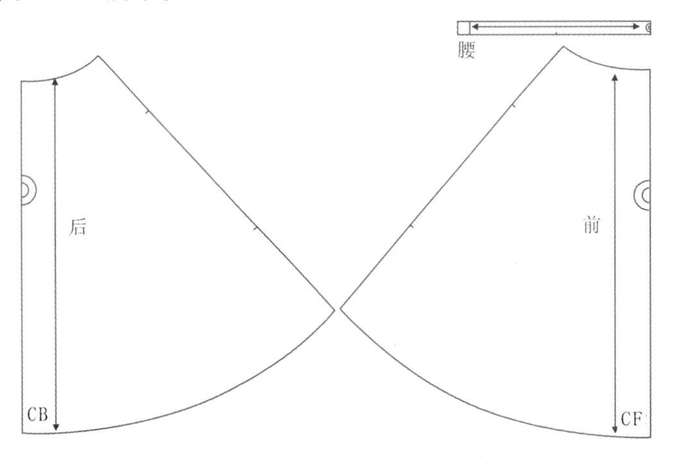

图 4-4-13 样板描图

4.5 育克折裥裙立体裁剪

1. 款式分析

无省道，前后裙片育克分割线，臀部合体，裙片设活裥，裙摆呈 A 型(图 4-5-1)。

图 4-5-1 款式插图

2. 坯布准备(图 4-5-2)

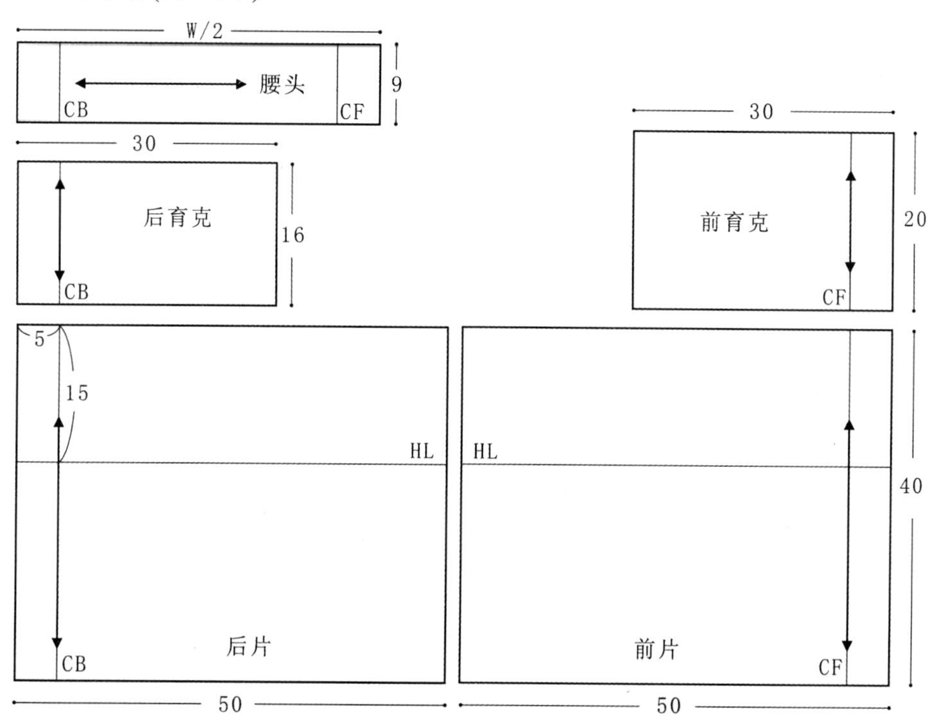

图 4-5-2 坯布准备(单位：cm)

3. 别样

(1) 标记结构线：根据效果图，在人台上用粘带贴出育克线和折裥位置(图 4-5-3、图 4-5-4)。

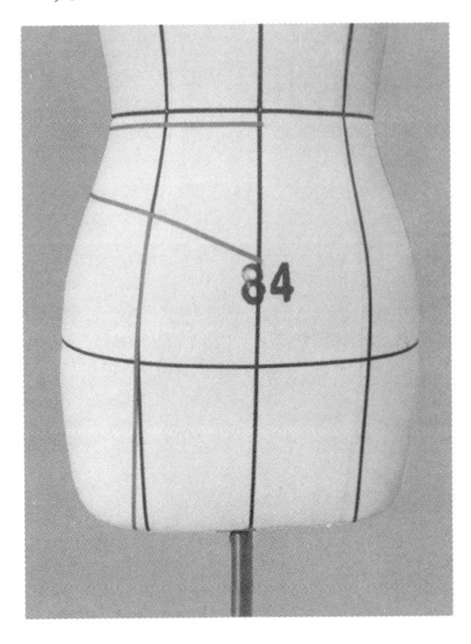

图 4-5-3　前身标记线

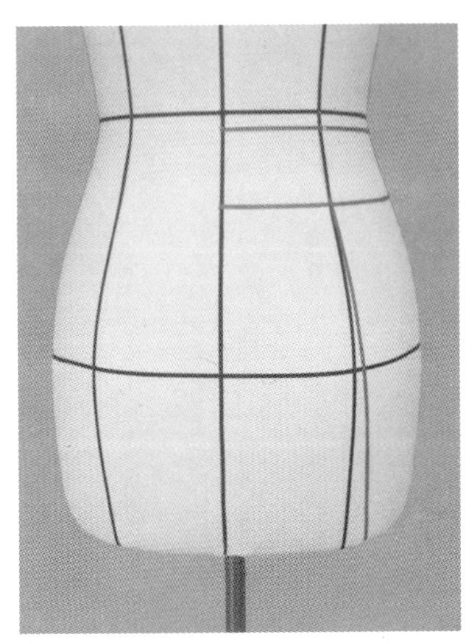

图 4-5-4　后身标记线

(2) 粗裁前身育克：将育克用布的前中心线与人台前中心线重合，上下固定点①、点②。将腰围处布料打剪口后，从点①处向后身推平布料至侧缝固定点③。再将腹部布料抚平固定侧缝上育克分割位置点④。在布料上标记育克线位置，将腰部、育克处余料剪掉(图 4-5-5、图 4-5-6)。

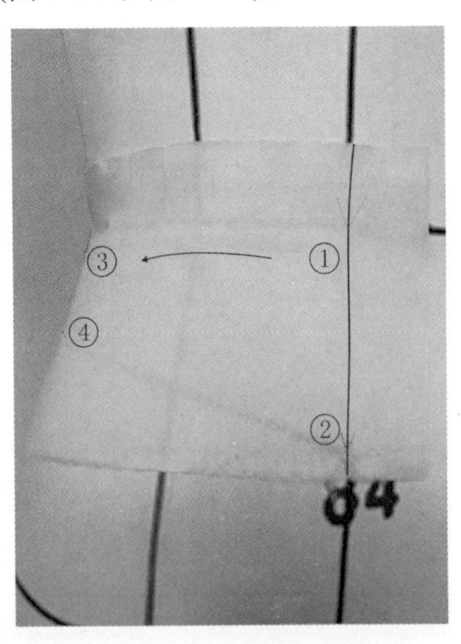

图 4-5-5　粗裁前身育克

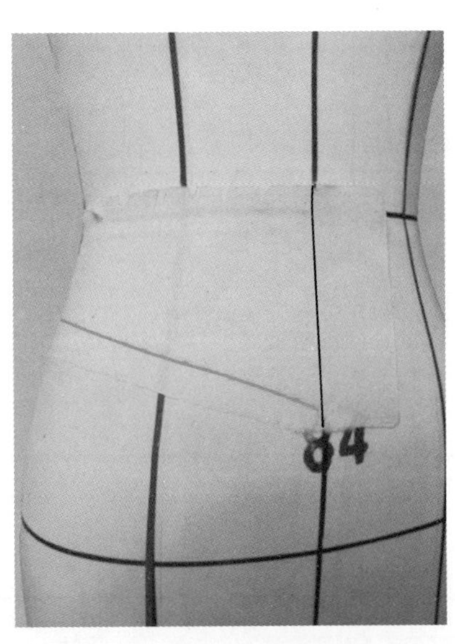

图 4-5-6　标记育克线

(3) 前身裙片披布：将前身裙片用布的前中心线、臀围线与人台相应的标志线重合，在前中线的育克分割位置固定点⑤，在臀围处固定点⑥，在侧身固定点⑦。保持布料丝缕方向横平竖直。在裙片上标记育克线位置和折裥位置(图 4-5-7)。

(4) 平面折叠折裥：取下前身裙片，平面展开，按标记的折裥位置和设计的大小尺寸折叠折裥，熨烫固定(图 4-5-8)。

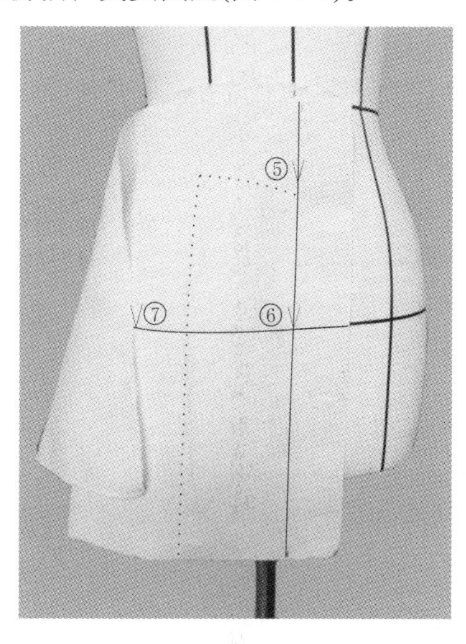

图 4-5-7 前身裙片披布

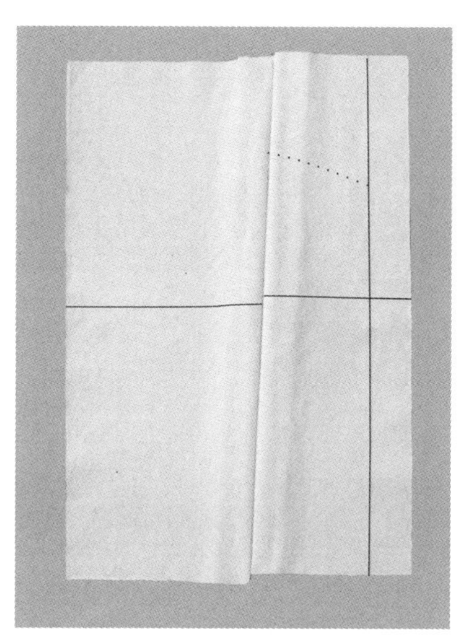

图 4-5-8 平面折叠折裥

(5) 粗裁前身裙片：将折叠折裥的前身裙片再次上架，前中心线对齐，标记的育克位置重合，从臀部向上抚平布料，固定侧缝。用重叠别针法别合裙片和育克，点影标记育克分割线，剪掉多余布料。注意观察调整裙子廓型呈 A 型(图 4-5-9、图 4-5-10)。

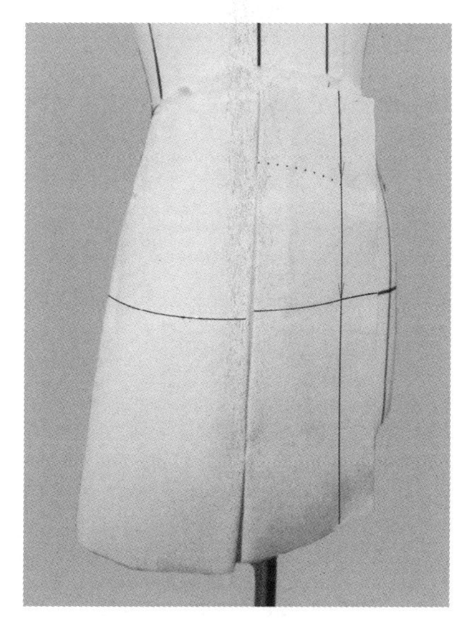

图 4-5-9 前身裙片对位

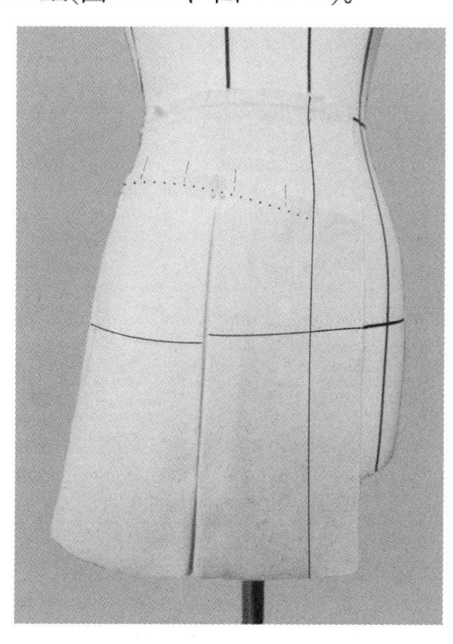

图 4-5-10 别合前身裙片

(6) 粗裁后身育克：同前身育克操作方法，将育克用布的后中心线与人台标志线重合，上下固定点①、点②。将腰围处布料打剪口后，从后中向侧身推平布料，固定点③、点④。在布料上标记育克线位置，将腰部、育克处余料剪掉(图 4-5-11)。

(7) 后身裙片披布：将后身裙片用布的后中心线、臀围线与人台相应的标志线重合，在后中线的育克分割位置固定点⑤，在臀围处固定点⑥，在侧身固定点⑦。保持布料丝缕方向横平竖直。在裙片上标记育克线位置和折裥位置(图 4-5-12)。

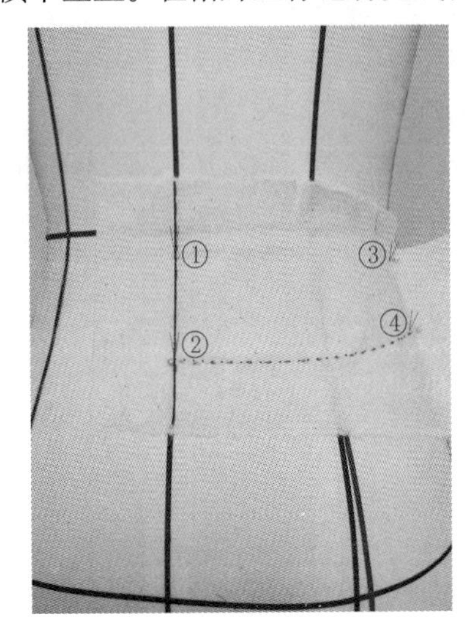

图 4-5-11　粗裁后身育克

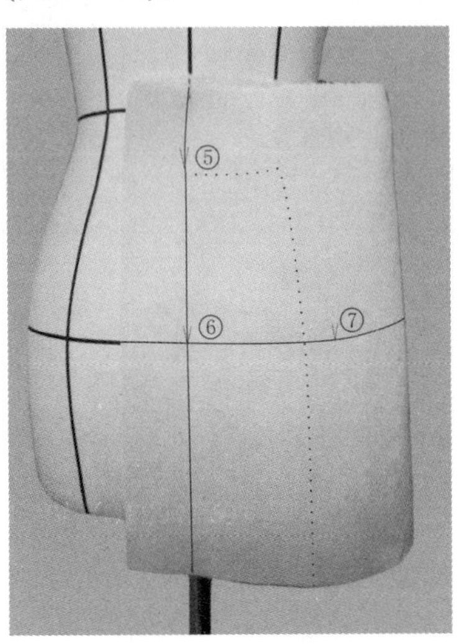

图 4-5-12　后身裙片披布

(8) 粗裁后身裙片：方法同前身裙片操作，将平面折叠折裥的后身裙片再次上架，标记线对齐，从臀部向上推平布料，固定侧缝。别合裙片和育克，点影标记育克分割线，剪掉多余布料。注意观察调整裙子廓型呈 A 型(图 4-5-13、4-5-14)。

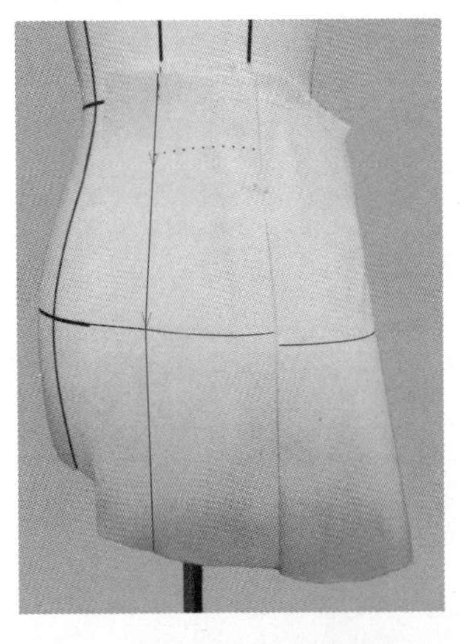

图 4-5-13　后身裙片对位

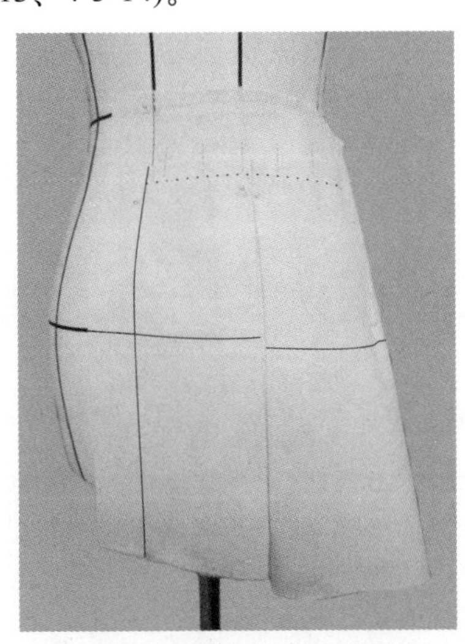

图 4-5-14　别合后身裙片

(9) 别合侧缝：用大头针将前后身裙片侧缝别合，调整腹部造型贴合身体，裙子廓型呈A型。

4. 点影

将前后裙片侧缝线、腰围线、分割线、对位点、裙长等部位进行点影标记(图4-5-15)。

5. 下架修板

平面展开裙片，按点影位画顺各部位线条，同时校对前后侧缝线长度、育克分割是否一致，腰口弧线连接是否流畅(图4-5-16)。

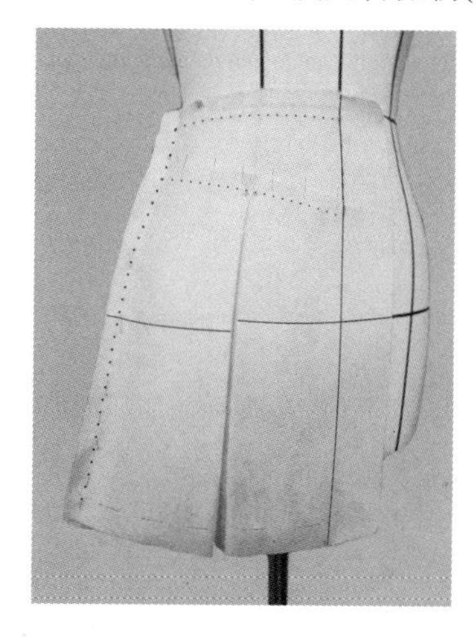

图4-5-15 点影

图4-5-16 修板

6. 组装试穿

按腰围长度配腰头，大头针组装，裙底摆别起，上架试穿(图4-5-17)。

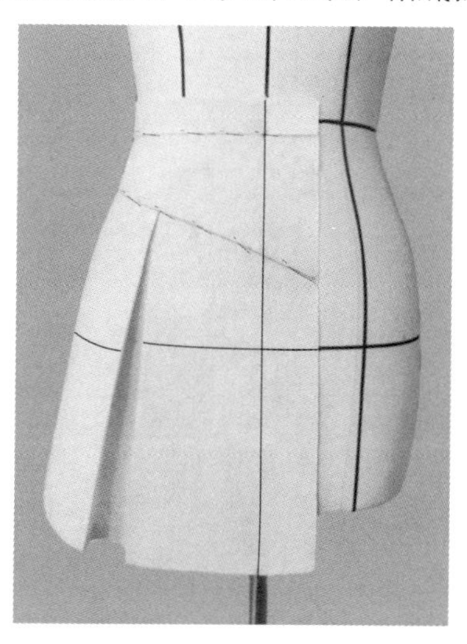

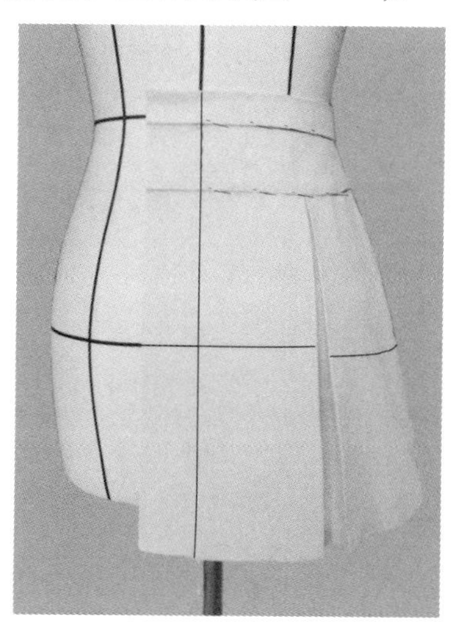

图4-5-17 试穿效果

7. 下架拓板

样板描图如图 4-5-18 所示。

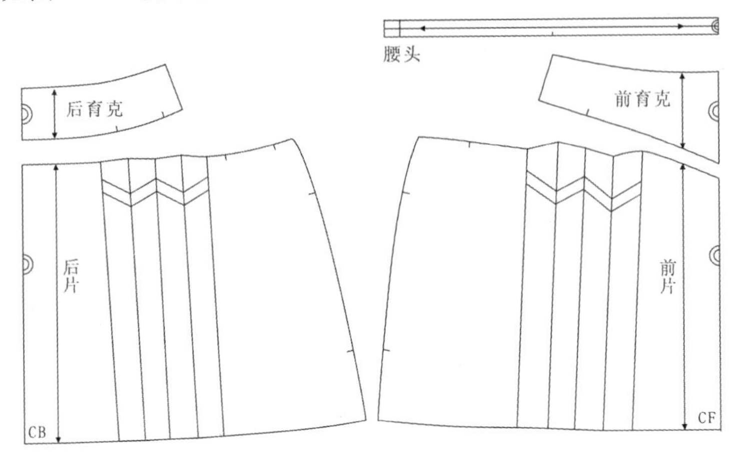

图 4-5-18 样板描图

4.6 抽褶裙立体裁剪

1. 款式分析

此款抽褶裙在腰部有碎褶，使裙身形成自然、蓬松的皱褶，裙摆量较大(图 4-6-1)。

图 4-6-1 款式描图

2. 坯布准备(图 4-6-2)

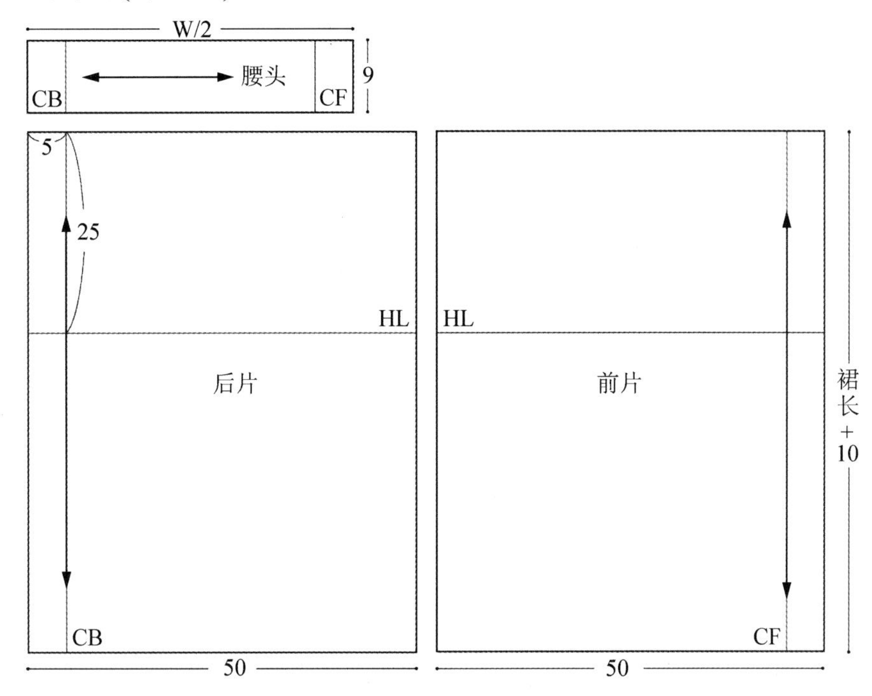

图 4-6-2 坯布准备(单位：cm)

3. 别样

(1) 标记腰围线：根据效果图，在人台上用粘带贴出腰围线位置(图 4-6-3、图 4-6-4)。

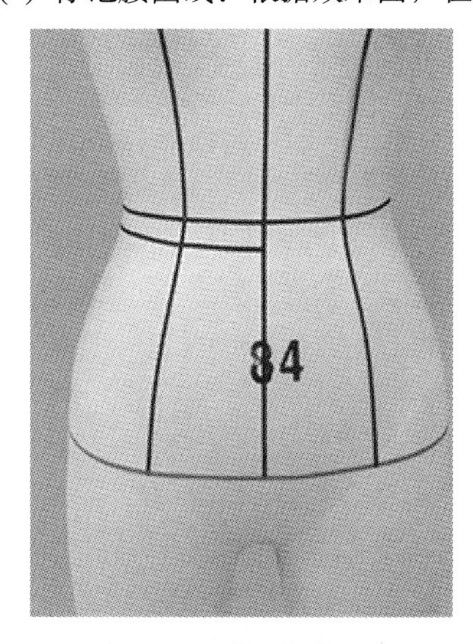

图 4-6-3 标记前腰围线

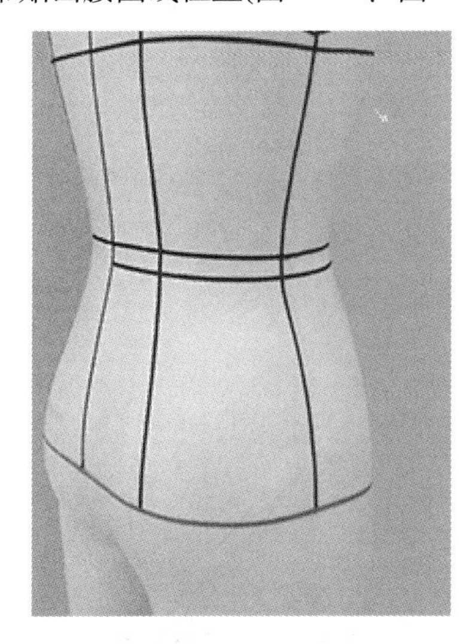

图 4-6-4 标记后腰围线

(2) 前身披布：将布料的前中心线、臀围线分别对准人台相应的标志线，固定前中心线上腰围处一点和臀围处一点，侧缝处臀围线上临时固定一点，保证坯布与人台前中心线重合，布料丝缕方向横平竖直(图 4-6-5)。

(3) 固定前腰碎褶：根据款式要求确定抽褶量，从腰围前中心线向侧面均匀或者不规则地做出褶裥，边折叠边固定(图 4-6-6)。

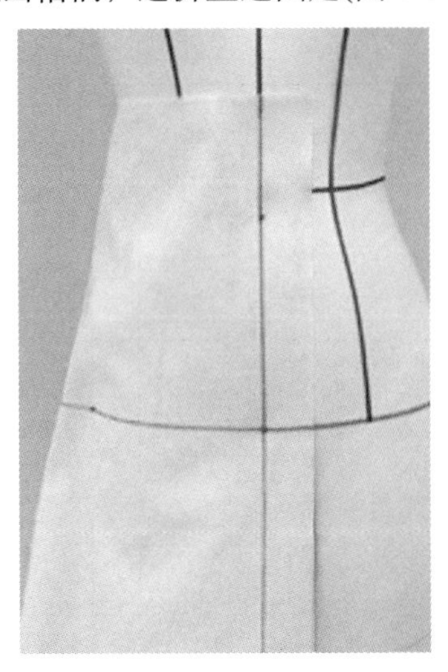

图 4-6-5　前身披布

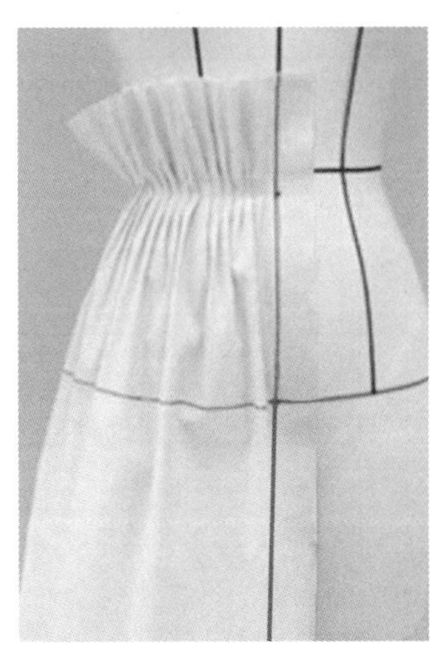

图 4-6-6　固定前腰碎褶

(4) 后身披布：方法同前身，将布料的后中心线、臀围线分别对准人台相应的标志线，布料丝缕方向横平竖直(图 4-6-7)。

(5) 固定后腰碎褶：从腰围后中心线向侧面均匀或者不规则地做出褶裥，边折叠边固定，注意前后身褶量均衡(图 4-6-8)。

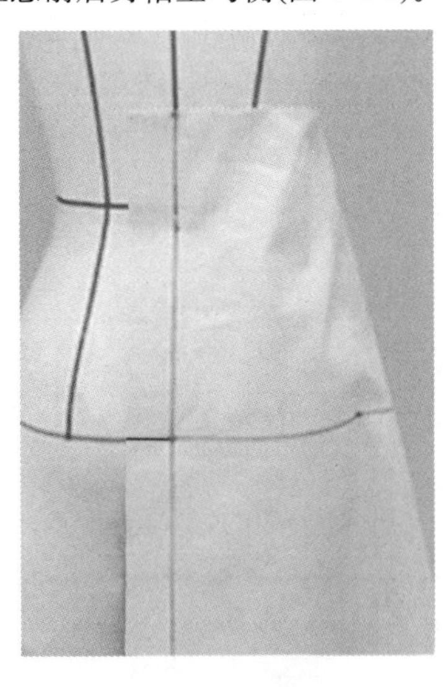

图 4-6-7　后身披布

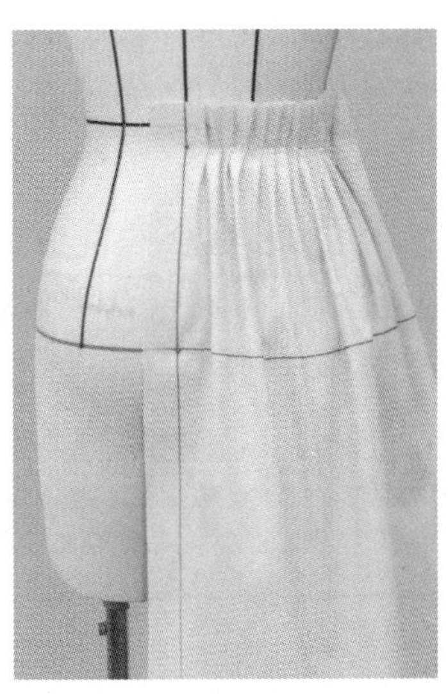

图 4-6-8　固定后腰碎褶

(6) 别合侧缝：将前后身裙片侧缝别合(图 4-6-9)。

(7) 装腰头：按标记腰围线位置，用大头针固定装腰头(图 4-6-10)。

图 4-6-9 别合侧缝

图 4-6-10 装腰头

4. 点影

将前后裙片侧缝线、腰围线、裙长等部位进行点影标记(图 4-6-11)。

5. 下架修板

平面展开裙片，按点影位画顺各部位线条，同时校对前后侧缝线长度是否一致，腰口弧线连接是否流畅(图 4-6-12)。

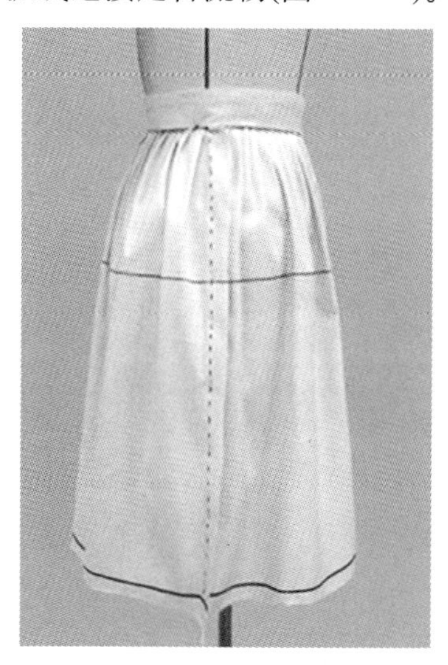

图 4-6-11 点影

图 4-6-12 修板

6. 组装试穿

试穿效果如图 4-6-13 所示。

7. 下架拓板

样板描图如图 4-6-14 所示。

图 4-6-13　试穿效果

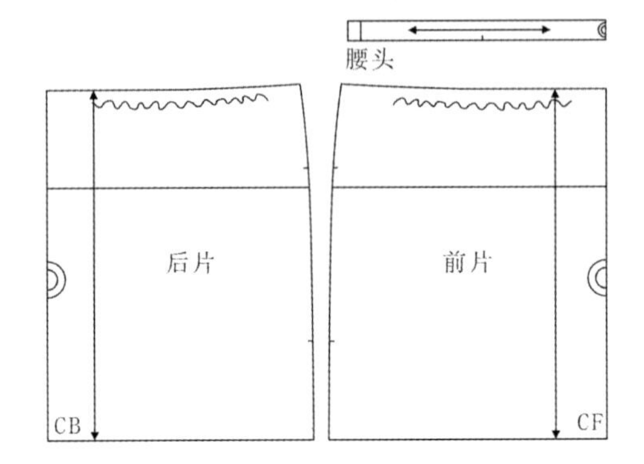

图 4-6-14　样板描图

4.7　螺旋分割裙立体裁剪

1. 款式分析

此款裙的裙身由八片斜向分割的裁片组成，省道隐藏在腰臀处斜向分割线中。裙摆呈 A 型，形成自然波浪(图 4-7-1)。

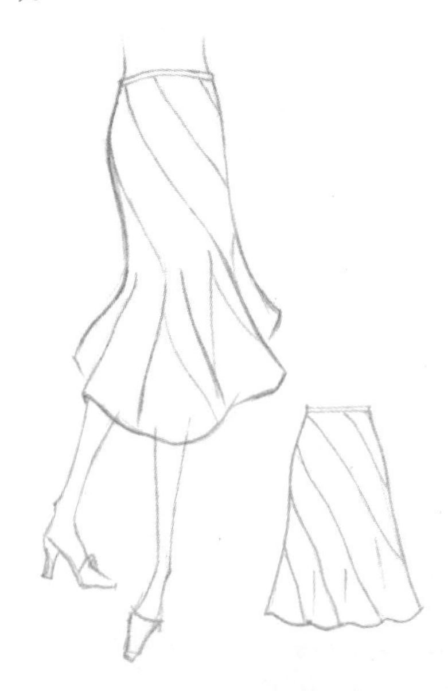

图 4-7-1　款式插图

2. 坯布准备(图 4-7-2)

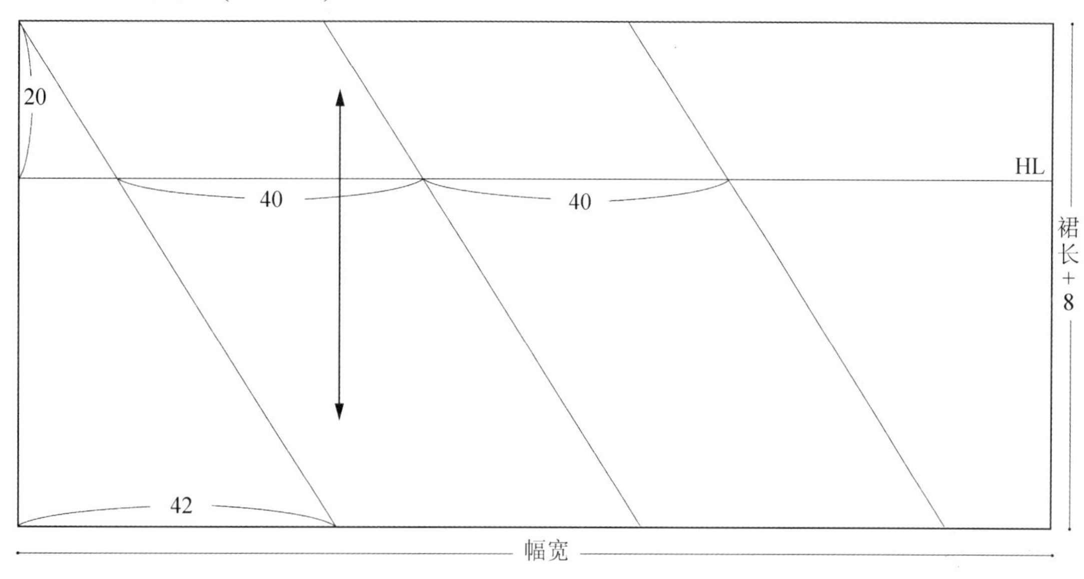

图 4-7-2 坯布准备(单位：cm)

3. 别样

(1) 标记腰围线：根据款式特征，用粘带在人台上标记出低腰造型线位置(图 4-7-3)。

(2) 标记分割线：根据八片分割的特征，在腰围线和臀围线上采用等分腰围、等分臀围的方法设置分割线的间距，错位连接腰围等分点与臀围等分点，贴出螺旋分割造型线(图 4-7-4 至图 4-7-6)。

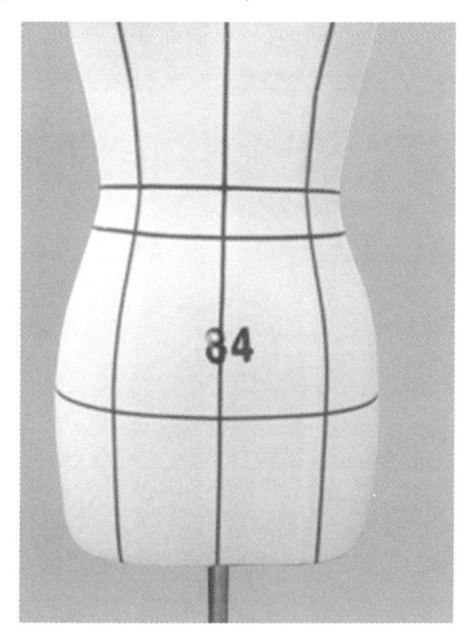

图 4-7-3 标记腰围线

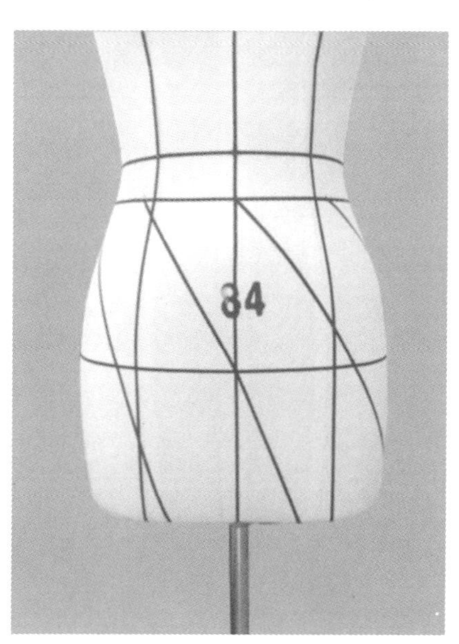

图 4-7-4 标记分割线

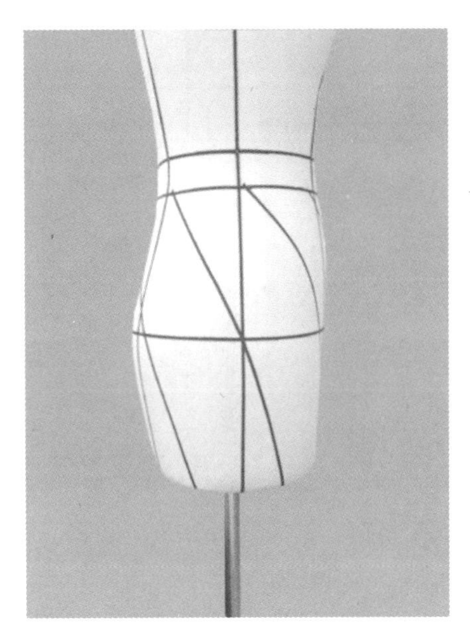

图 4-7-5 侧面分割线

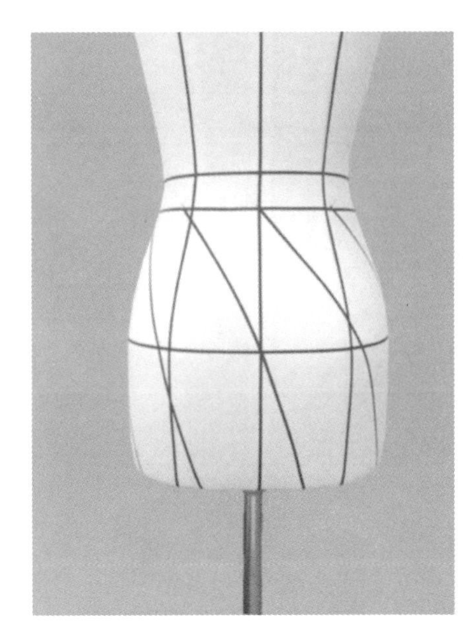

图 4-7-6 背面分割线

(3) ①号用布披布：将布料的臀围线对准人台的臀围线，在斜向分割线的腰围、臀围两端以及胯部起波浪的位置，用大头针固定于人台上。注意臀腰部留出一定松量并抚平(图 4-7-7)。

(4) 标记①号用布分割线：在①号用布上依据人台分割线位置粘贴分割线，一侧粘贴至起波浪处，另一侧将造型线顺延至底摆(图 4-7-8)。

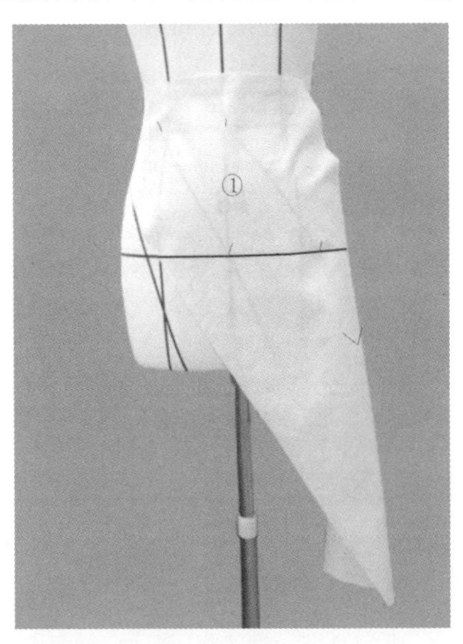

图 4-7-7 ①号用布披布

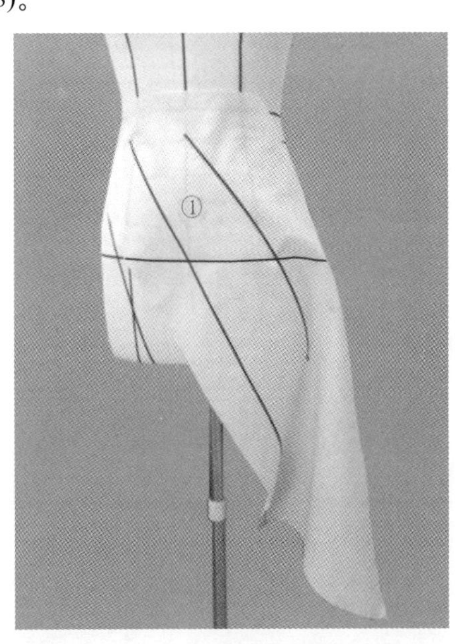

图 4-7-8 粘贴①号用布分割线

(5) 粗裁①号裙片：沿分割线裁剪余料，胯部横向修剪至起波浪位置，旋转胯部以下布料起波浪，待用(图 4-7-9、图 4-7-10)。

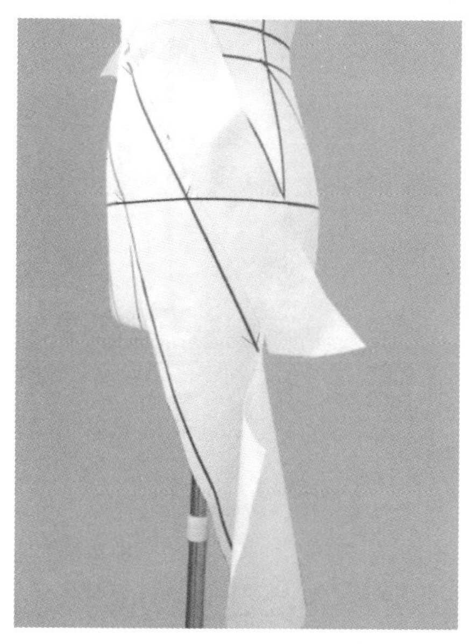

图 4-7-9 预留波浪布料

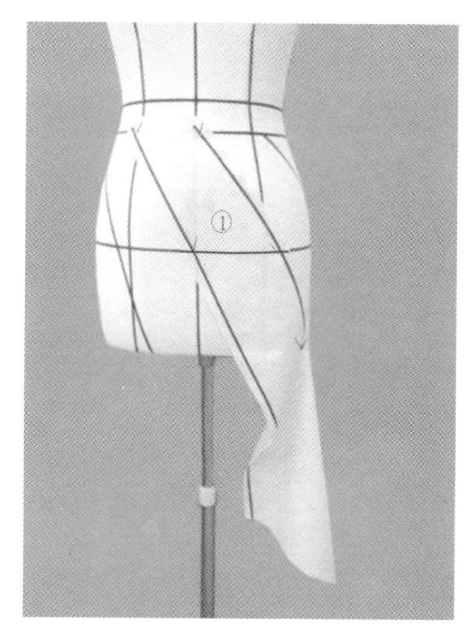

图 4-7-10 粗裁①号裙片

(6) ②号用布披布：将与①号裙片左侧相邻的②号布料的臀围线对准人台的臀围线，在斜向分割线的腰围、臀围两端以及胯部起波浪的位置，用大头针固定于人台上。注意臀腰部留出一定松量，臀腰差分配于腰围线至臀围线的分割线内(图 4-7-11)。

(7) 标记②号用布分割线：同前①号用布上分割线的粘贴方法(图 4-7-12)。

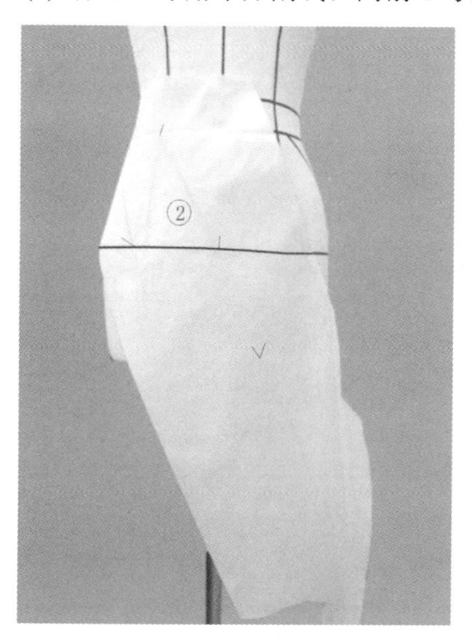

图 4-7-11 ②号用布披布

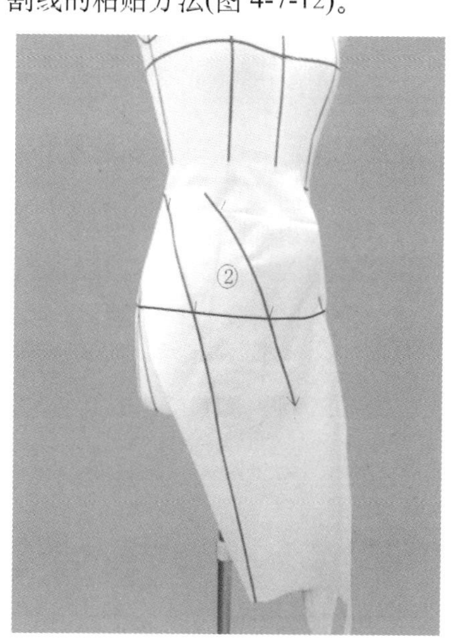

图 4-7-12 粘贴②号用布分割线

(8) 粗裁②号裙片：沿分割线裁剪余料，胯部横向修剪至起波浪位置，待波浪造型用(图 4-7-13、图 4-7-14)。

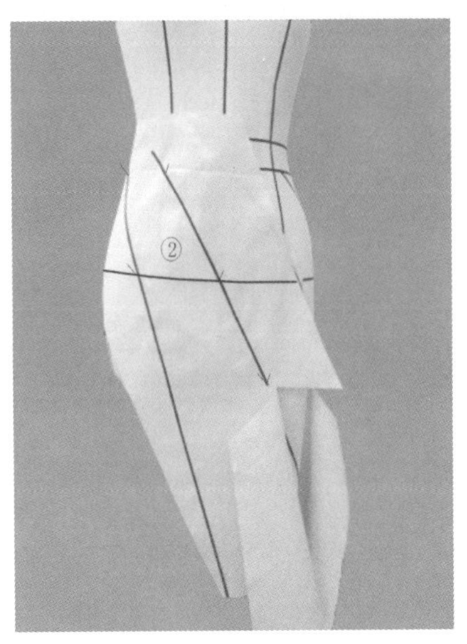

图 4-7-13　预留波浪布料

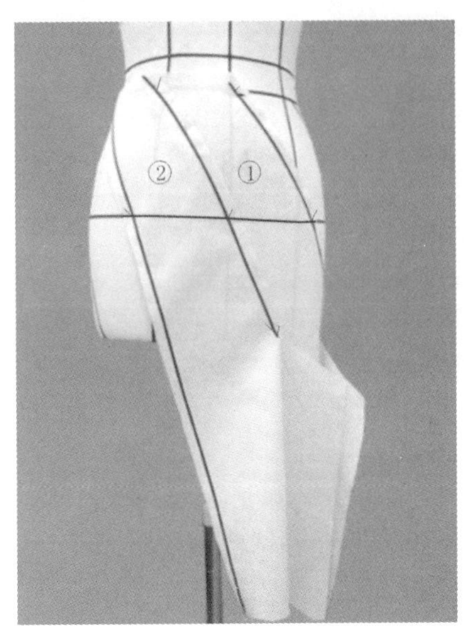

图 4-7-14　粗裁②号裙片

(9) 别合①号与②号裙片分割线：用大头针将①号与②号裙片分割线别合，注意臀腰差分配于腰围线至臀围线的分割线内，并保持标记臀围线的水平。裙摆波浪造型的布纹自然悬垂(图 4-7-15、图 4-7-16)。

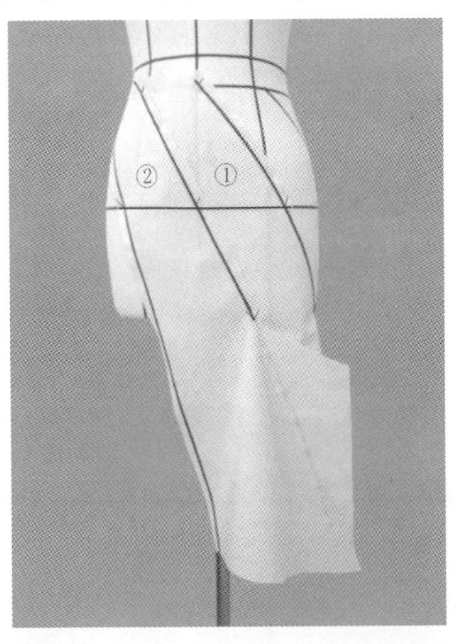

图 4-7-15　别合①号与②号裙片分割线

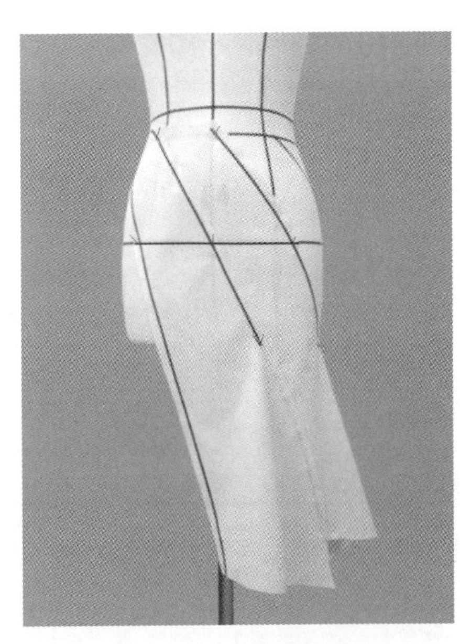

图 4-7-16　裁剪余料

(10) 用同样的方法依次操作③～⑧号裙片(图 4-7-17 至图 4-7-34)。

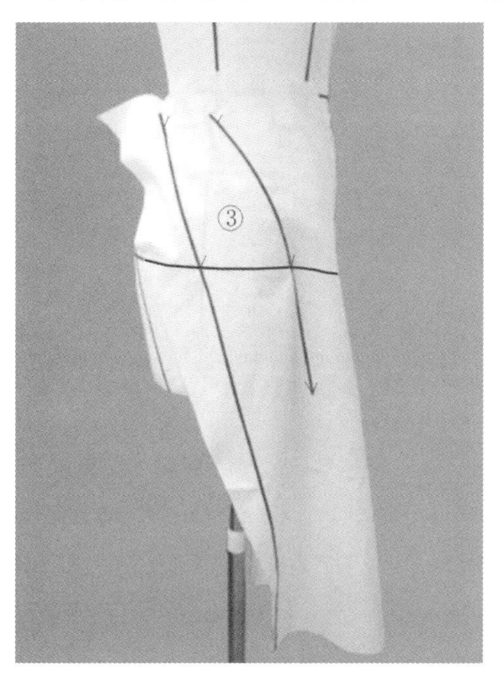

图 4-7-17　③号用布披布

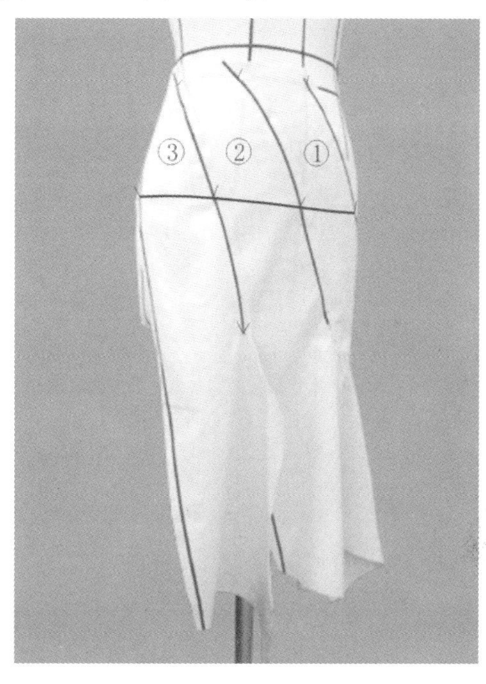

图 4-7-18　粗裁③号裙片

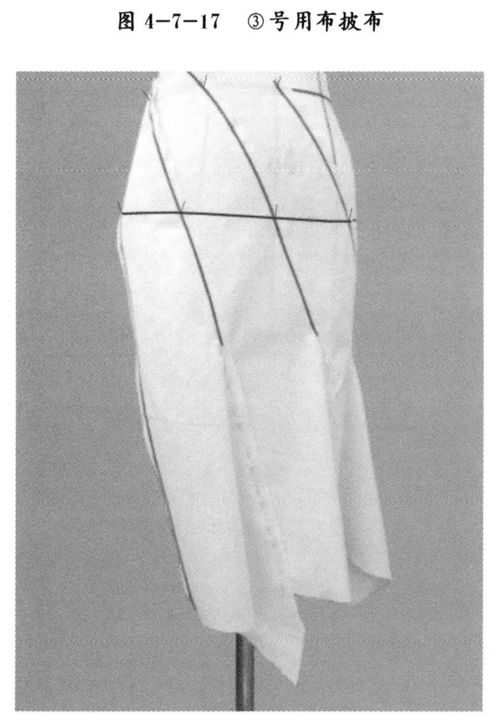

图 4-7-19　别合②号与③号裙片分割线

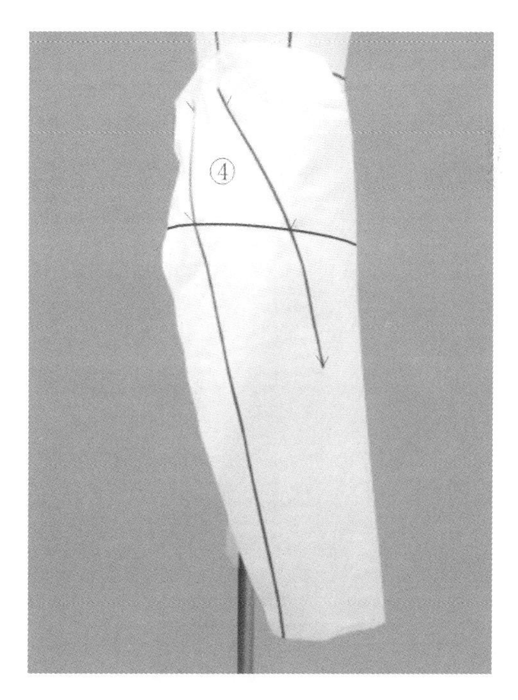

图 4-7-20　④号用布披布

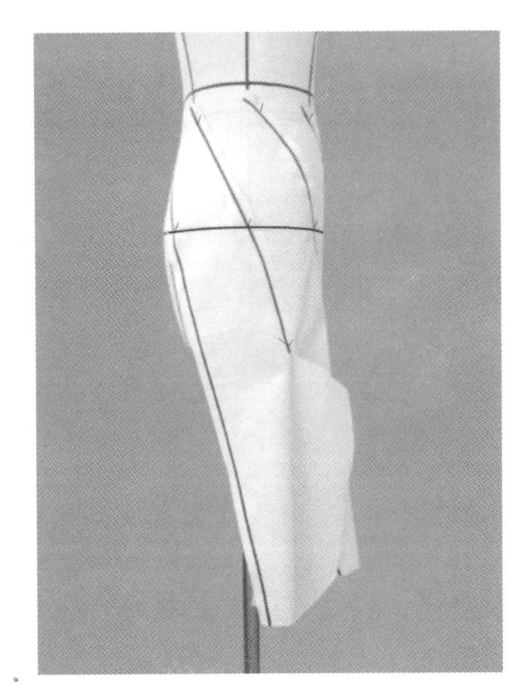

图 4-7-21　粗裁④号裙片

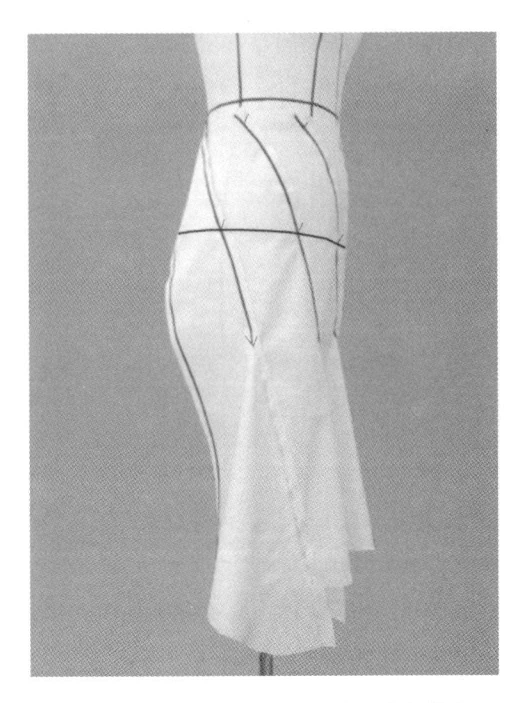

图 4-7-22　别合③号与④号裙片分割线

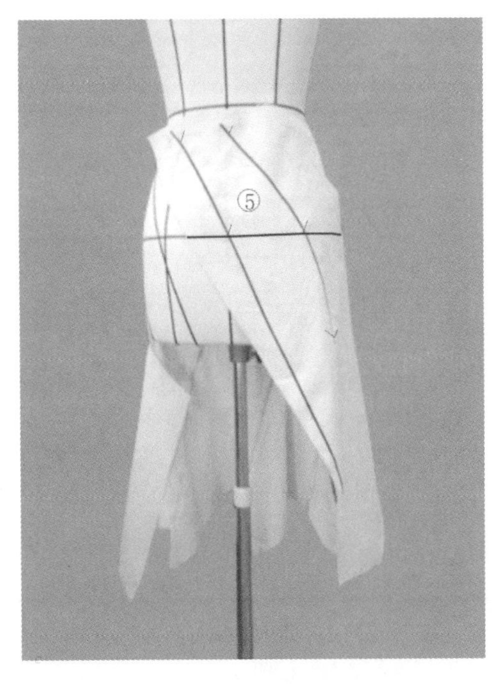

图 4-7-23　⑤号用布披布

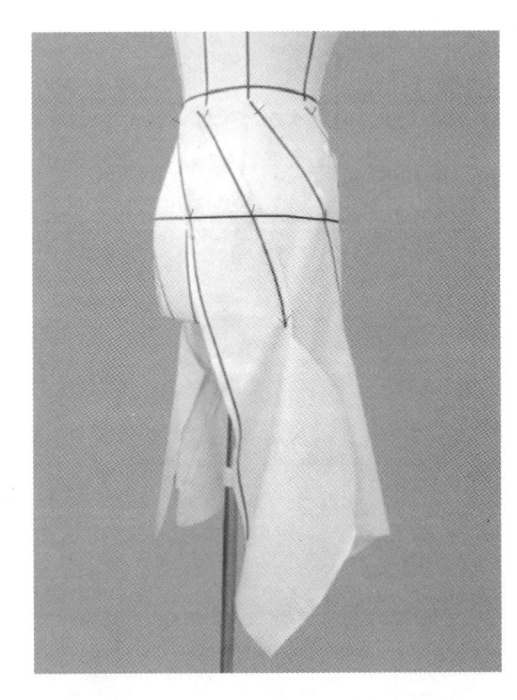

图 4-7-24　粗裁⑤号裙片分割线

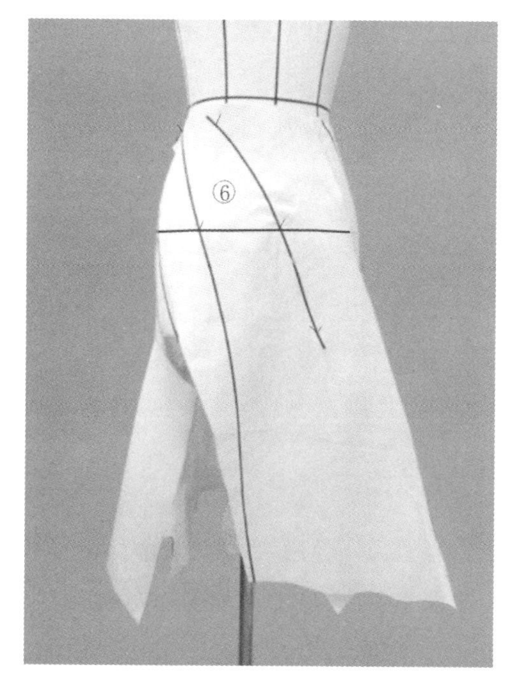

图 4-7-25　⑥号用布披布

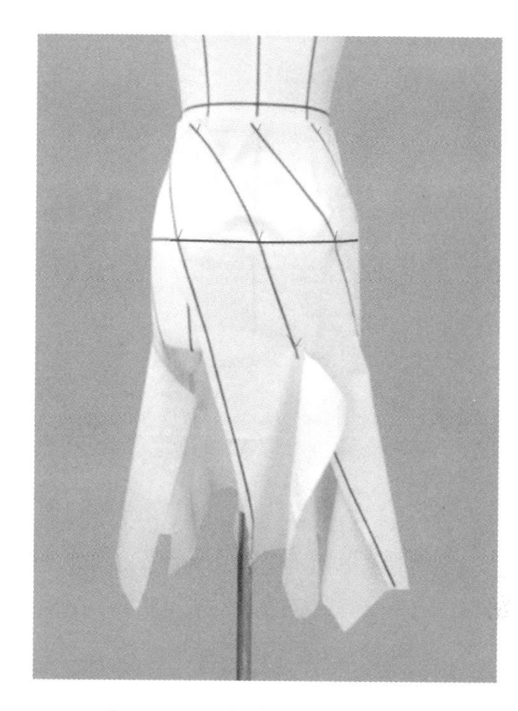

图 4-7-26　粗裁⑥号裙片分割线

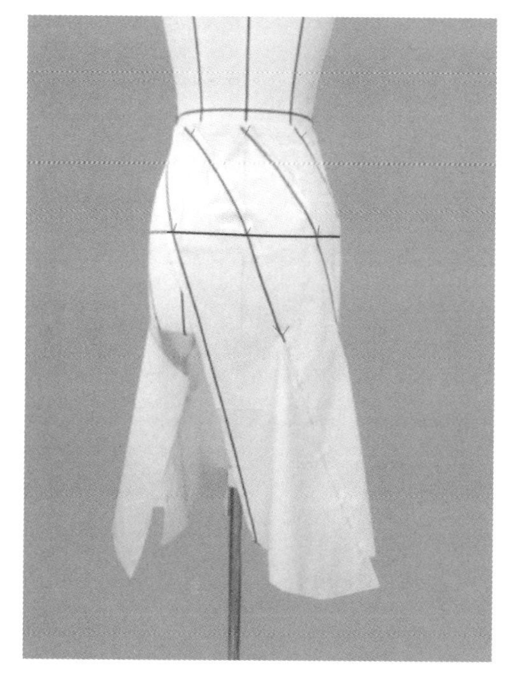

图 4-7-27　别合⑤号与⑥号裙片分割线

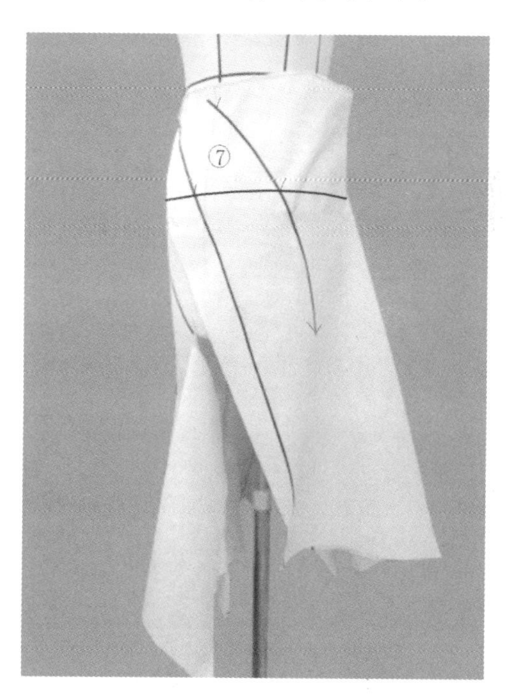

图 4-7-28　⑦号用布披布

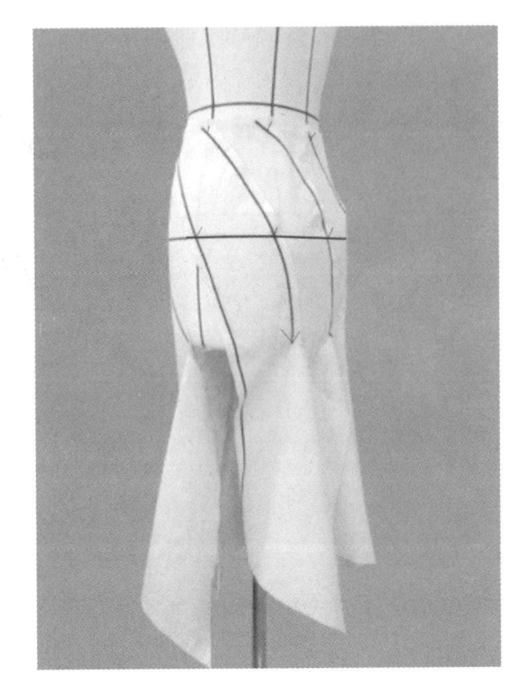

图 4-7-29　粗裁⑦号裙片

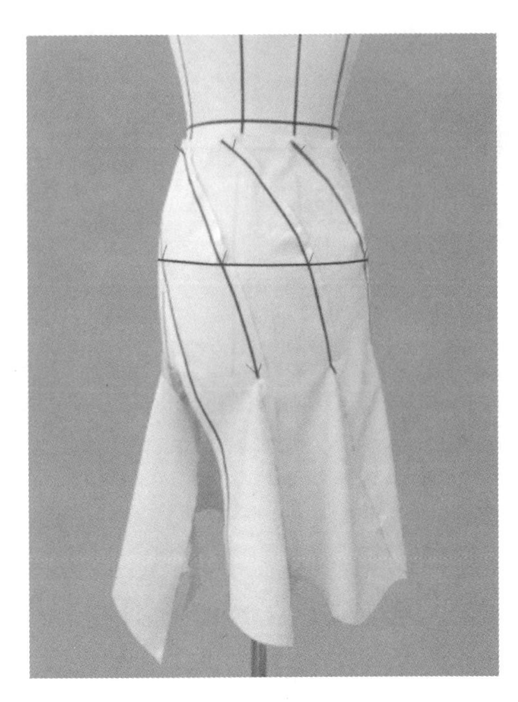

图 4-7-30　别合⑥号与⑦号裙片摆分割线

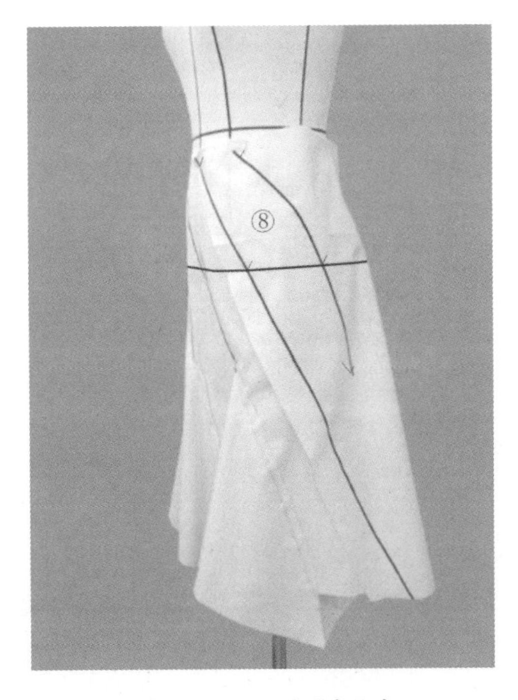

图 4-7-31　⑧号用布披布

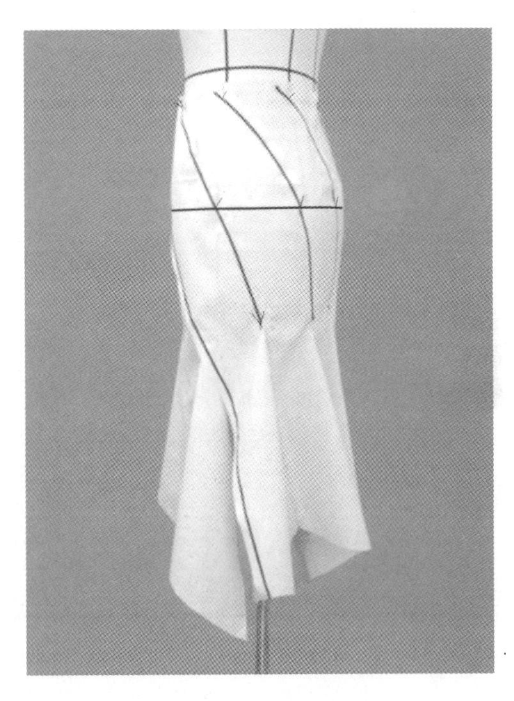

图 4-7-32　粗裁⑧号裙片

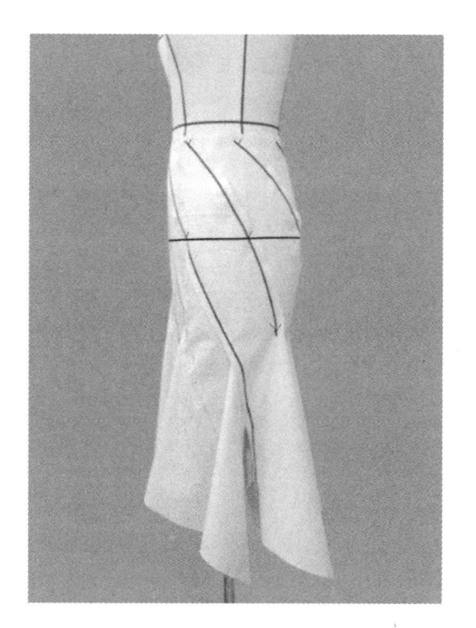

图 4-7-33　别合⑦号与⑧号裙片分割线

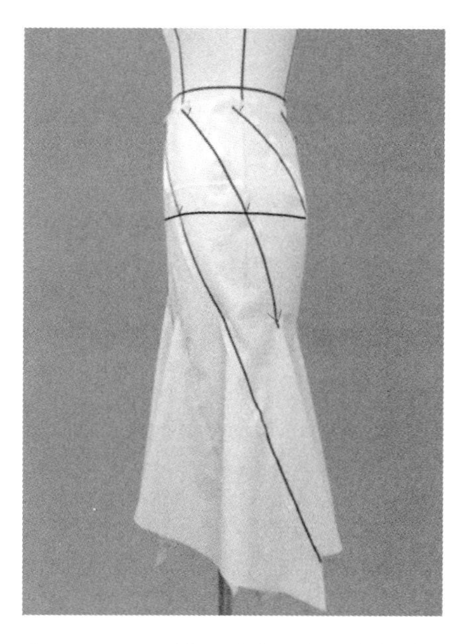

图 4-7-34　别合⑧号与①号裙片分割线

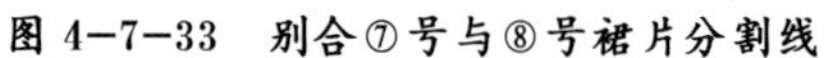

(11) 标记裙长：根据款式图要求，用粘带在螺旋分割裙的下摆标记裙长的位置，注意底摆前后要水平，并将底摆按照标记线留缝份后进行修剪(图 4-7-35)。

(12) 装腰头：按照款式图要求，确定裙腰宽度，用大头针装上腰头(图 4-7-36)。

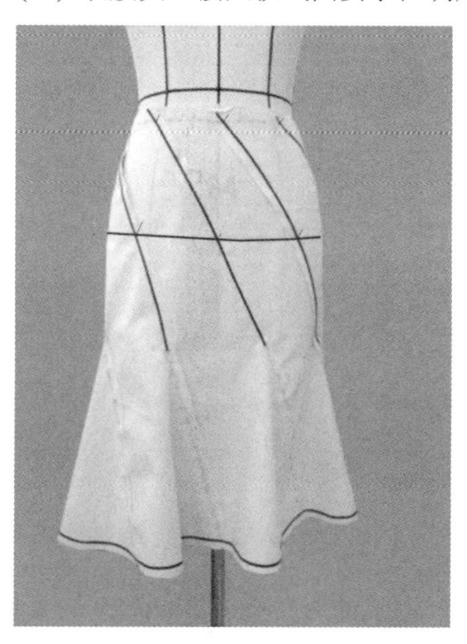

图 4-7-35　标记裙长

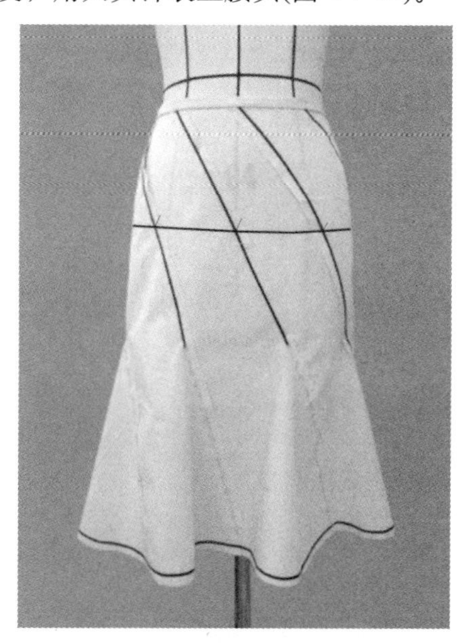

图 4-7-36　装腰头

4. 点影

将八个裙片的分割造型线、腰围线、裙长等部位进行点影标记(图 4-7-37)。

5. 下架修板

平面展开裙片，按点影位画顺各部位线条，同时校对斜向分割线长度是否一致，腰口弧线连接是否流畅(图 4-7-38)。

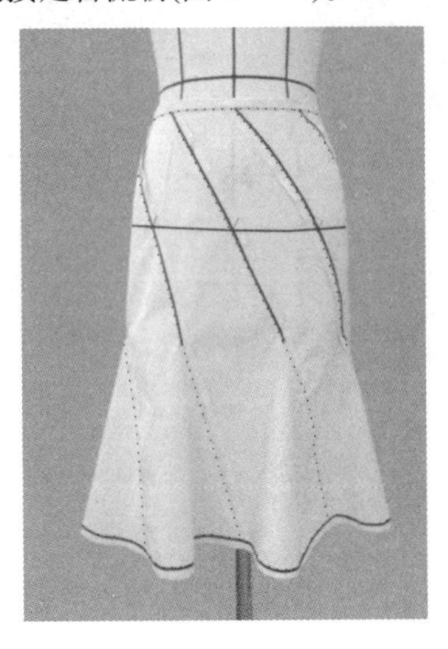

图 4-7-37 点影

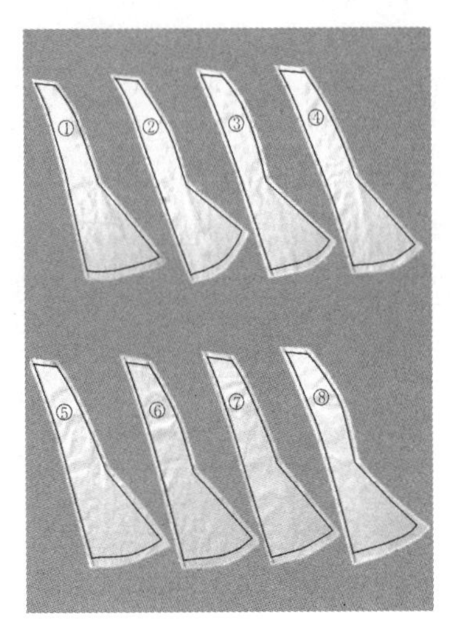

图 4-7-38 修板

6. 组装试穿

试穿效果如图 4-7-39 所示。

7. 下架拓板

样板描图如图 4-7-40 所示。

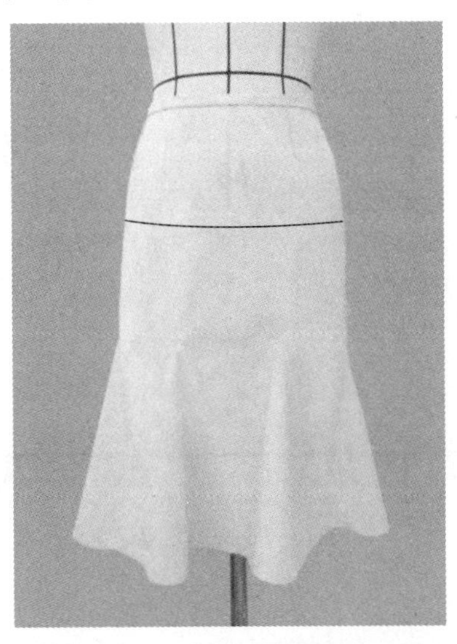

图 4-7-39 试穿效果

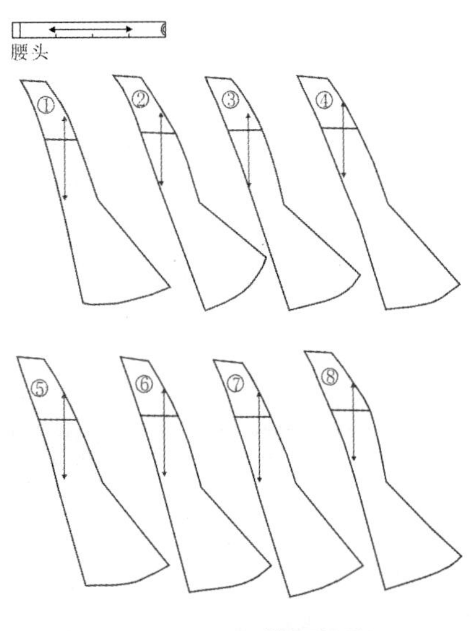

图 4-7-40 样板描图

习　题

课后思考

比较立体裁剪方法得到的裙原型与平面裁剪法得到的裙原型之间的差别。

课后练习 1

训练内容	直身裙的立体裁剪
训练目的	了解裙子的构成原理，正确掌握直身裙的立体裁剪操作方法和步骤
操作提示	① 用布要熨烫平整，丝缕方向横平竖直 ② 注意前后腰省的大小、位置、方向的变化 ③ 裙的侧缝线呈垂直向下状态 ④ 保持臀围和腰围一定的松量 ⑤ 校板时注意前后侧缝线对合，前后腰口弧线圆顺
作业评价	① 对直身裙造型的认识是否准确 ② 对腰省的形态把握是否正确 ③ 对裙片与人体的空间关系把握是否合理 ④ 对丝缕方向的控制是否正确 ⑤ 作业整体效果是否整洁、美观

课后练习 2

训练内容	波浪裙的立体裁剪(任选一款带波浪的裙子进行操作)
训练目的	了解裙子廓型和腰围线的造型关系，正确掌握波浪裙的立体裁剪操作方法和步骤
操作提示	① 用布要熨烫平整，丝缕方向横平竖直 ② 注意每个波浪的位置和大小要均衡一致 ③ 注意裙子廓型的控制和把握 ④ 注意裙片丝缕方向的控制
作业评价	① 对裙子廓型的认识是否准确 ② 对波浪的处理是否正确 ③ 对丝缕方向的控制是否正确 ④ 作业整体效果是否整洁、美观

课后练习 3

训练内容	分割线裙的立体裁剪(任选一款带分割线的裙子进行操作)
训练目的	了解裙子分割线的造型特征，正确掌握带分割线裙的立体裁剪操作方法和步骤

续表

操作提示	① 用布要熨烫平整，丝缕方向横平竖直 ② 注意把握分割线在裙片中的结构设计和变化 ③ 注意裙子廓型的控制和把握 ④ 注意裙片丝缕方向的控制
作业评价	① 对裙子廓型的认识是否准确 ② 对分割线的把握是否正确 ③ 对丝缕方向的控制是否正确 ④ 作业整体效果是否整洁、美观

第5章 衣领立体裁剪

【学习目标】

1．掌握无领领型的立体裁剪操作方法和技术要点。

2．掌握立领领型的构成原理和立体裁剪操作方法及技术要点。

3．掌握企领、扁领、翻领及花式领领型的立体裁剪操作方法和技术要点。

【本章引言】

衣领处在服装的最上端，通过脖子与人的面部紧密相连，在服装设计中起着重要的作用，有着装饰的目的。衣领的造型直接影响到服装的整体美观。领围线的弧度、领座的高矮、领宽尺寸、外口线的设计都是影响衣领造型效果的要素。衣领的式样繁多，根据它的表现特征分为无领与有领两大类。其中有领还可以再分为立领、企领、扁领和翻领四类。

5.1 无领领型立体裁剪

无领是指没有领身的领型，又称为领口领，以领口线的变化为设计重点，具有简洁、轻便、随意、流畅的风格特征。这种领型裁剪起来比较简单，直接用粘带在衣身上自由设计和标记位置，如图 5-1-1 至 5-1-6 所示。注意不要使前领口处浮起，使领口处贴合人台。

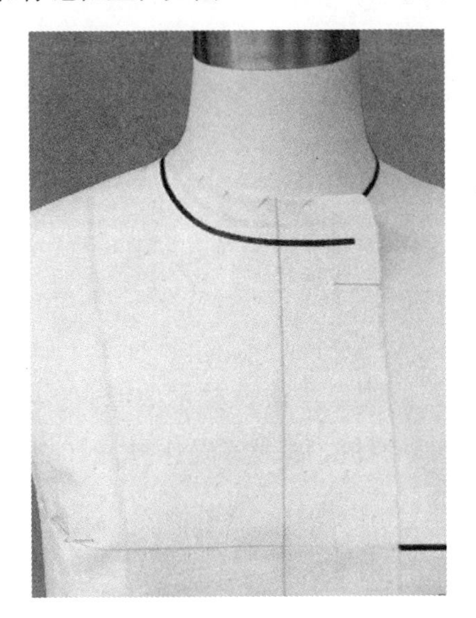

图 5-1-1 圆领

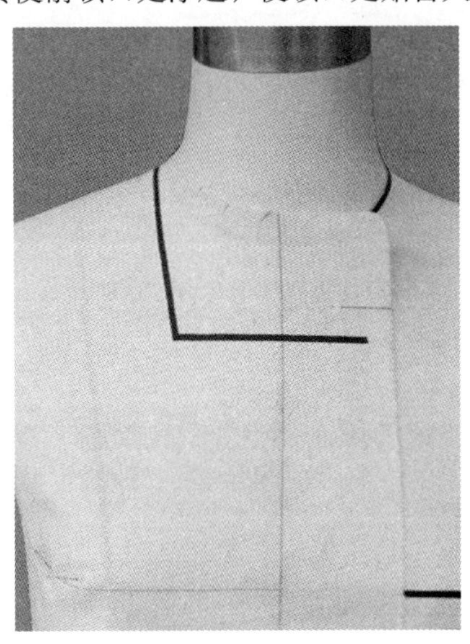

图 5-1-2 方领

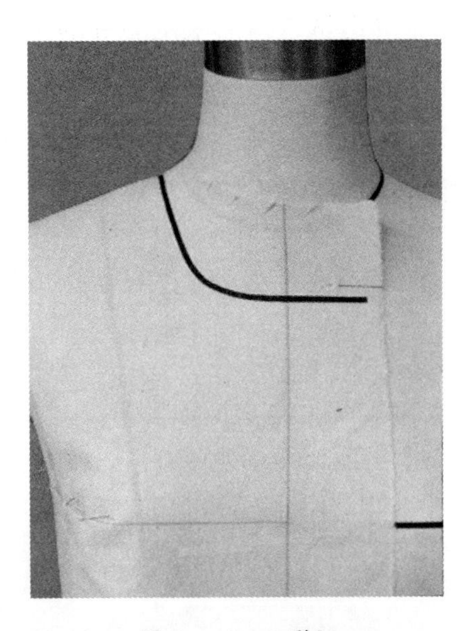

图 5-1-3 U 形领

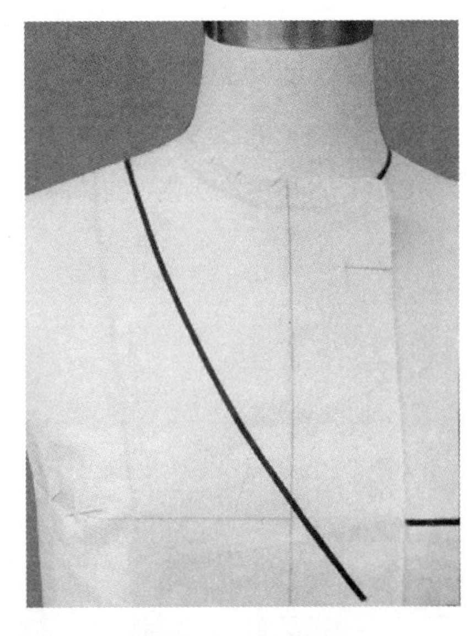

图 5-1-4 长 V 领

图 5-1-5　一字领

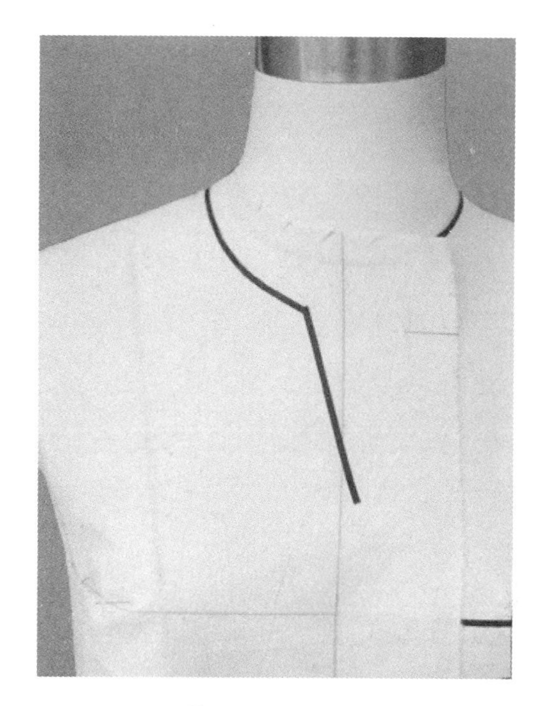

图 5-1-6　开口领

5.2　立领领型立体裁剪

立领原理对任何领型设计都具有指导作用。立领可分为直角立领、锐角立领、钝角立领。它是根据颈和胸廓的连接结构产生的，在立领中影响领型变化的决定因素是领底线的变化。立领的领底线水平时为直角立领。立领领底线向上弯曲，立领的上口小于领底线呈锥形为钝角立领，但领底线上翘的限度是要保证立领外口围度不能小于颈围。如外领口小于颈围而产生不适感，可以采用减少领宽或增大领口开度来解决。立领领底线向下弯曲，立领的外口大于领底线呈倒锥形为锐角立领，领子远离颈部，向下曲度越大，立领外口线越长，领子离颈部越远，容易使立领的上半部分翻折，构成事实上的领底座和领面，成为企领结构。当领底线向下曲度和领口曲线完全相同时，立领就全部翻贴在肩部，立领特征完全消失，变成扁领结构。

5.2.1　直角立领立体裁剪

1. 款式分析

立领侧边线与颈肩点的水平线垂直(图 5-2-1)。

图 5-2-1　款式插图

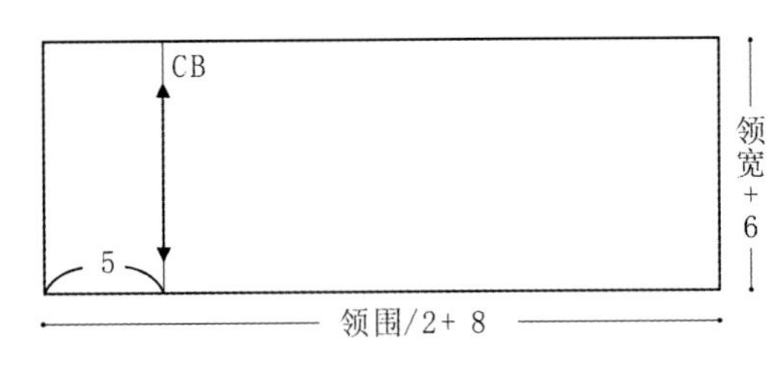

图 5-2-2　坯布准备(单位：cm)

2. 坯布准备(图 5-2-2)

3. 别样

(1) 贴标记线：将人台颈部后中心线用粘带标记出来。按领子造型需要，将前颈点下落 0.5～1cm，在衣片上重新贴出领围线(图 5-2-3、图 5-2-4)。

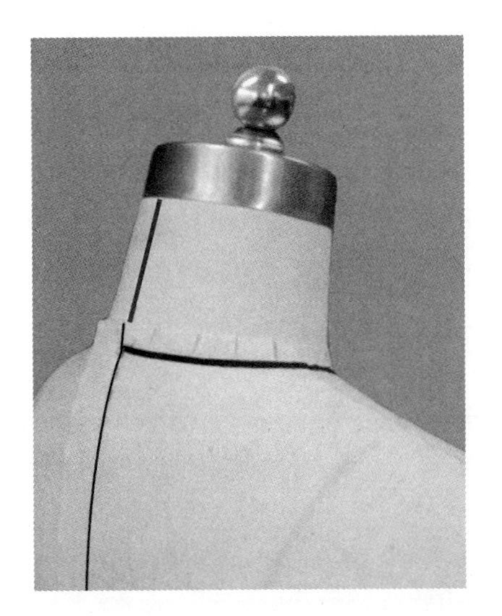

图 5-2-3　标记后中心线

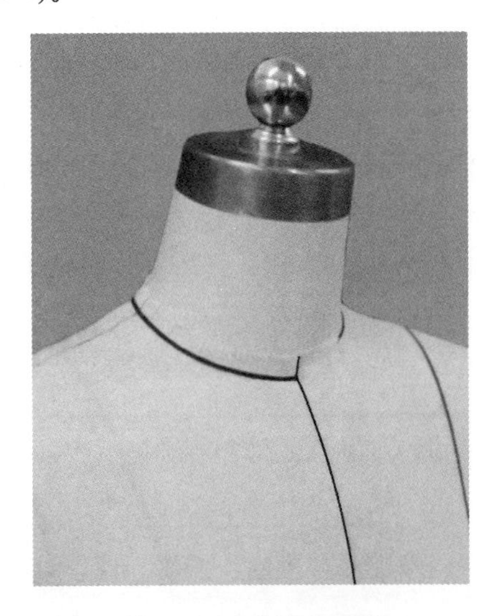

图 5-2-4　标记领围线

(2) 披布(图 5-2-5)：将领片用布的后中心线对齐人台的后中心线，固定后颈点①，向上约领宽处固定点②，为保证领的后中部位贴合颈部，在领底线上水平 2.5～3cm 处大头针横向固定点③。

(3) 确定领底线：按标记的领底线位置，将余料向上翻折，从后向前围绕颈部做领底线，使折边与人台上标记的领口线重合(图 5-2-6、图 5-2-7)。注意调整领与颈部的空隙大小，领的侧边线呈现垂直于肩部水平线的状态。

(4) 标记领外口线：将布料领底线处翻折的余料打剪口后，平伏于肩部，根据造型特征，用粘带直接在领片上贴出领外口线(图 5-2-8)。

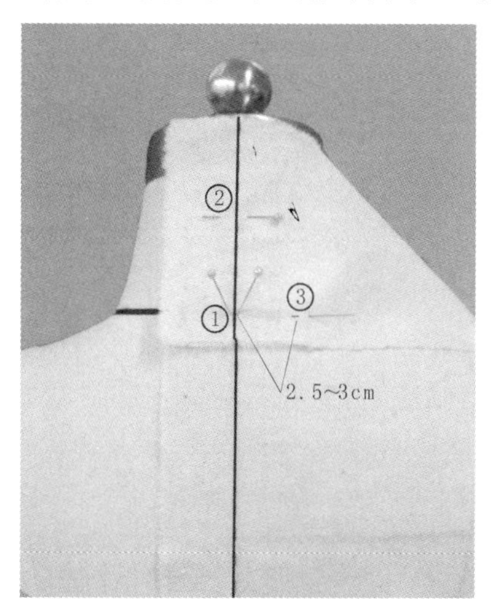

图 5-2-5　披布

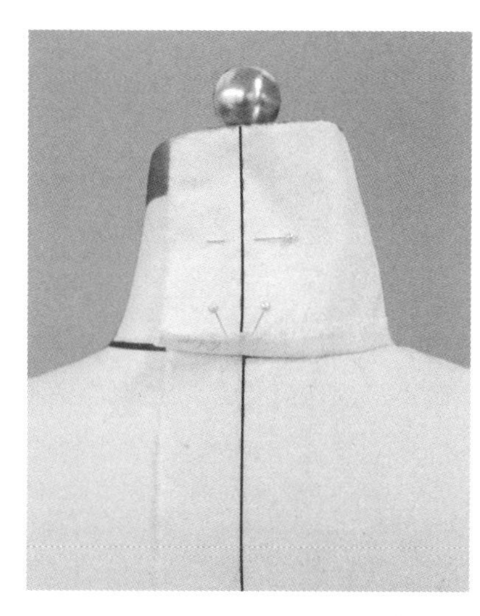

图 5-2-6　确定后领底线

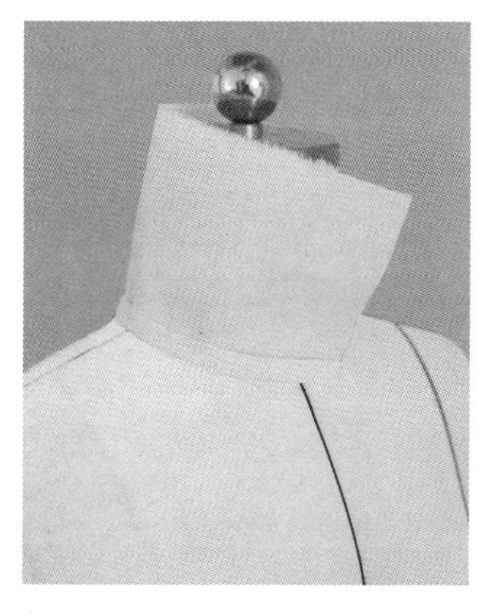

图 5-2-7　确定前领底线

图 5-2-8　标记领外口线

4. 点影

将领片领底线按人台标志线进行点影标记，同时做与肩部的对位记号(图 5-2-9、图 5-2-10)。

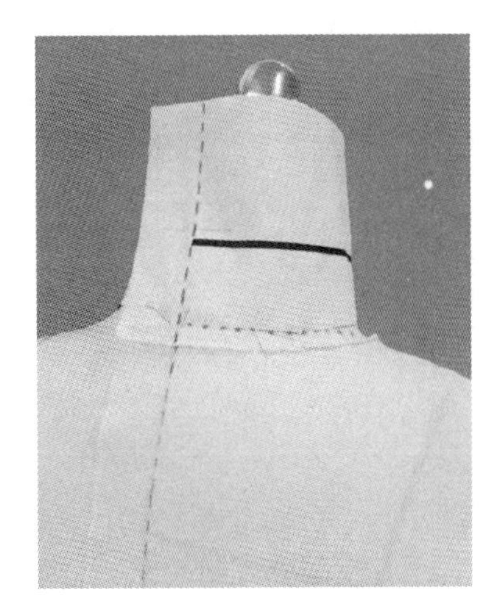

图 5-2-9 点影后领底线

图 5-2-10 点影前领底线

5. 下架修板

下架，平面展开领片，按点影位和标记线画顺领底线、领外口线，同时校对前后领宽是否一致，领底线尺寸是否和衣片领围线尺寸吻合(图 5-2-11)。

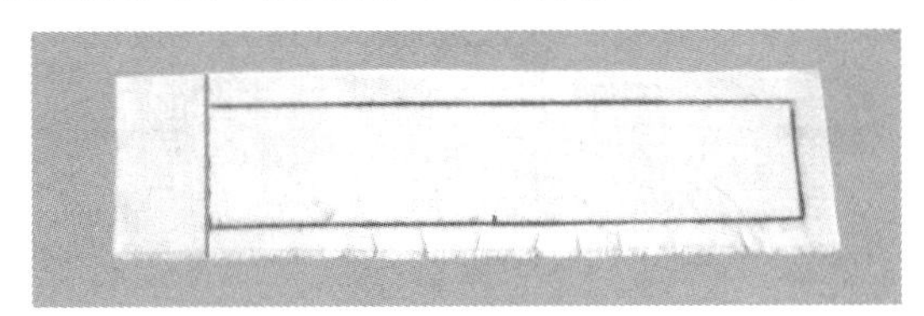

图 5-2-11 修板

6. 组装试穿

试穿效果如图 5-2-12 所示。

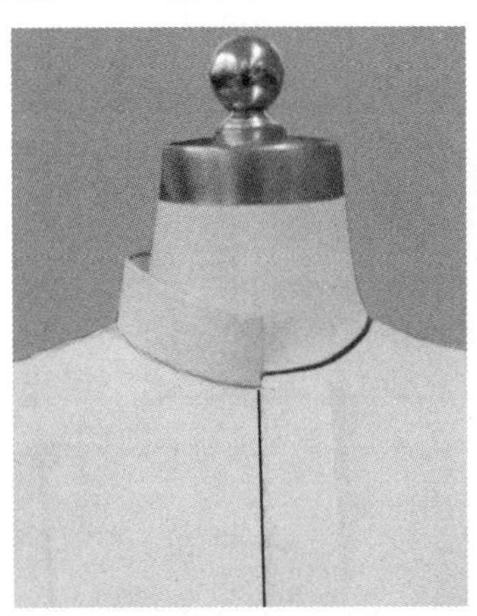

图 5-2-12 试穿效果

7. 下架拓板

样板描图如图 5-2-13 所示。

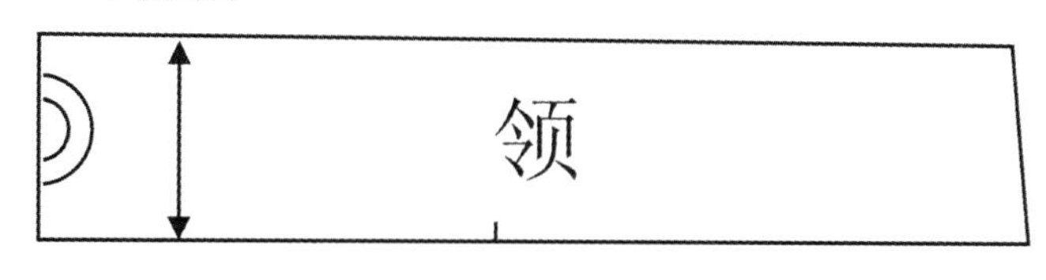

图 5-2-13 样板描图

5.2.2 钝角立领立体裁剪

1. 款式分析

领侧边线与颈肩点水平线呈钝角(图 5-2-14)。

2. 坯布准备

坯布如图 5-2-15 所示。

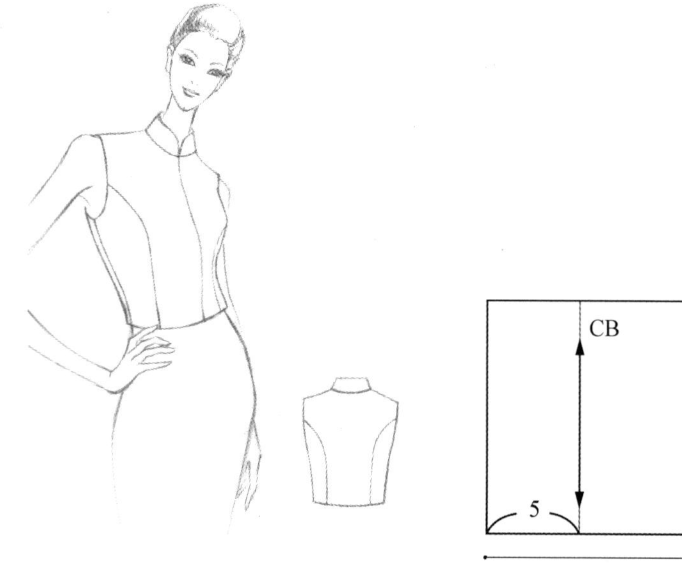

图 5-2-14 款式插图

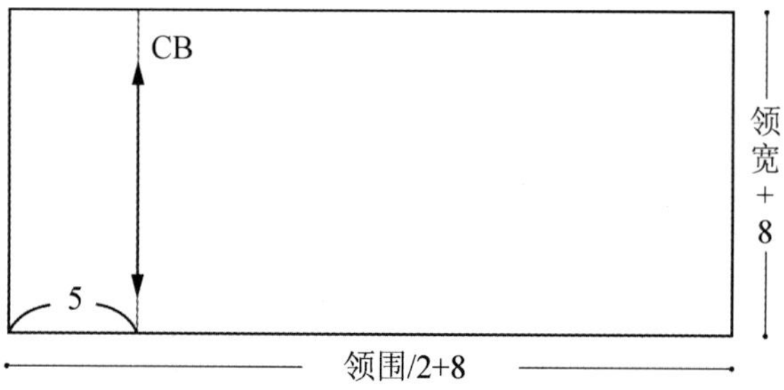

CB

5

领宽+8

领围/2+8

图 5-2-15 坯布准备(单位：cm)

3. 别样(钝角立体裁剪方法同直角立领立体裁剪法，按新标记的领围线操作)

(1) 披布：将领片用布的后中心线对齐人台后中心线线，固定后颈点①，向上约领宽处固定点②，领底线上水平 2.5～3cm 固定点③(图 5-2-16)。

(2) 确定领底线：将领布底部的余料向上翻折，从后向前围绕颈部做领底线，折边与人台上标记的领口线重合(图 5-2-17)。注意通过调整翻折位置来控制领与颈部的空隙大小，领的侧边线与肩部水平线呈现钝角状态。

(3) 标记领外口线：将翻折的布料打剪口，平伏于肩部，根据造型特征，用粘带直接在领片上贴出领外口线(图 5-2-18、图 5-2-19)。

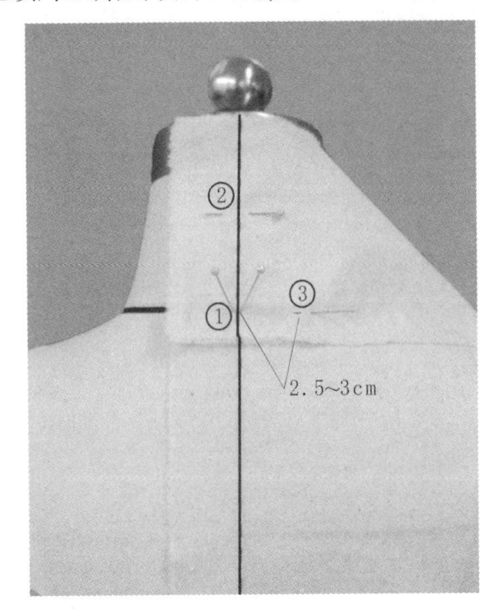

图 5-2-16 披布

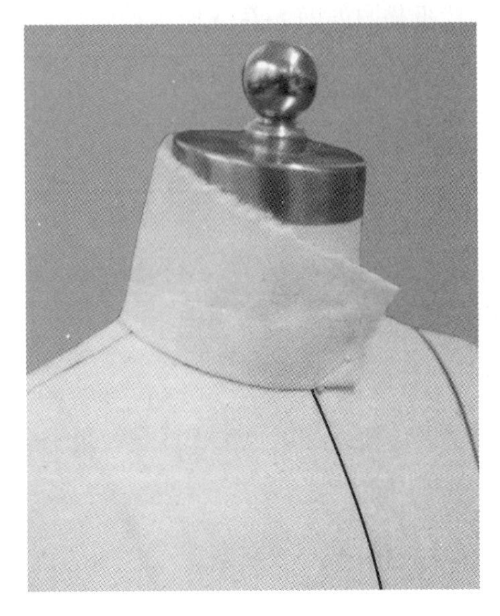

图 5-2-17 确定领底线

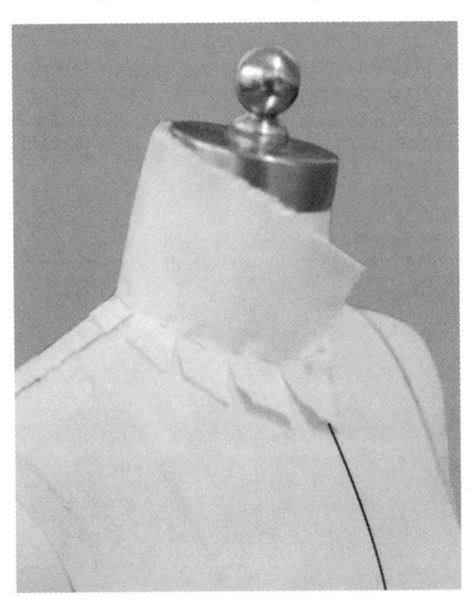

图 5-2-18 打剪口

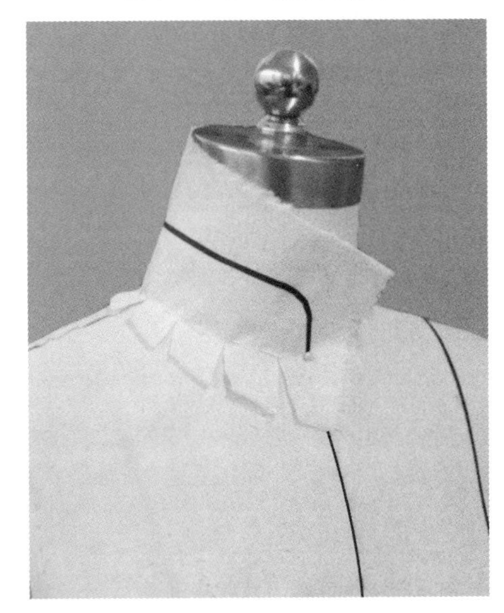

图 5-2-19 标记领外口线

4. 点影

将领片领底线按人台标志线进行点影标记，标记肩点对位点(图 5-2-20)。

5. 下架修板

平面展开领片，按点影位和标记线画顺领底线、领外口线，同时校对领底线尺寸是否和衣片领围线尺寸吻合(图 5-2-21)。

图 5-2-20 点影

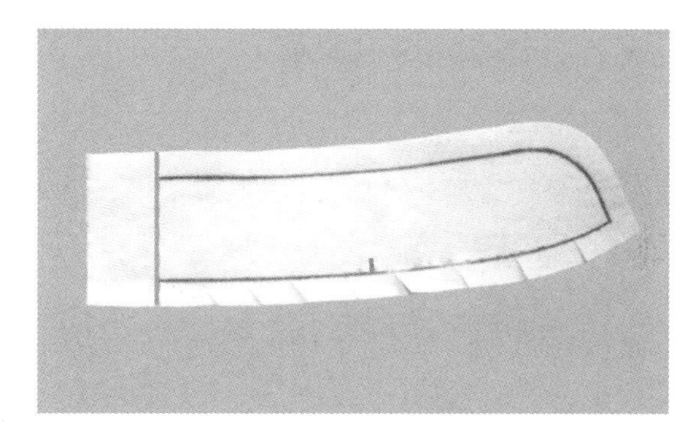

图 5-2-21 修板

6. 组装试穿

试穿效果如图 5-2-22 所示。

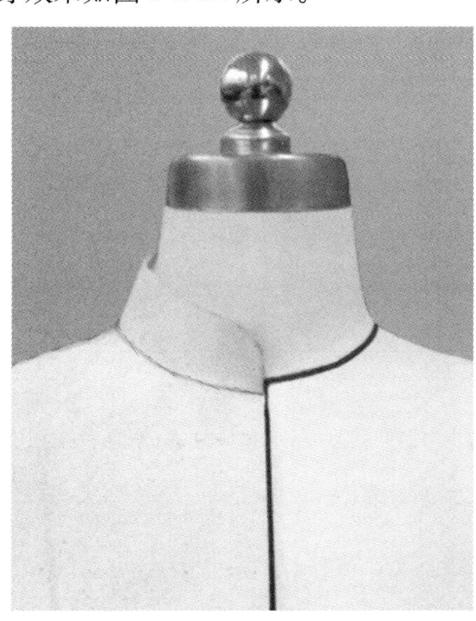

图 5-2-22 试穿效果

7. 下架拓板

样板描图如图 5-2-23 所示。

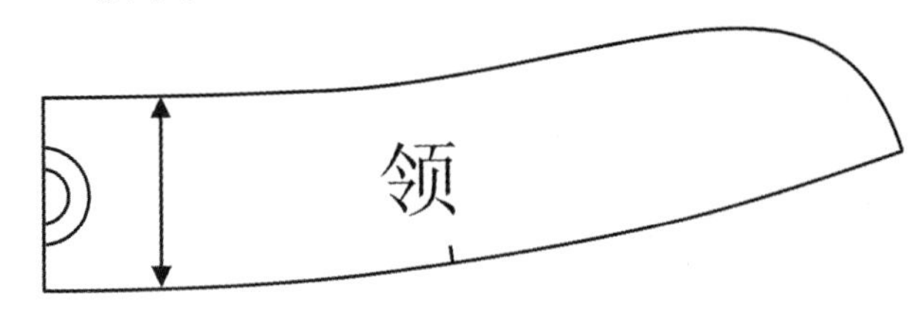

图 5-2-23　样板描图

5.2.3　锐角立领立体裁剪

1. 款式分析:

领侧边线与颈肩点水平线呈锐角(图 5-2-24)。

2. 坯布准备

坯布如图 5-2-25 所示。

图 5-2-24　款式描图

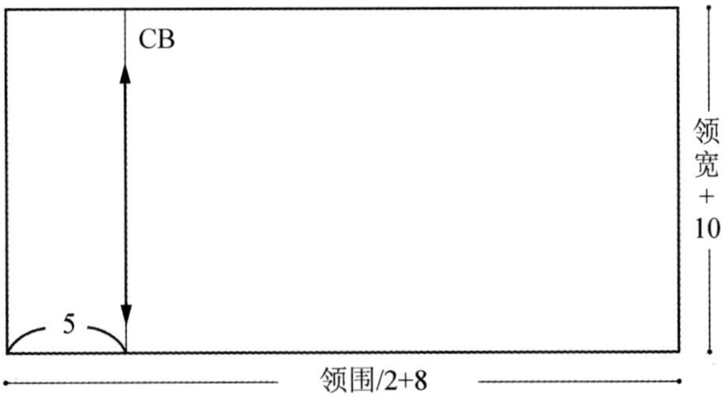

CB

5

领宽+10

领围/2+8

图 5-2-25　坯布准备(单位：cm)

3. 别样(方法同直角立领立体裁剪法、钝角立领立体裁剪法)

(1) 披布：将领片后中心线与人台后中心线对齐，固定后颈点①，向上约领宽处固定点②，领底线上水平 2.5～3cm 固定点③(图 5-2-26)。

(2) 确定领底线：将领底部的余料向上翻折，从后向前围绕颈部做领底线，折边与人台上标记的领口线重合(图 5-2-27)。注意通过调整翻折位置来控制领与颈部的空隙大小，领的侧边线与肩部水平线呈现锐角状态。

(3) 标记领外口线：将翻折布料打剪口，平伏于肩部，根据造型特征，用粘带直接在领片上贴出领外口线(图 5-2-28、图 5-2-29)。

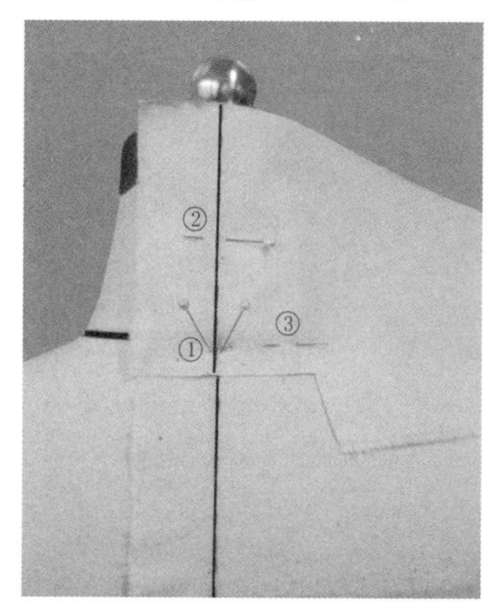

图 5-2-26 披布

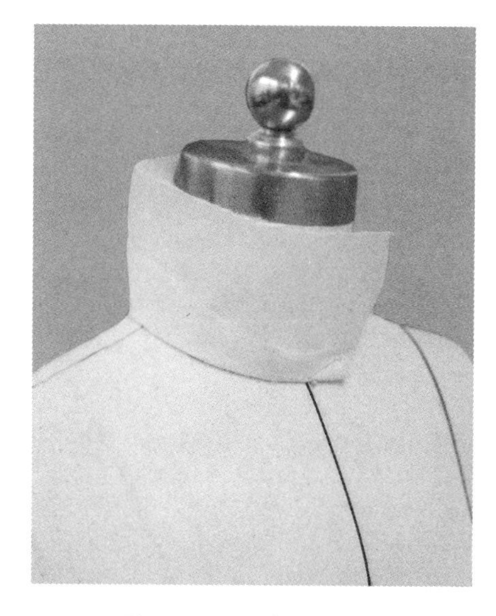

图 5-2-27 确定领底线

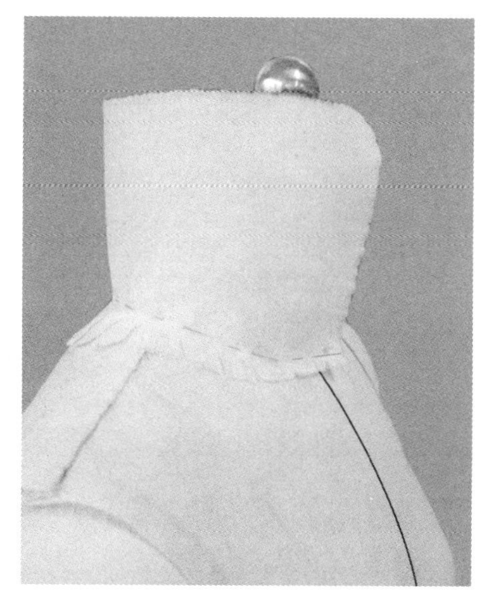

图 5-2-28 打剪口

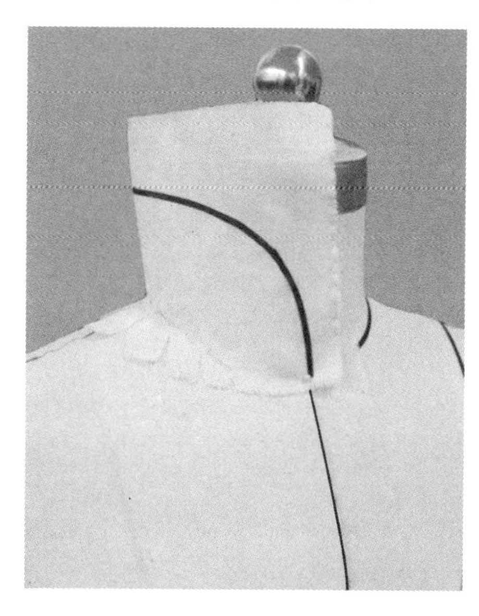

图 5-2-29 标记领外口线

4. 点影

将领片领底线按人台标志线进行点影标记，标记肩点对位点(图 5-2-30)。

5. 下架修板

平面展开领片，按点影位和标记线画顺领底线、领外口线，同时校对领底线尺寸与衣片领围线尺寸是否吻合(图 5-2-31)。

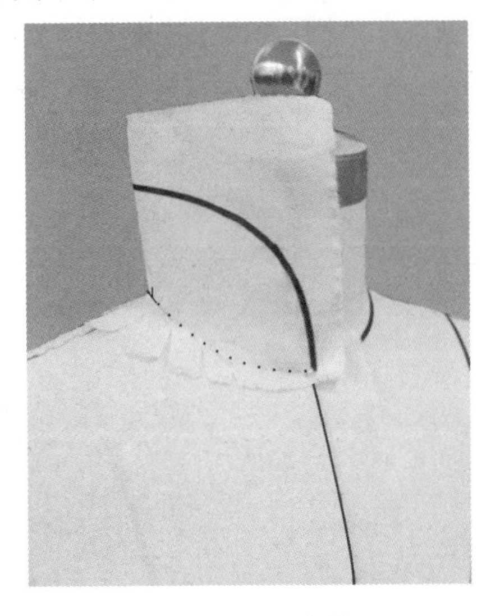

图 5-2-30　点影

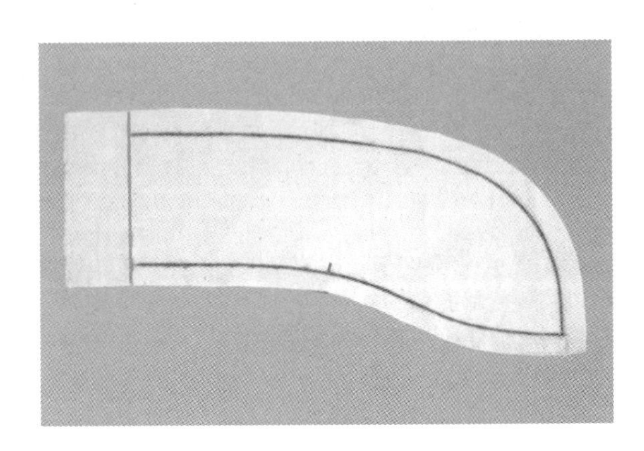

图 5-2-31　修板

6. 组装试穿

试穿效果如图 5-2-32 所示。

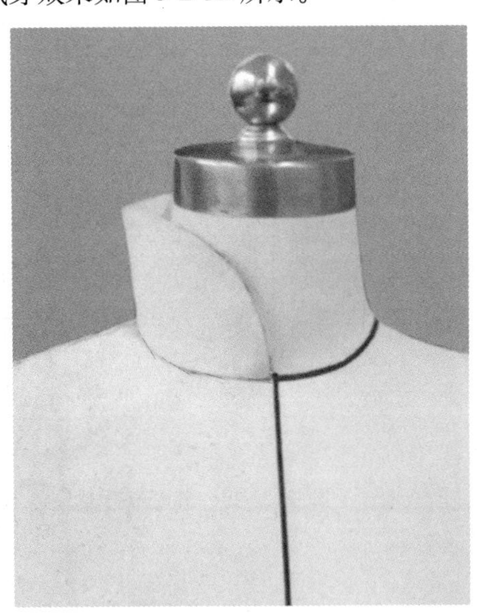

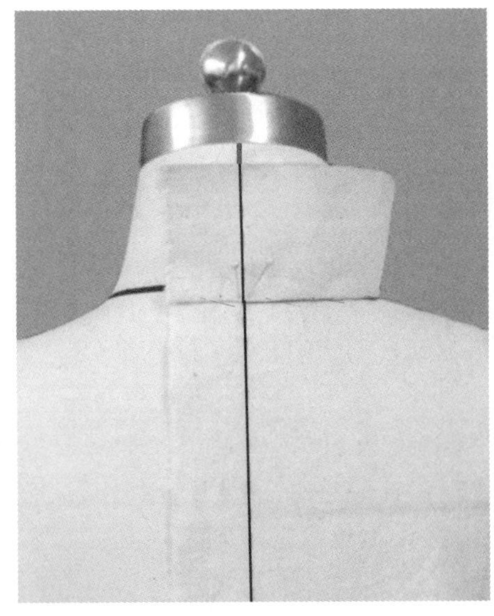

图 5-2-32　试穿效果

7. 下架拓板

样板描图如见图 5-2-33 所示。

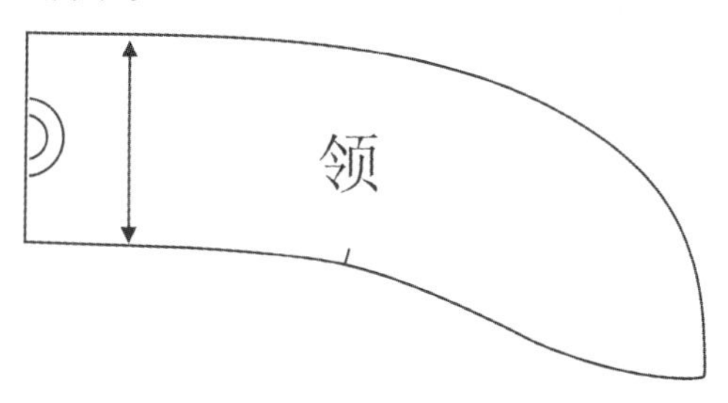

图 5-2-33 样板描图

5.3 原身出领立体裁剪

当领底曲线与领口曲线完成吻合时，立领特征消失，变为原身出领。

1. 款式分析

衣领为衣身原领窝处延伸形成立领结构，前领口 V 字造型，前后领口线上设置省道(图 5-3-1)。

2. 坯布准备

坯布如图图 5-3-2 所示。

图 5-3-1 款式插图

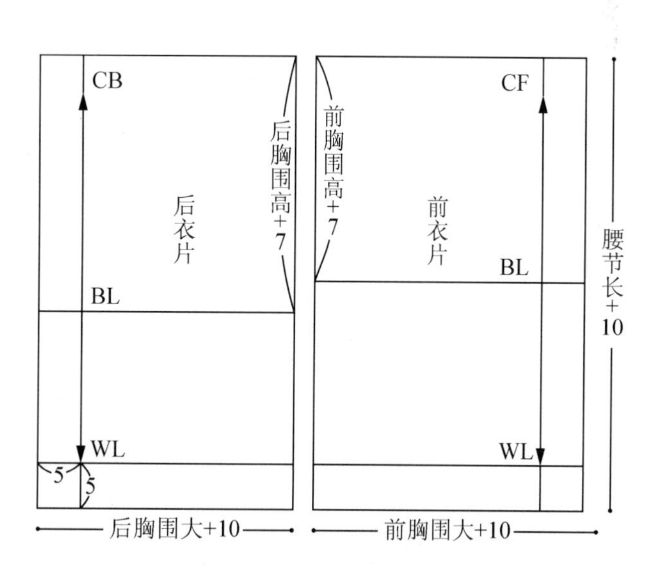

图 5-3-2 坯布准备(单位：cm)

3. 别样

(1) 标记造型线：用粘带在人台上贴出原身出领的领高线、后中线，并延长肩线(图 5-3-3)。

(2) 前身披布：将布料的前中心线、胸围线、腰围线分别与人台相应的标志线重合，依次固定前颈点①、腰围处点②、腋下胸围线上点③，使坯布丝缕方向横平竖直(图 5-3-4)。

图 5-3-3　标记线

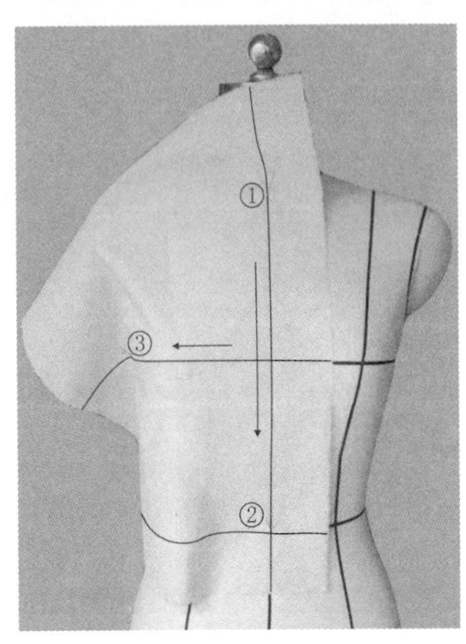

图 5-3-4　前身披布

(3) 收取前领口省：剪掉袖窿处多余布料，将胸省余量从袖窿处推移转至领口(图 5-3-5、图 5-3-6)。注意胸部、肩部布料平伏。将推移至领口处的余量顺颈部收取领口省，省尖指向 BP 点。注意预留颈部活动空隙。

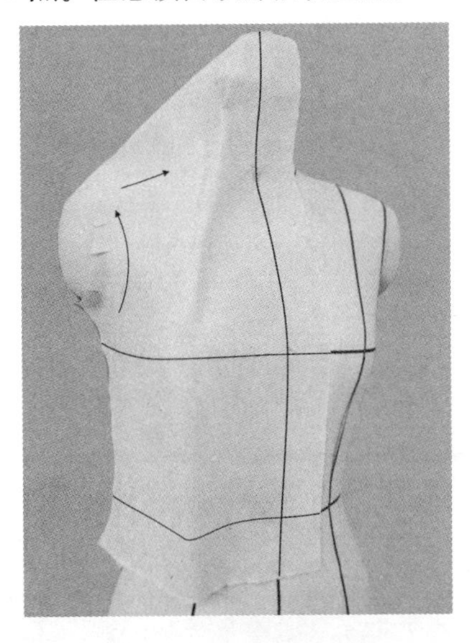

图 5-3-5　推移省量

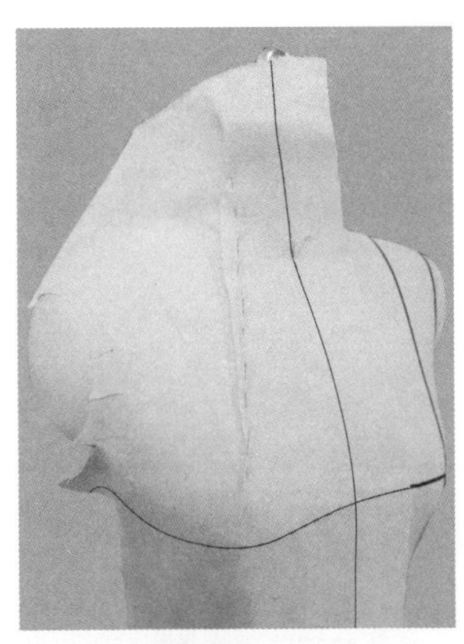

图 5-3-6　捏省

(4) 收取前腰省：从腋下点③处将布料向腰部抚平，固定点④，将点④与点②之间的余量收取腰省，省尖指向 BP(图 5-3-7)。注意腰部预留活动松量。

(5) 后身披布：将布料的后中心线、肩胛横线、腰围线分别与人台相应的标志线重合，依次固定后颈点⑤、腰围处点⑥、肩胛横线上点⑦(图 5-3-8)。

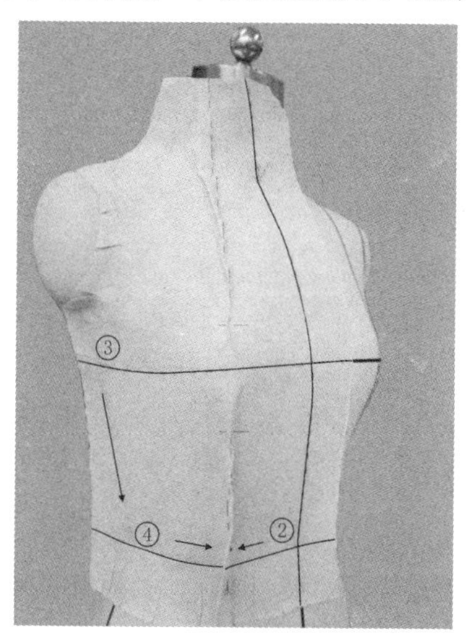

图 5-3-7 收取前腰省

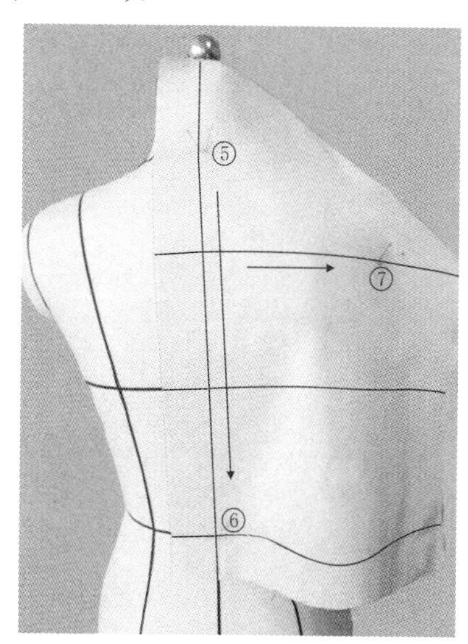

图 5-3-8 后身披布

(6) 收取后领口省：剪掉袖窿处多余布料，将袖窿余量从肩胛横线处向上推移，经肩端点至肩颈点，至后领口处收取领口省(图 5-3-9)。

(7) 收取后腰省：方法同收取前腰省。将后腰部的余量收取腰省，省尖指向肩胛骨。注意腰部预留活动松量(图 5-3-10)。

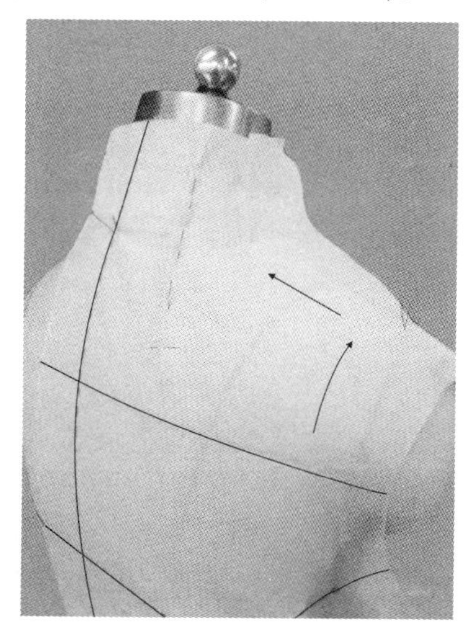

图 5-3-9 收取后领口省

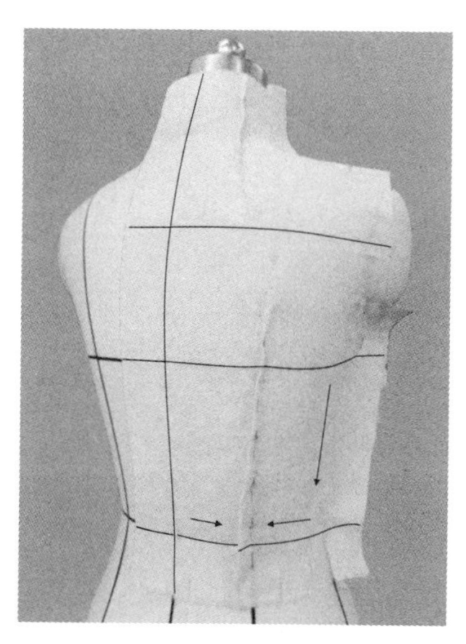

图 5-3-10 收取后腰省

(8) 别合前后衣身：按人台标记的肩线、侧缝线位置将肩缝、侧缝别合，修剪余料(图 5-3-11)。注意肩线贴合人台，侧缝留出活动松量。

(9) 标记造型线：根据款式造型特征，直接用粘带在前后衣身上贴出领造型线和袖窿造型线(图 5-3-12)。

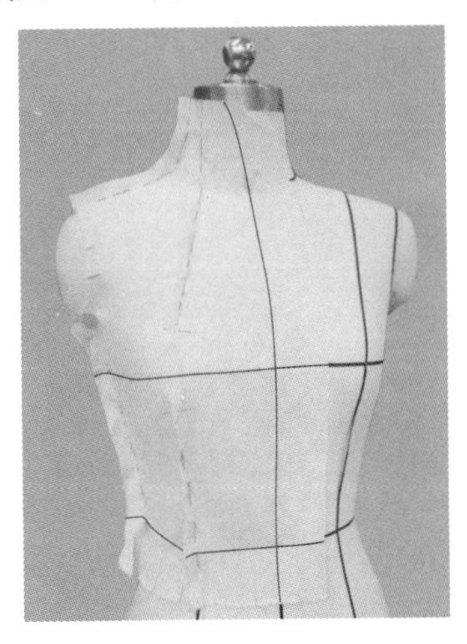

图 5-3-11 别合前后衣身

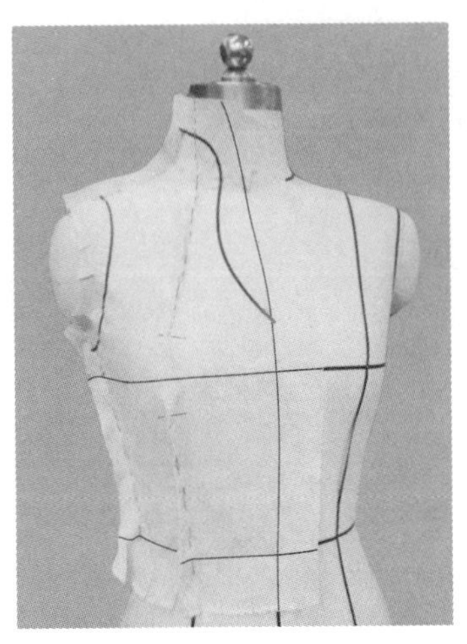

图 5-3-12 标记造型线

4. 点影

分别将前后衣片的领围线、肩线、侧缝线、袖窿弧线、腰围线、领口省、腰省等做点影标记，并在肩部做对位记号(图 5-3-13)。

5. 下架修板

平面展开衣片，按点影标记画顺给结构线条，并校对前后肩线、侧缝线尺寸是否一致，前后领口线，袖窿线连接处是否圆顺(图 5-3-14)。

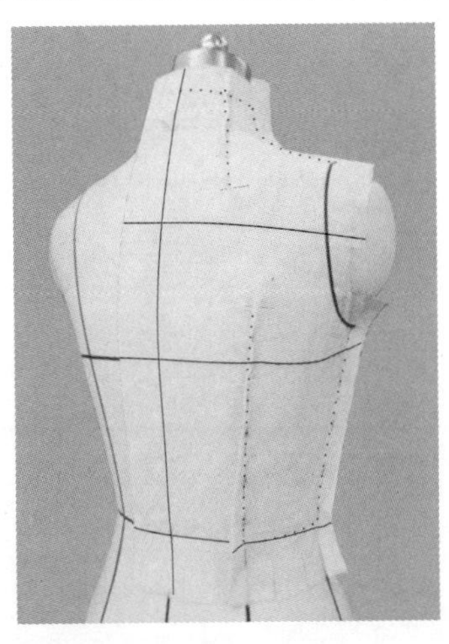

图 5-3-13 点影

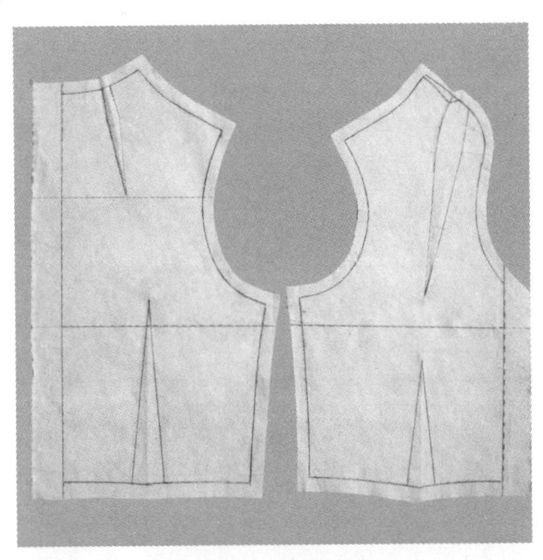

图 5-3-14 修板

6. 组装试穿

试穿效果如图 5-3-15 所示。

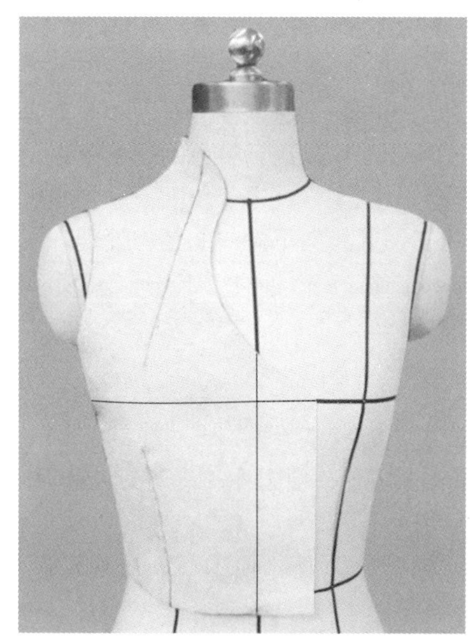

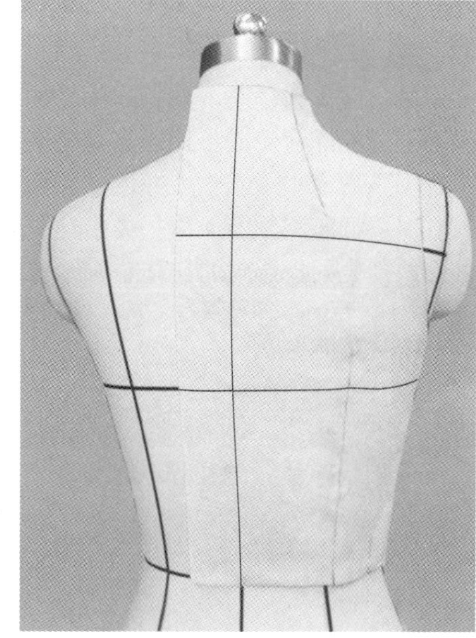

图 5-3-15 试穿效果

7. 下架拓板

样板描图如图 5-3-16 所示。

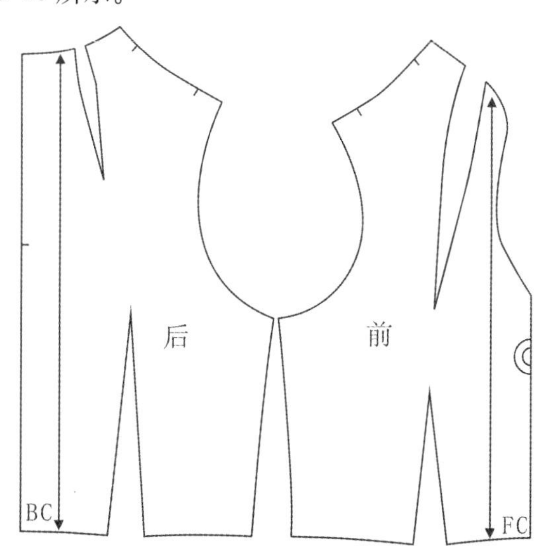

图 5-3-16 样板描图

5.4 企领立体裁剪

企领是由立领作为领座，翻领作为领面组合构成的领子。领座上弯，领面下弯，领座上弯和领面下弯的配合应成正比，这是企领领座和领面容量达到符合的理论依据。按照立领原理，领面下弯度小于领座上翘度，领面较为贴紧领座；反之，领面不贴合领座。为简化工艺，有时将领座和领面连成一体，这是利用立领底线向下弯曲的结构处理，使立领上口大于领底线产生翻折形成的连体企领结构。

5.4.1 衬衫领立体裁剪

1. 款式分析

领窝点低于基础领窝，领座贴合颈部，领面贴紧领座，领面外口造型为尖形(图 5-4-1)。

2. 坯布准备(图 5-4-2)

图 5-4-1 款式插图

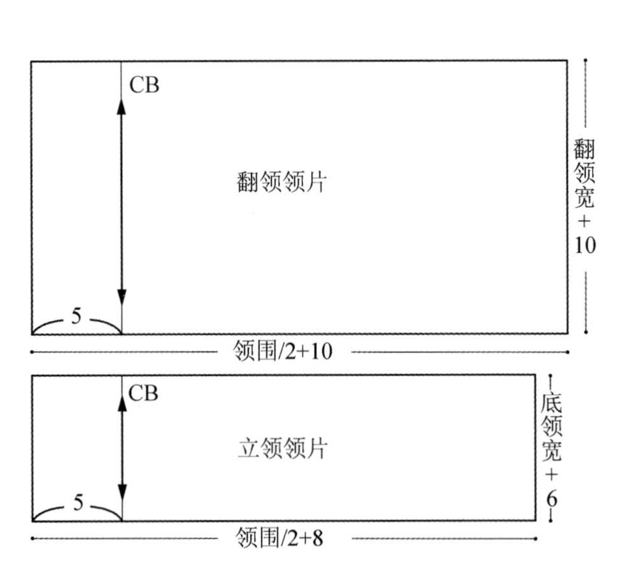

图 5-4-2 坯布准备

3. 别样

(1) 贴标记线：按领子造型需要，在衣片上重新贴出领围线、门襟线(图 5-4-3)。

(2) 制作立领：操作方法同锐角立领。布料后中心线对齐，固定三点。翻折领底布料做领底线，注意调整领与颈部的空隙大小。按造型特征贴出立领外口线(图 5-4-4 至图 5-4-8)。

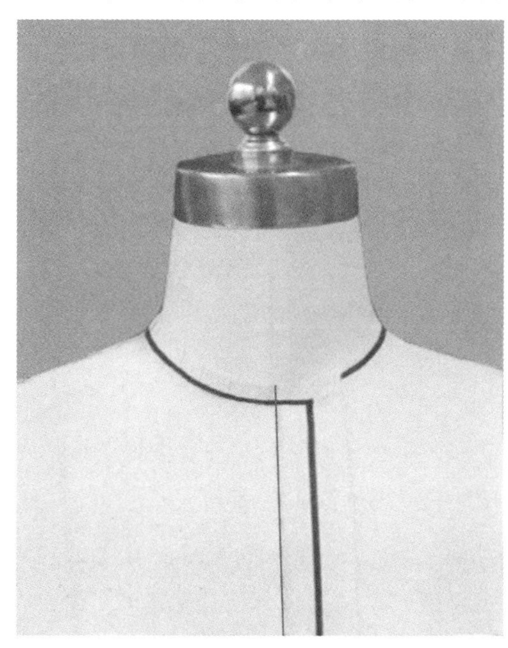

图 5-4-3 贴标记线

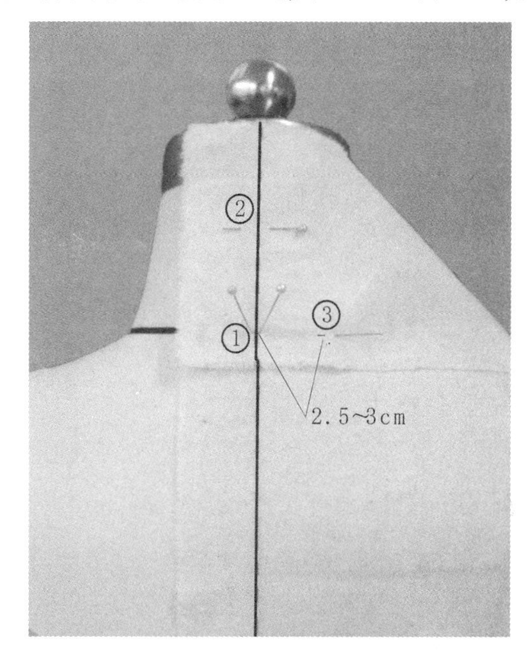

图 5-4-4 立领披布

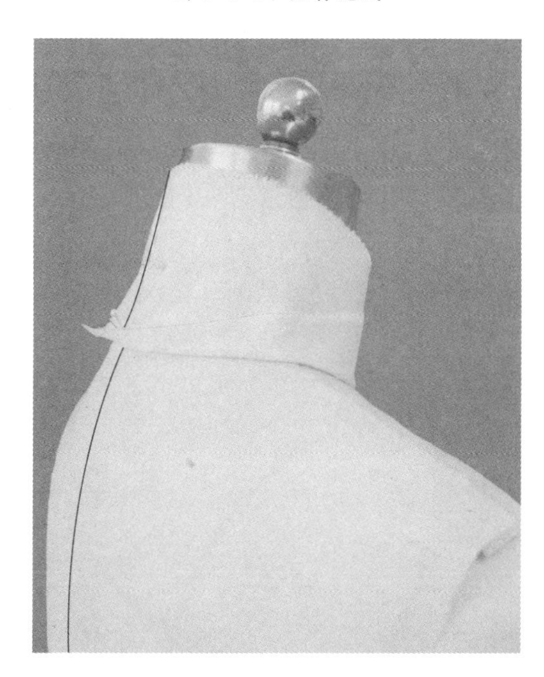

图 5-4-5 翻折做领底线

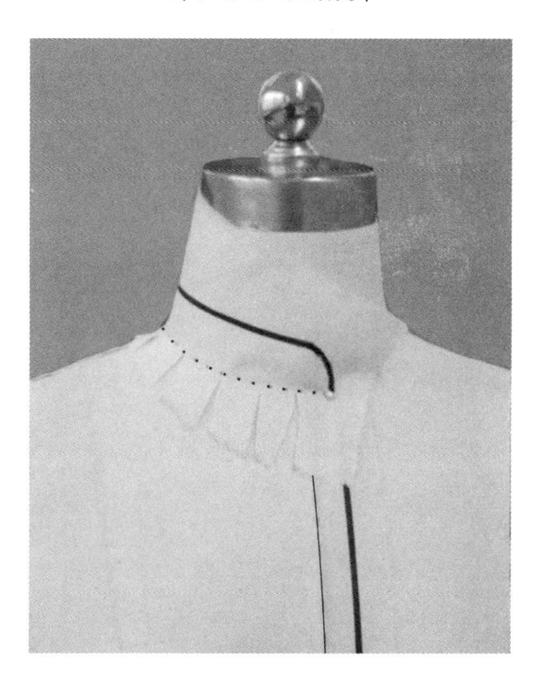

图 5-4-6 标记立领外口线

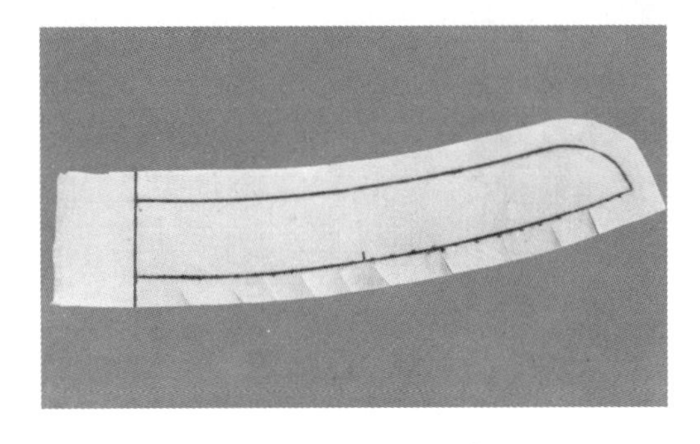

图 5-4-7 立领领片修板

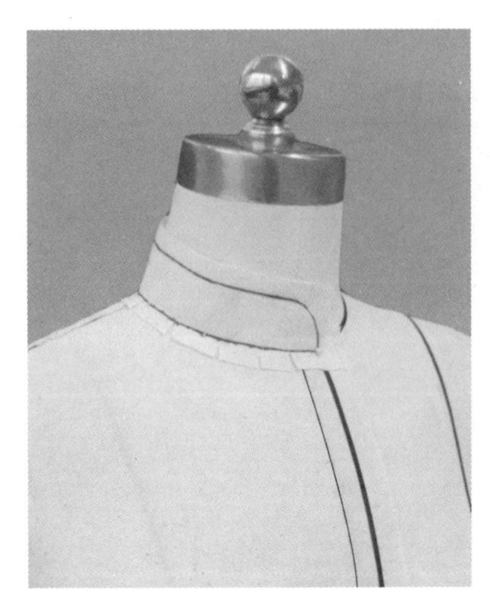

图 5-4-8 立领上架

(3) 翻领披布：将翻领领片后中心线与人台后中心线对齐，上下固定两点(图 5-4-9)。

(4) 确定翻领上口线：先将领底部的余料向上翻折，再将上口部位的余料向下翻折，从后向前围绕颈部做，上口折边与立领上口线重合(图 5-4-10、图 5-4-11)。注意通过调整翻折位置来控制翻领与立部的贴合关系，翻领外口线余料打剪口，外口线要落在肩部与衣片贴服。

(5) 标记翻领领外口线：根据翻领造型特征，用粘带直接在领片上贴出翻领外口线(图 5-4-12)。注意后领宽要盖过领围线。

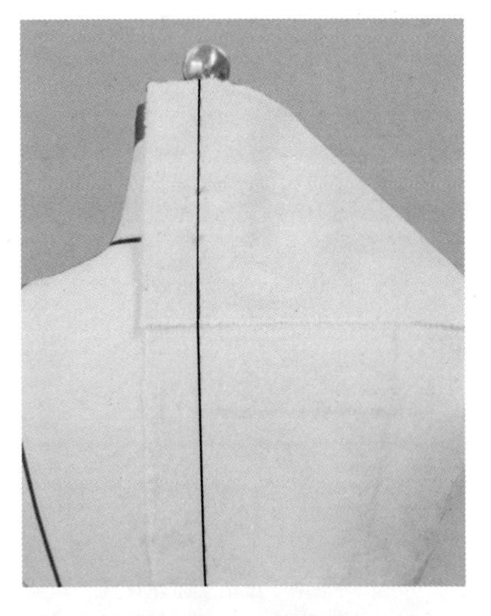

图 5-4-9 翻领披布

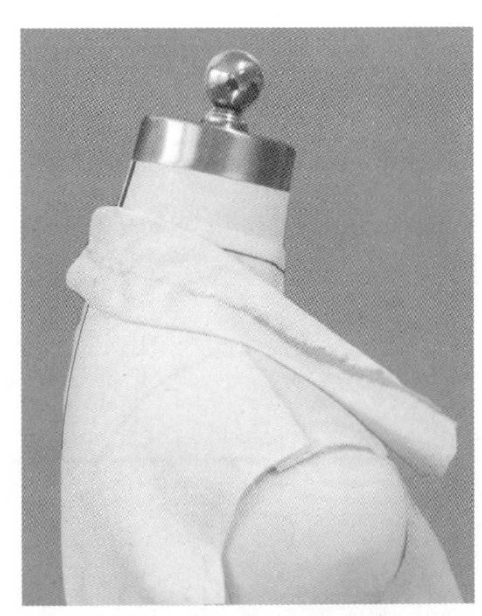

图 5-4-10 翻折余料

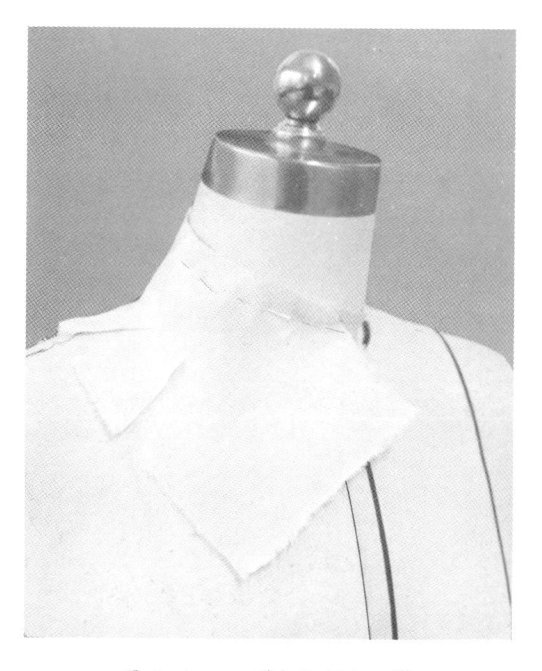

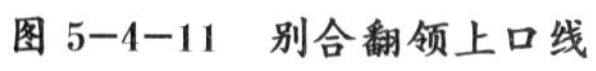

图 5-4-11 别合翻领上口线

图 5-4-12 标记翻领外口线

4. 点影

将翻领上口线与领口位置按别合印进行点影标记(图 5-4-13)。

5. 下架修板

平面展开领片，按点影位和标记线画顺翻领线条，同时校对翻领领底线尺寸与立领上口线尺寸是否吻合(图 5-4-14)。

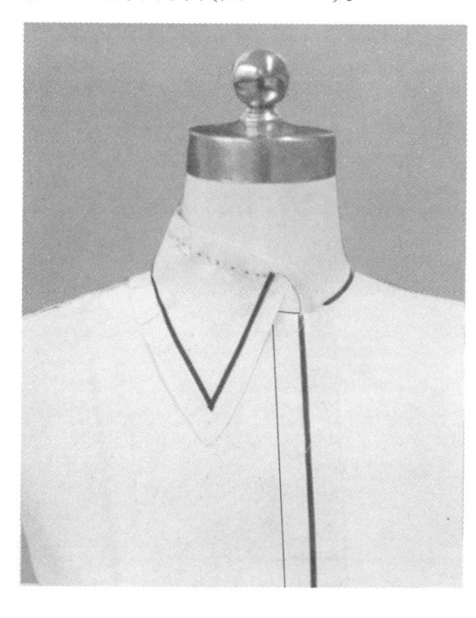

图 5-4-13 点影

图 5-4-14 修板

6. 组装试穿

试穿效果如图 5-4-15 所示。

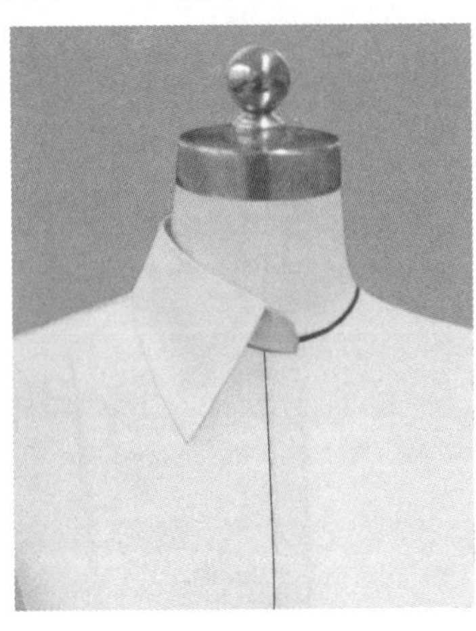
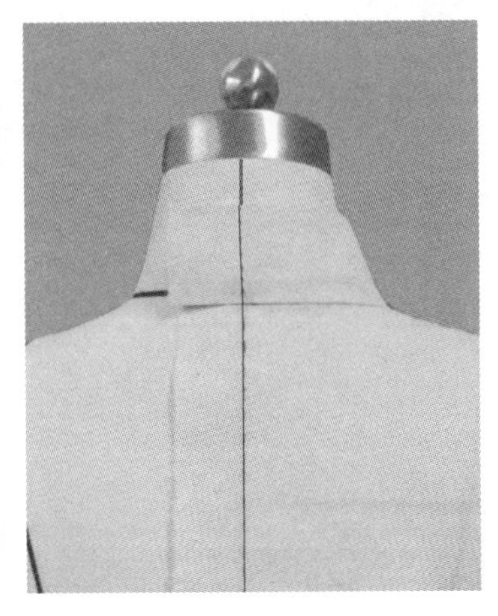

图 5-4-15 试穿效果

7. 下架拓板

样板描图如图 5-4-16 所示。

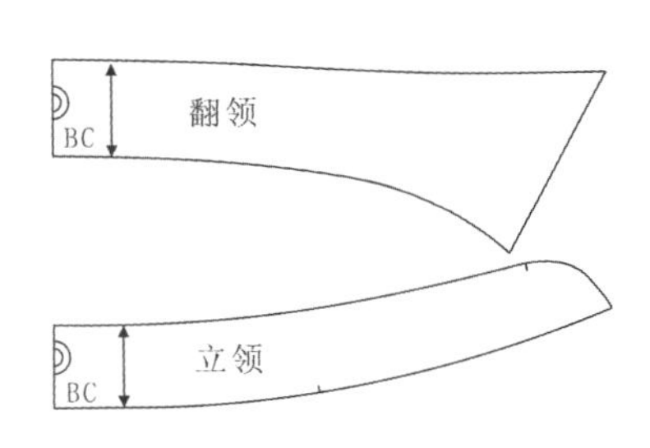

图 5-4-16 样板描图

5.4.2 燕领立体裁剪

1. 款式分析

领角造型如燕子翅膀得名，前领窝点较低，领子略长，衣领与颈部留有空隙(图 5-4-17)。

图 5-4-17 款式插图

2. 坯布准备(图 5-4-18)

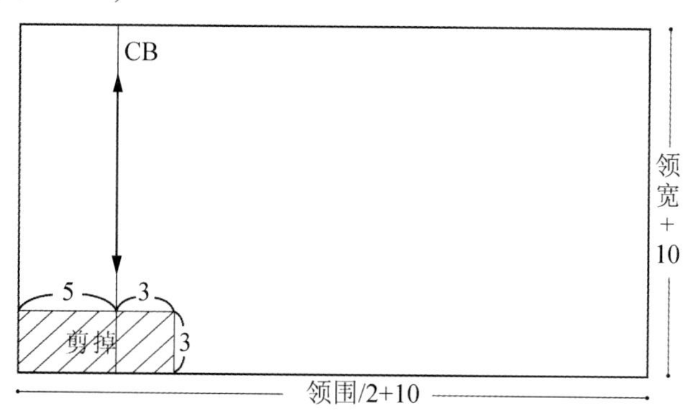

图 5-4-18　坯布准备(单位：cm)

3. 别样

(1) 贴标记线：按领子造型需要，在衣片上贴出领围线、门襟线(图 5-4-19)。

(2) 披布：将领片后中心线与人台后中心线对齐，固定后颈点①，向上约领宽处固定点②，领底线上水平 2.5～3cm 固定点③(图 5-4-20)。

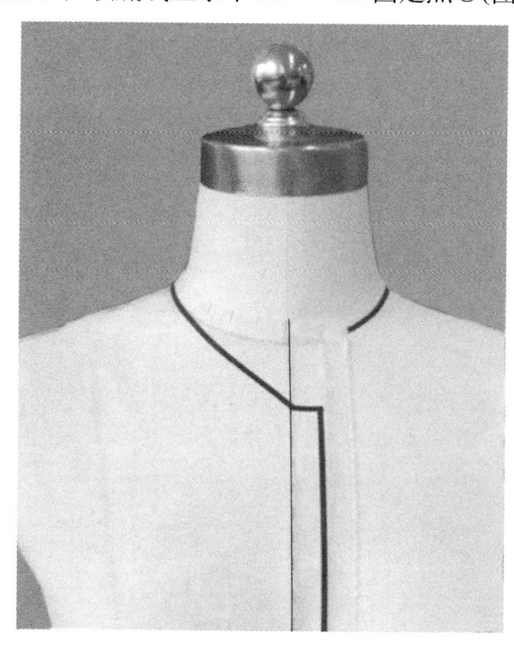

图 5-4-19　标记线

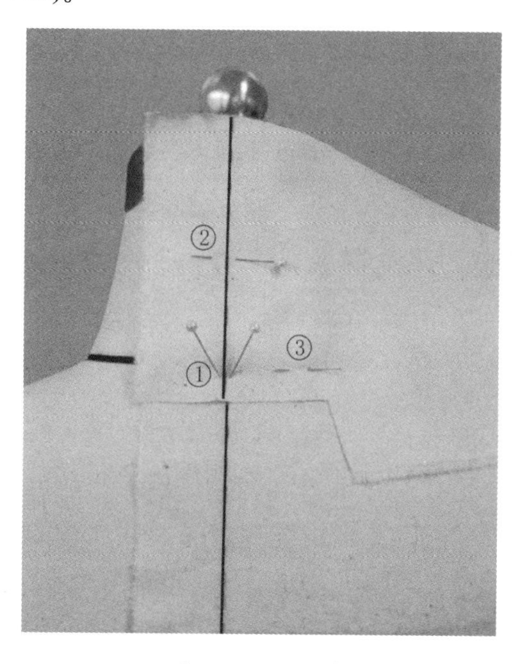

图 5-4-20　披布

(3) 确定领底线：先将领底部的余料向上翻折，再将上口部位的余料向下翻折，从后向前围绕颈部做，下口折边与领围标记线重合。注意通过调整翻折位置来控制领与颈部的空隙大小。再将领外口布料捋平翻起，将领下口翻折布料打剪口，平伏落在肩部，用大头针将领片与衣片的领底线处别合(图 5-4-21、图 5-4-22)。

图 5-4-21　翻折布料

图 5-4-22　别合领底线

(4) 标记领外口线：将别合领底线后的领片布料向外翻倒，根据燕领造型特征，用粘带直接在领片上贴出燕领外口线，注意外口线要平伏落在肩部，后领宽要盖过领围线(图 5-4-23、图 5-4-24)。

图 5-4-23　翻折领面

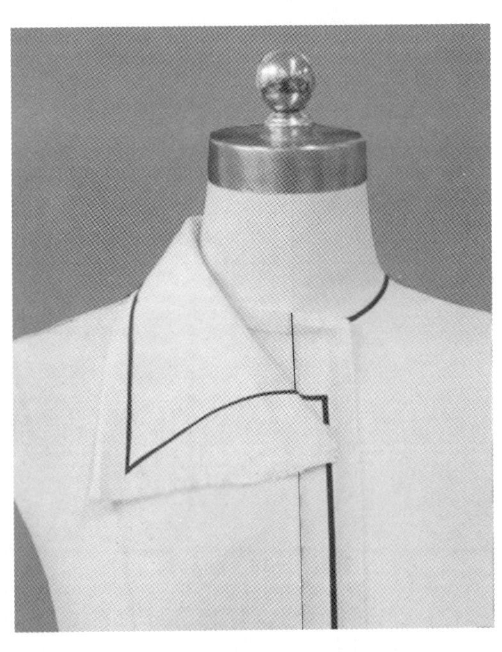

图 5-4-24　标记外口线

4. 点影

将燕领领底线按别合印进行点影标记(图 5-4-25)。

5. 下架修板

平面展开领片，按点影位画顺线条，同时校对领底线尺寸与衣片领围线线尺寸是否吻合(图 5-4-26)。

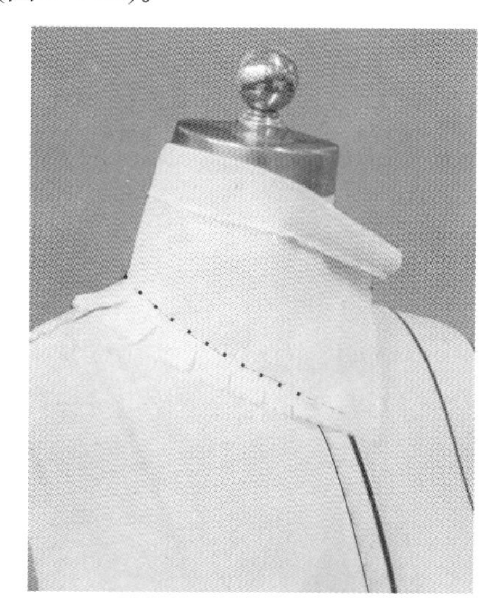

图 5-4-25　点影

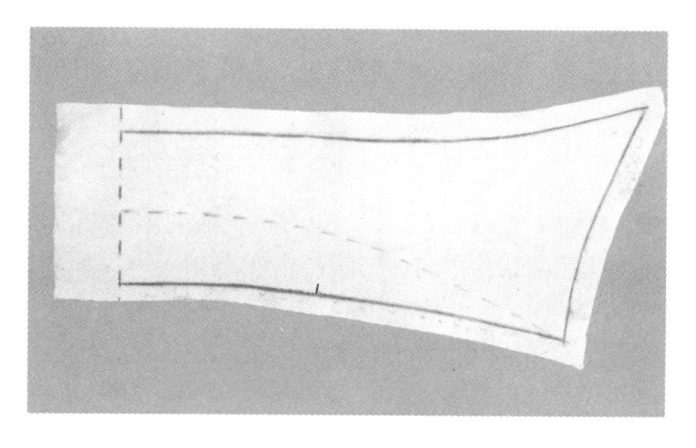

图 5-4-26　修板

6. 组装试穿

试穿效果如图 5-4-27 所示。

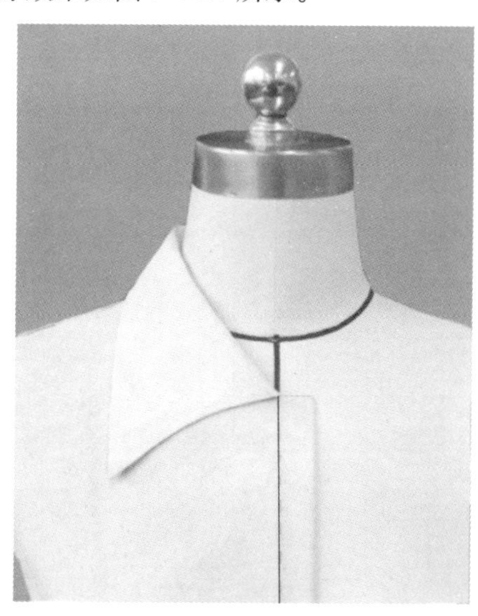

图 5-4-27　试穿效果

7. 下架拓板

样板描图如图 5-4-28 所示。

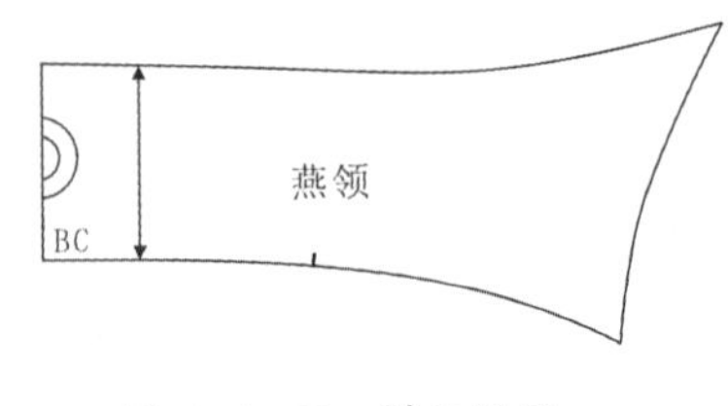

图 5-4-28　样板描图

5.5　扁领立体裁剪

扁领实际上是连体企领领底线下曲逐步与领口曲度达到吻合的结果，使领座几乎全部变成领面贴合在肩上，也称平领，常见的有海军领。通过领底线曲度的变化也可设计出更加丰富和美观的变化领型，如荷叶领、叠浪领等。

5.5.1　海军领立体裁剪

1. 款式分析

前领窝点较低，翻领宽至肩峰，领口线呈现优美弧度，领子贴合人体(图 5-5-1)。

2. 坯布准备(图 5-5-2)

图 5-5-1　款式插图

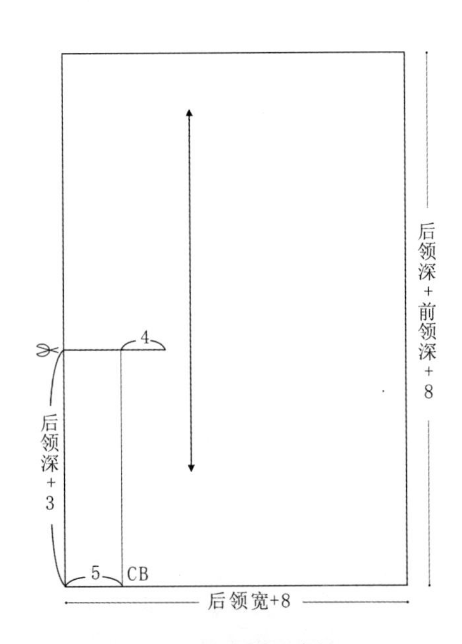

图 5-5-2　坯布准备(单位：cm)

3. 别样

(1) 贴标记线：按领子造型需要，在衣片上贴出领围线、门襟线(图 5-5-3)。

(2) 披布：将领片后中心线与人台后中心线重合，固定后颈点，向下约领宽处固定一点，后领围线预留布料，横向打剪口，布料从后身抚向前身(图 5-5-4)。

图 5-5-3 标记线

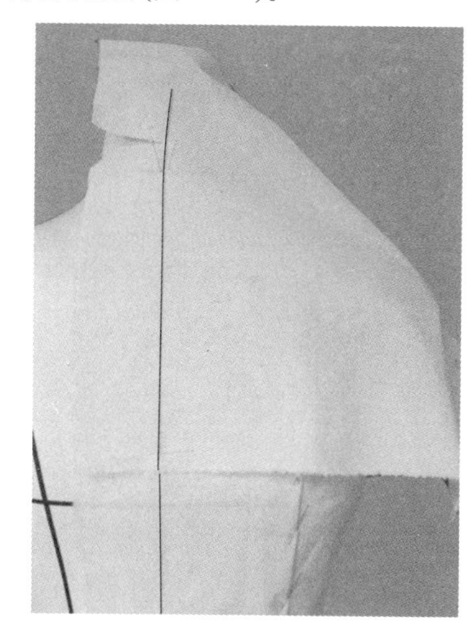

图 5-5-4 披布

(3) 标记后领造型线：用粘带直接在布料上贴出后领的造型线和宽度(图 5-5-5)。

(4) 确定领围线：将后领围线处余料剪掉，布料从后身平伏推至前身，按标记的领围线位置捏出领座，剪掉余料，翻转领片，用大头针别合领围线(图 5-5-6 至图 5-5-8)。

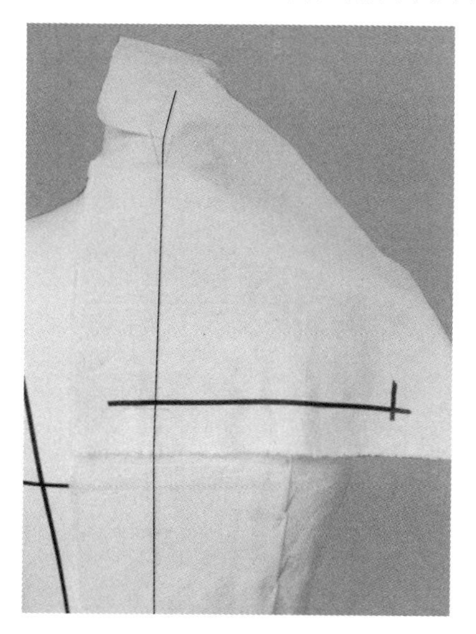

图 5-5-5 后领造型线

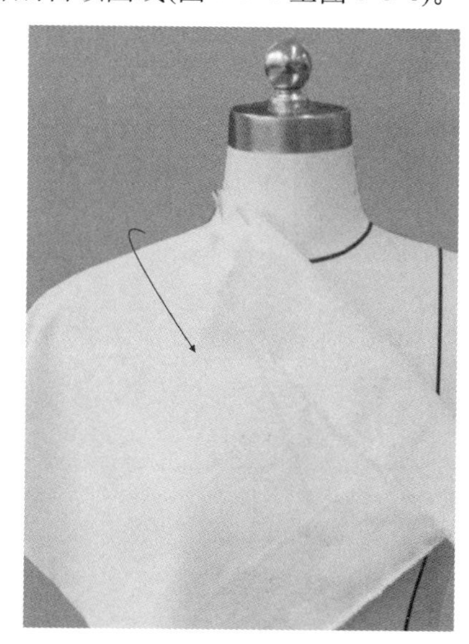

图 5-5-6 粗裁后领口

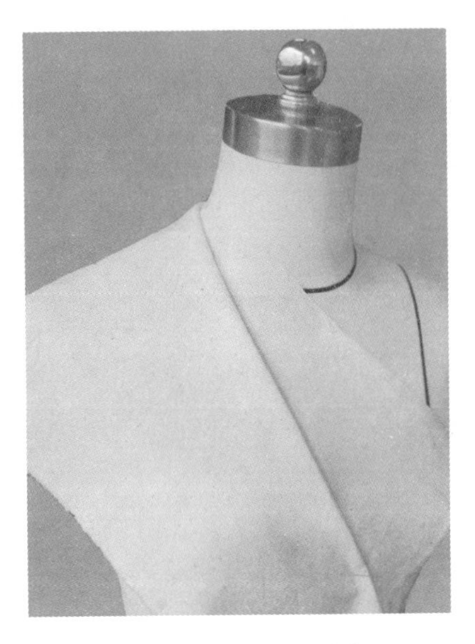

图 5-5-7　后领造型线

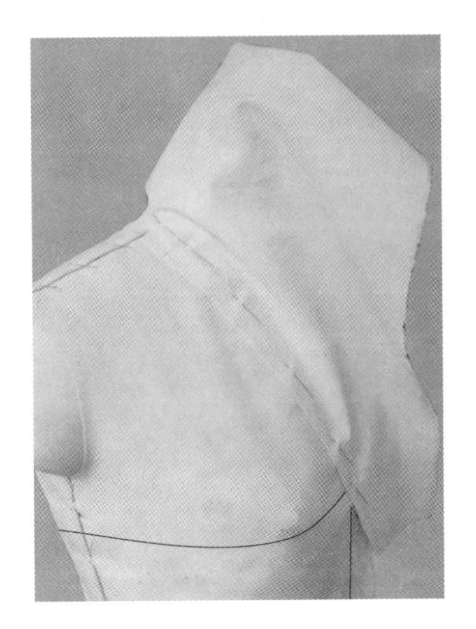

图 5-5-8　粗裁后领口

(5) 标记领外口线：根据海军领造型特征，用粘带直接在领片上贴出领外口线，将多余的布料剪掉(图 5-5-9、图 5-5-10)。

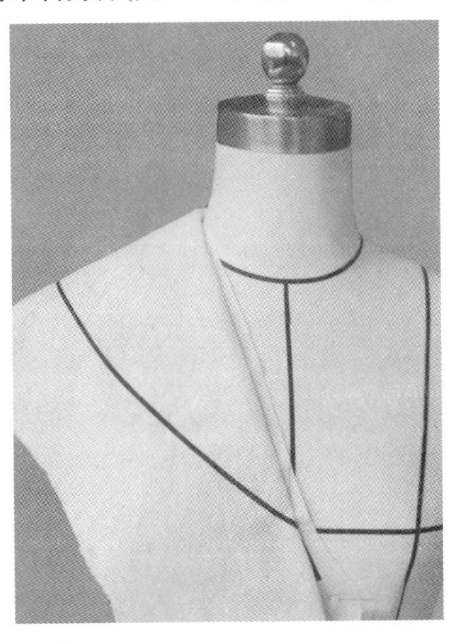

图 5-5-9　标记领外口线

图 5-5-10　裁剪余料

4. 点影

将领底线按别合印进行点影标记(图 5-5-11)。

5. 下架修板

平面展开领片，按点影位画顺线条，同时校对领底线尺寸与衣片领围线线尺寸是否吻合(图 5-5-12)。

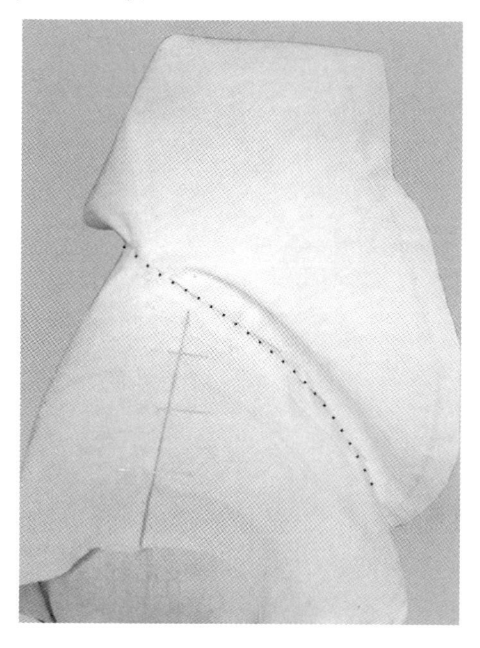

图 5-5-11 点影

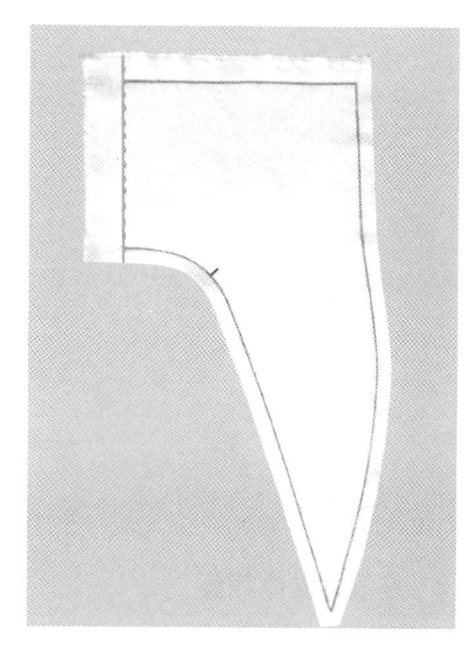

图 5-5-12 修板

6. 组装试穿

试穿效果如图 5-5-13 所示。

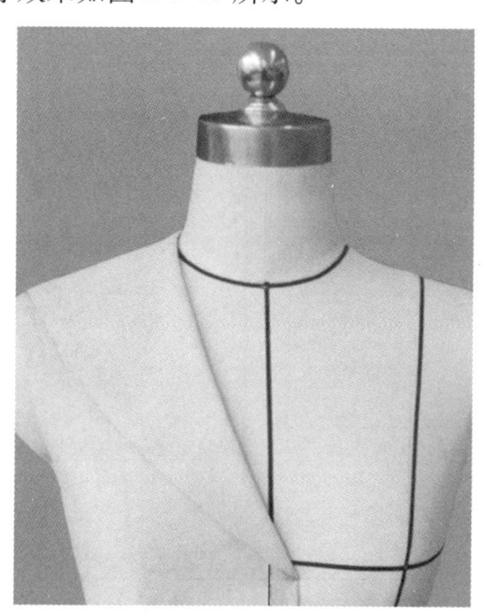

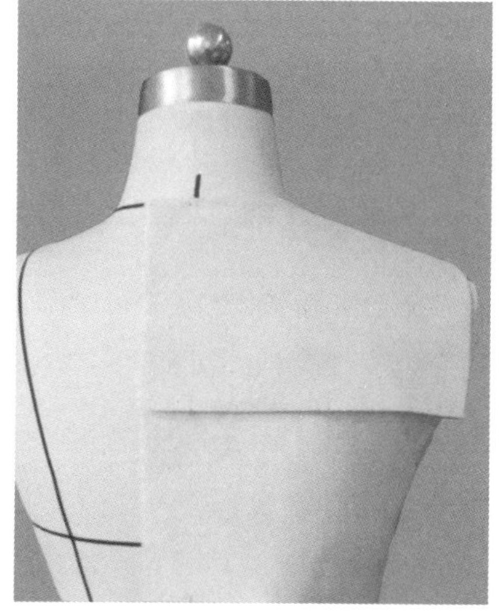

图 5-5-13 试穿效果

7. 下架拓板

样板描图如图 5-5-14 所示。

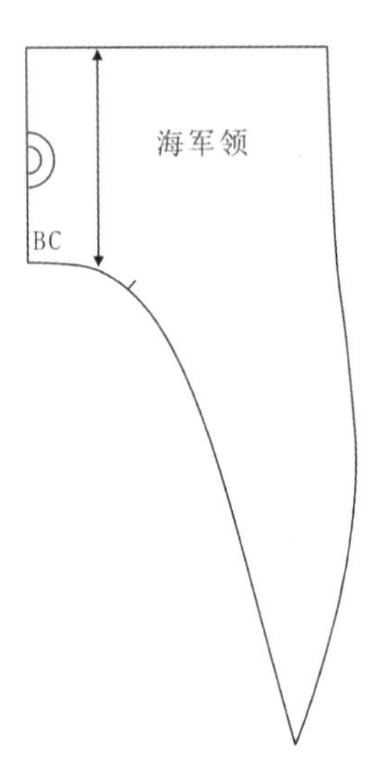

图 5-5-14 样板描图

5.5.2 叠浪领立体裁剪

1. 款式分析

前领窝点较低，翻领宽呈纵向两层重叠波浪，并集中在肩颈点处，造型生动、自然(图 5-5-15)。

2. 坯布准备(图 5-5-16)

图 5-5-15 款式插图

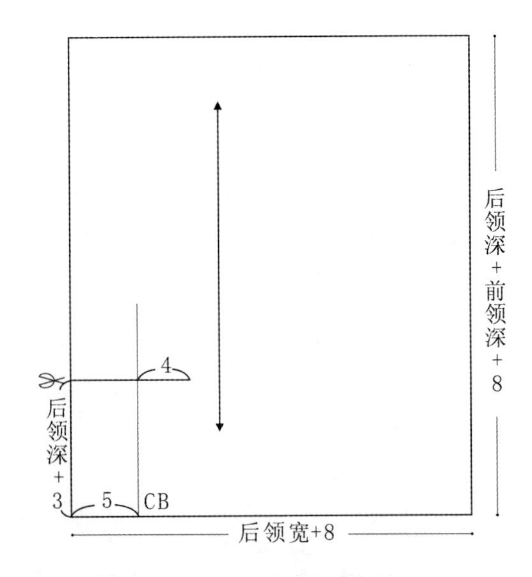

图 5-5-16 坯布准备(单位：cm)

3. 别样

(1) 贴标记线：按领子造型需要，在衣片上贴出领围线、门襟线(图 5-5-17)。

(2) 披布：将领片后中心线与人台后中心线对齐，固定后颈点①，底端固定点②。预留领围线用料，将余料剪掉，打剪口，布料从后身向前身抚平(图 5-5-18)。

(3) 确定领底线：预留后领口用料，将余料剪掉，打剪口，布料缝份向内大头针固定领底线(图 5-5-19 至图 5-5-21)。从后向前做领底线，注意调整叠浪的用布量。

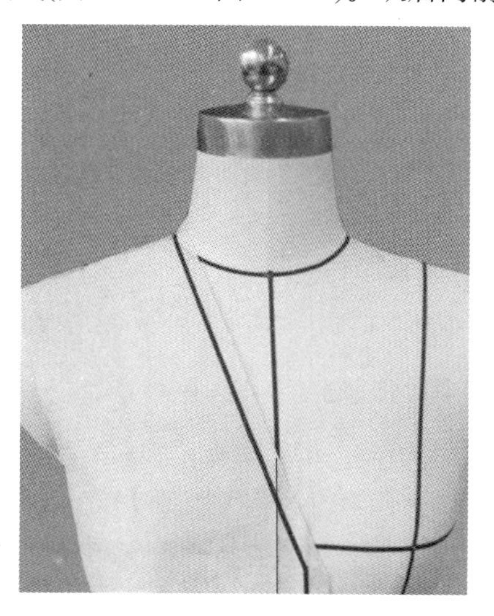

图 5-5-17　领口标记线

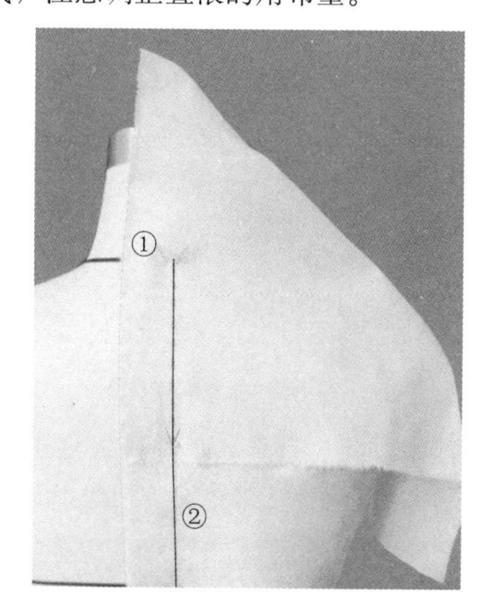

图 5-5-18　披布

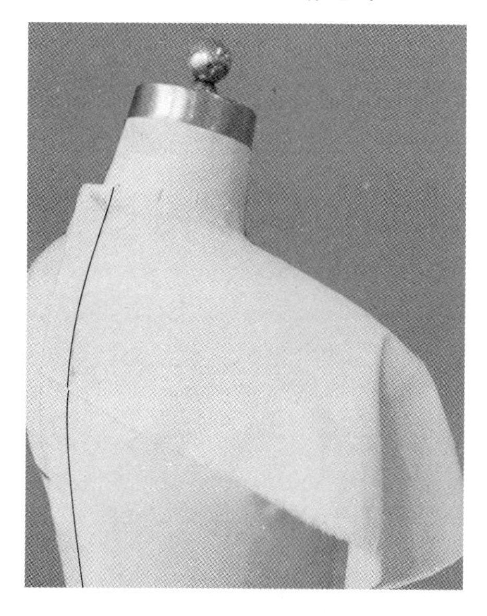

图 5-5-19　粗裁后领口

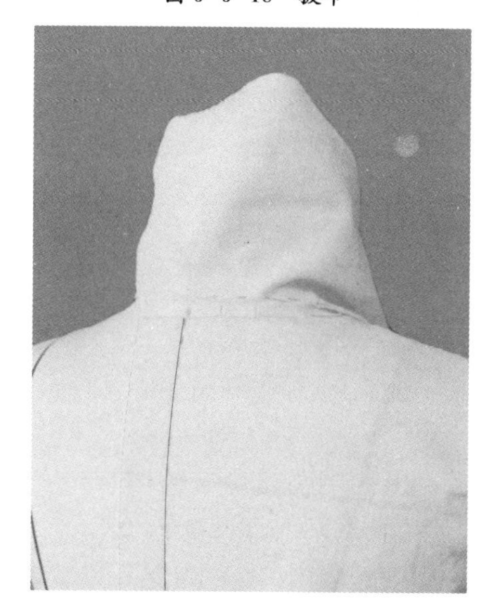

图 5-5-20　别合后领口线

(4) 整形：将领片反倒正面后，整理前领角处的叠浪波纹，使其自然下垂，通过调整外领口线控制叠浪效果(图 5-5-22)。

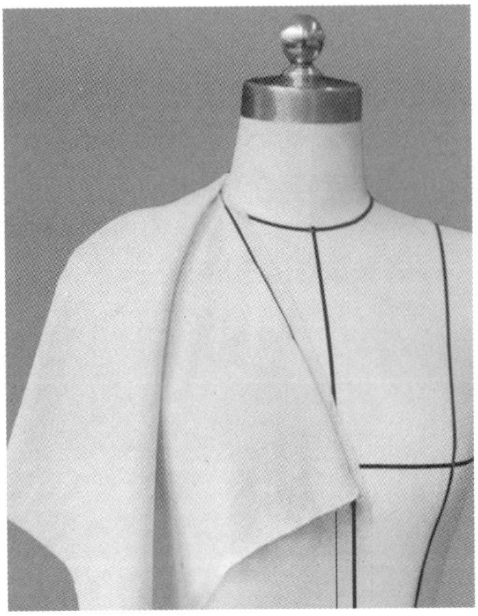

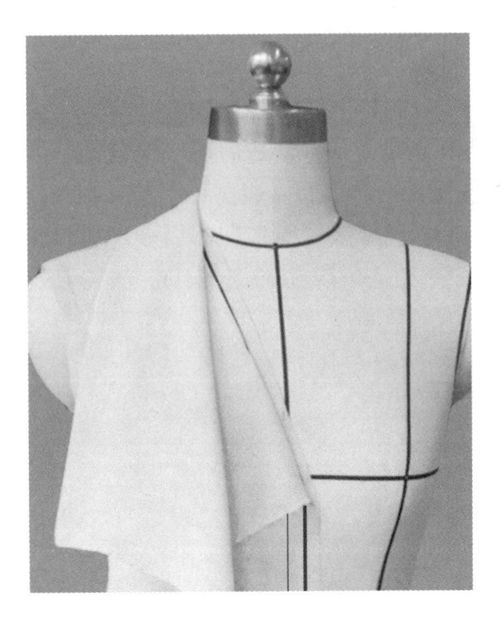

图 5-5-21　确定前领口线

图 5-5-22　整形

(5) 标记领外口线：将领片展开，根据叠浪领造型特征，用粘带直接在布料上标记外口线，剪掉多余布料，将波浪叠起后观察线条表情，调整直到满意为止(图 5-5-23、图 5-5-24)。

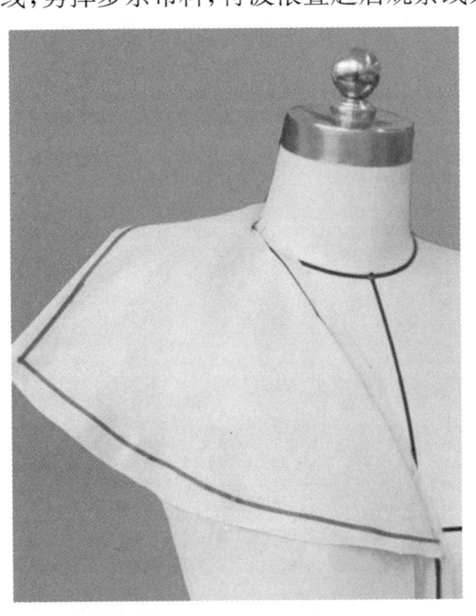

图 5-5-23　标记领外口线

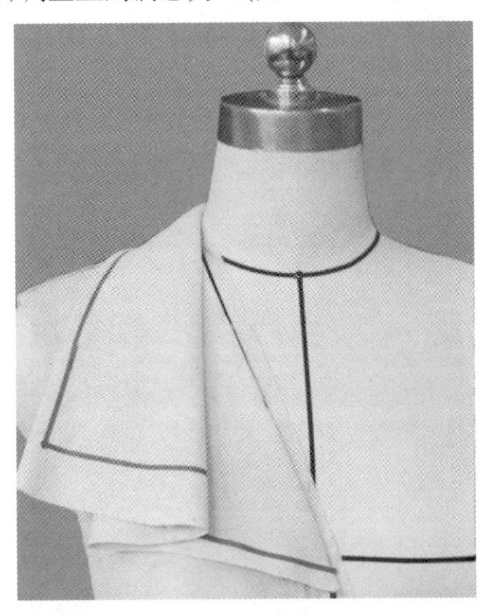

图 5-5-24　调整领外口线

4. 点影

将领底线按别合印进行点影标记(图 5-5-25)。

5. 下架修板

平面展开领片，按点影位画顺线条，同时校对领底线尺寸与衣片领围线尺寸是否吻合(图 5-5-26)。

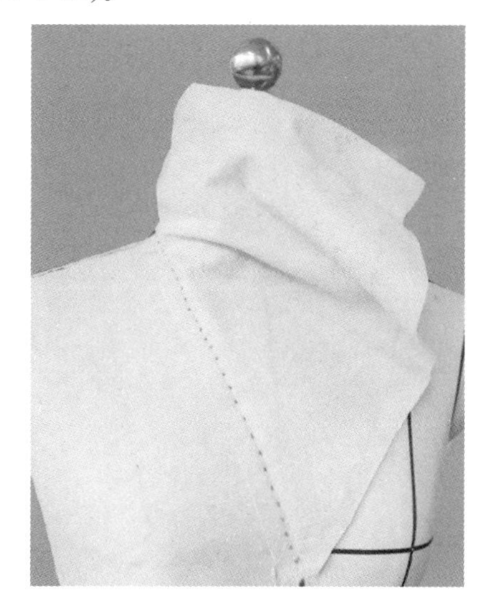

图 5-5-25 点影

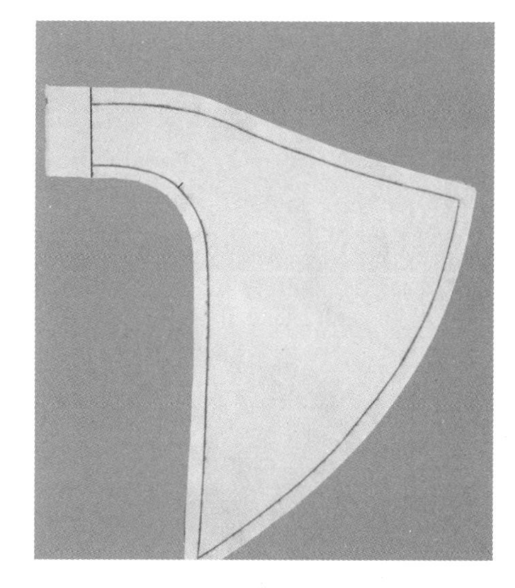

图 5-5-26 修板

6. 组装试穿

试穿效果如图 5-5-27 所示。

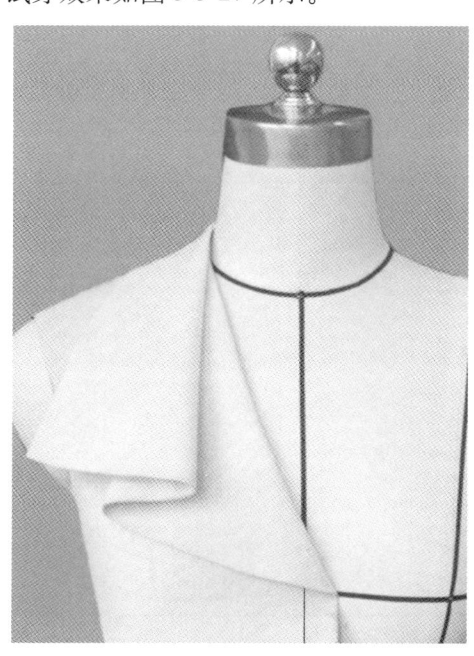

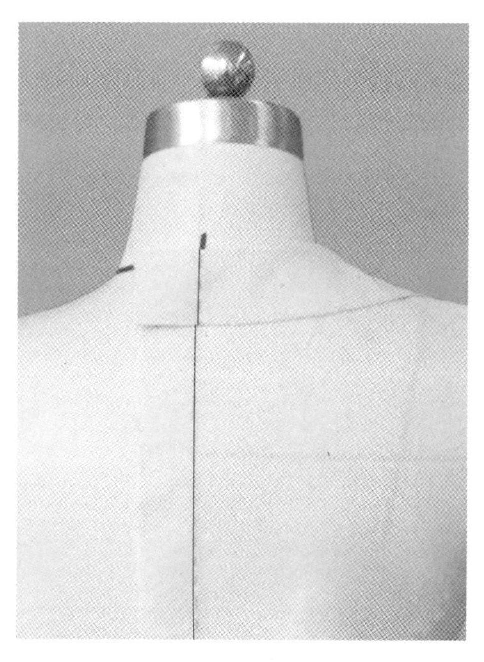

图 5-5-27 试穿效果

7. 下架拓板

样板描图如图 5-5-28 所示。

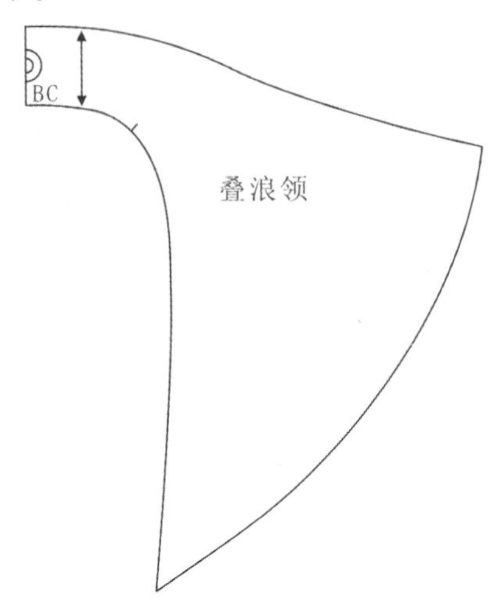

图 5-5-28 样板描图

5.5.3 波浪领立体裁剪

1. 款式分析

此款领口呈 V 字形，无底领，翻领部分为波浪状(图 5-5-29)。

2. 坯布准备

由于该领型的领外口长出领下口较多，需要在布料的中间先剪去一个圆形的孔，孔的周长为领口线周长的一半。在布料上将后中线标记出来(图 5-5-30)。

图 5-5-29 款式插图

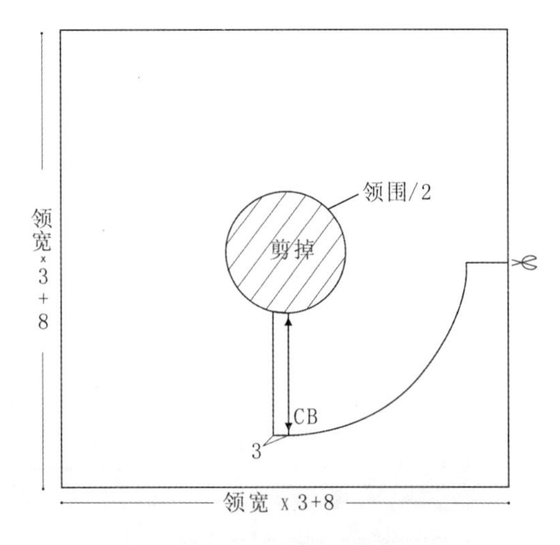

图 5-5-30 坯布准备(单位：cm)

3. 别样

(1) 贴标记线：根据款式插图(图 5-5-29)，在人台基本型衣身上用粘带贴出前后衣片领窝线，本款前领窝呈 V 字形(图 5-5-31)。

(2) 披布：将领片后中心线与人台后中心线对齐，用大头针在后颈点和领宽处上下固定两点(图 5-5-32)。

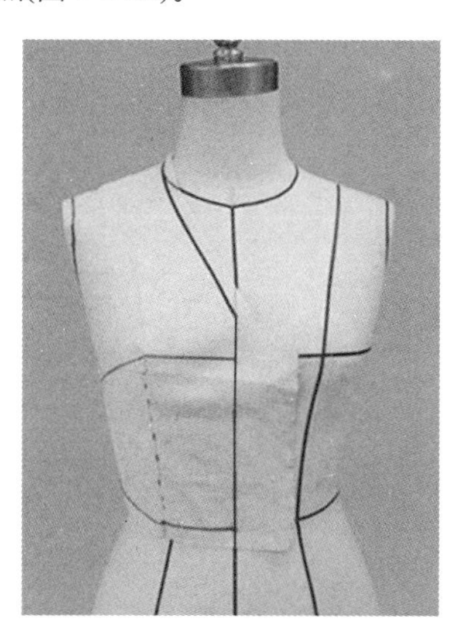

图 5-5-31 领口标记线

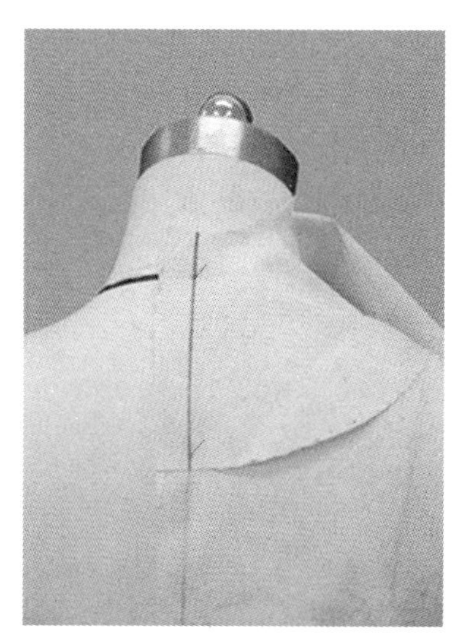

图 5-5-32 披布

(3) 固定后领下口线：将领片的后领部位固定于衣身后领窝处，并按领窝形状在领片上打剪口，固定后领下口线及外侧波浪(图 5-5-33)。

(4) 做领外侧波浪：领下口一边打剪口，领外口一边做波浪，整理好一处，固定一处。注意波浪调整匀称，肩部波浪不宜过多(图 5-5-34)。

图 5-5-33 固定后领下口线

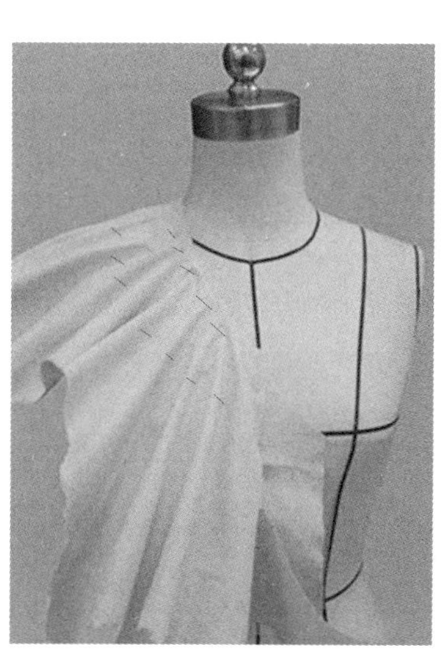

图 5-5-34 固定领外侧波浪

(5) 粗裁领外口波浪：预留领外口缝份进行粗裁(图 5-5-35、图 5-5-36)。

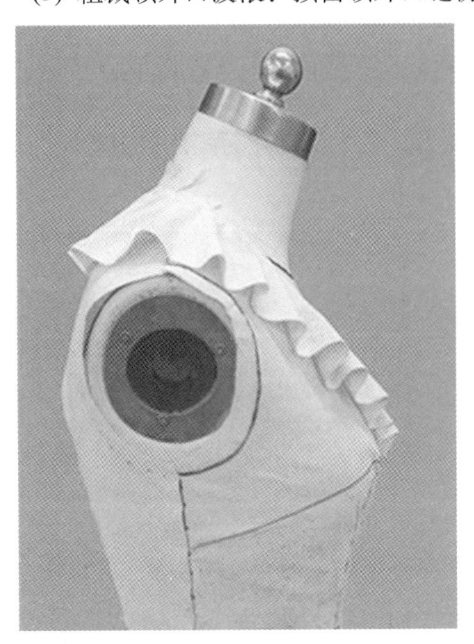

图 5-5-35 粗裁领外口波浪

图 5-5-36 粗裁领外口波浪

(6) 标记领外口线：用粘带在修剪好的领片上标记外口线(图 5-5-37、图 5-5-38)。

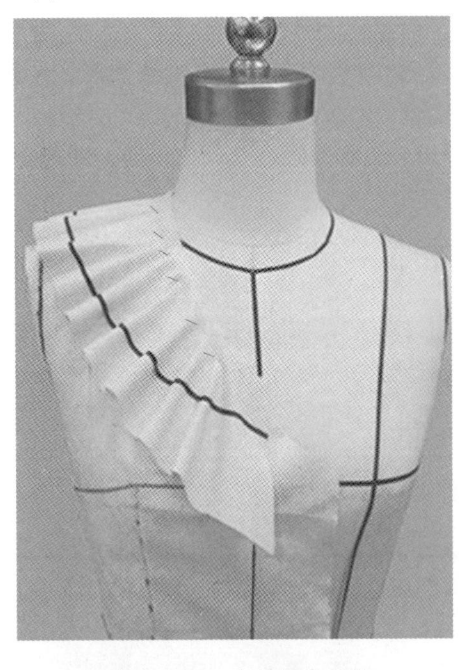

图 5-5-37 标记领外口线

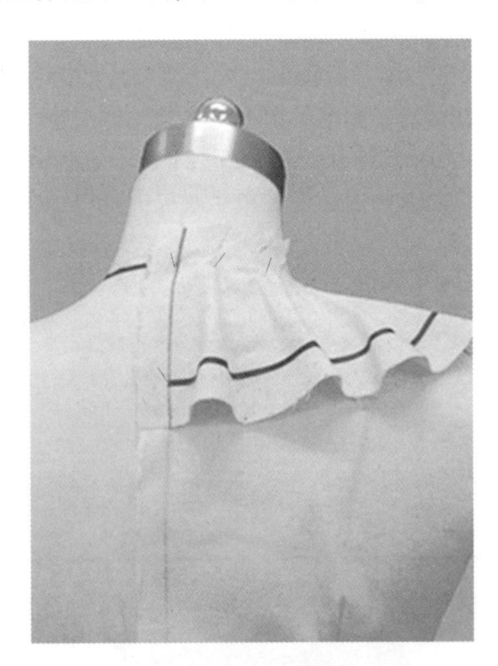

图 5-5-38 领外口线

4. 点影

将领下口线和领上口线分别点影。领下口线点影时直接按照衣片领窝形态进行，领上口线点影时可沿着标记线在波浪的最高处进行点影(图 5-5-39)。

5. 下架修板

平面展开领片，按点影位画顺线条(图 5-5-40)。

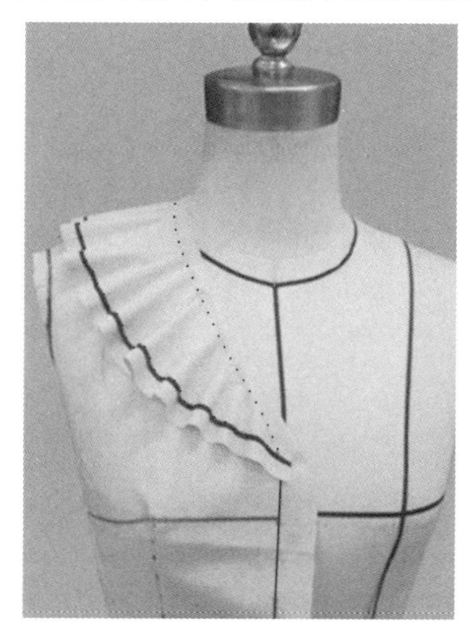

图 5-5-39 点影

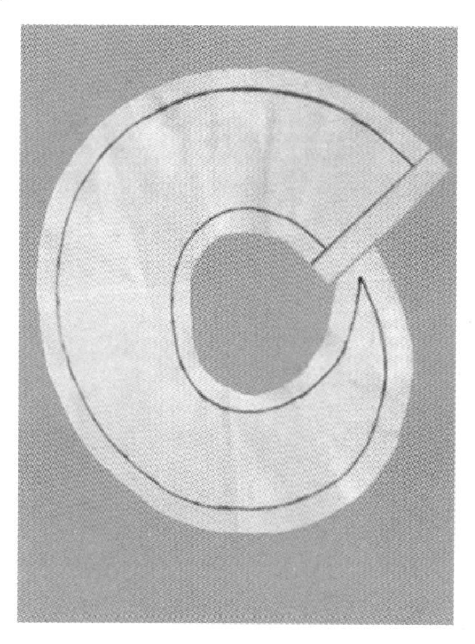

图 5-5-40 修板

6. 组装试穿

试穿效果如图 5-5-41 所示。

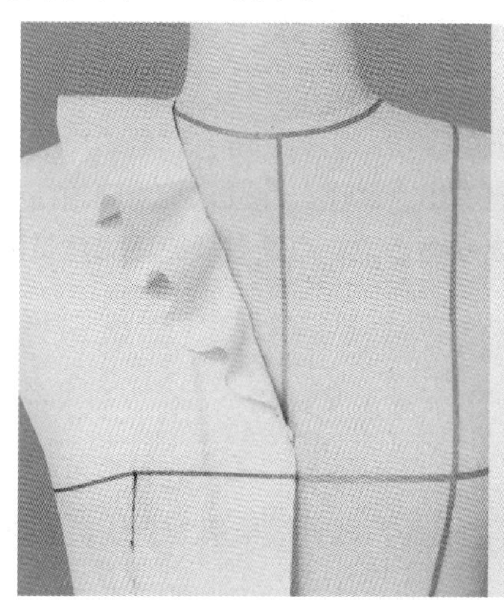

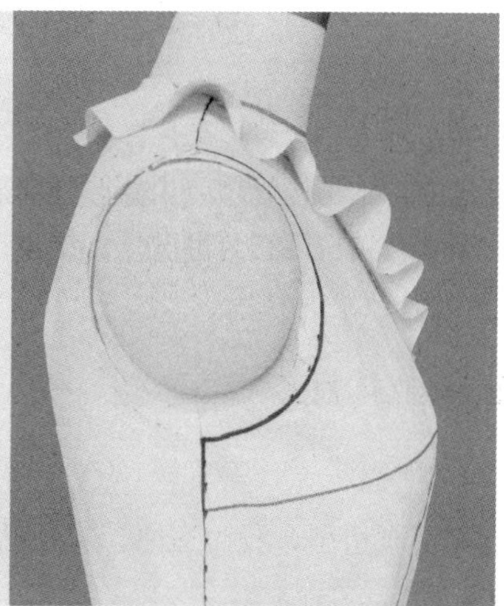

图 5-5-41 试穿效果

7. 下架拓板

样板描图如图 5-5-42 所示。

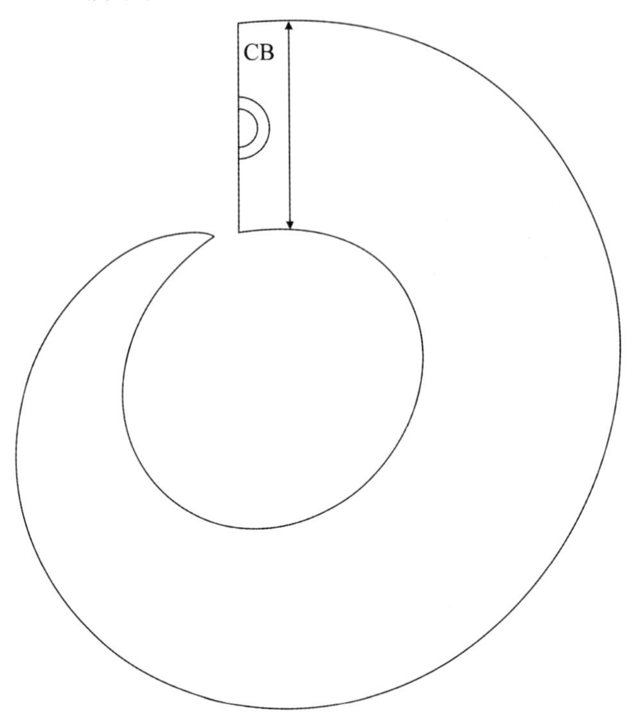

图 5-5-42 样板描图

5.6 翻领立体裁剪

翻领是最富有变化、用途最广，也最复杂的领型，它具有所有领型结构的综合特点。西装领是翻领的基础结构领型，由翻驳领和肩领组合而成。翻驳领实为扁领结构，肩领具有企领和扁领综合结构，它与翻驳领连结形成领嘴造型。肩领底线曲度仍然是翻领结构的关键。

5.6.1 西装领立体裁剪

1. 款式分析

常见的平驳领造型，驳头适中，肩领贴合颈部，翻折线前端为直线，领深在胸围线下(图 5-6-1)。

图 5-6-1 款式插图

2. 坯布准备(图 5-6-2)

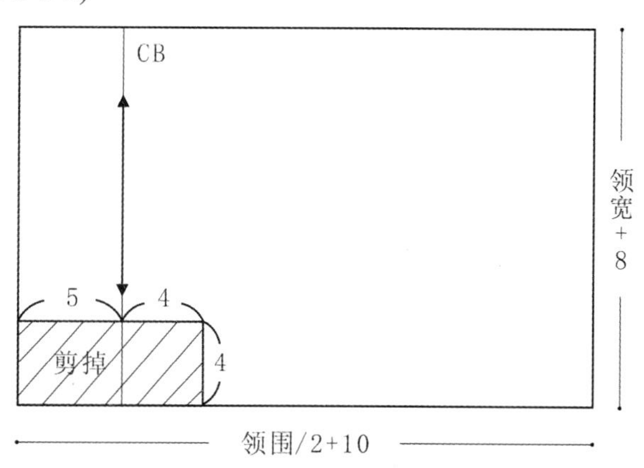

图 5-6-2 坯布准备(单位：cm)

3. 别样

(1) 衣身披布(图 5-6-3)：衣片前中心线距布边 10cm 画线，与人台前中心线重合，胸围线重合，固定前颈点、腰节中点、BP 点。衣片用布量包含西装领的驳领部分(前后衣身款式操作过程同衣身立体裁剪方法，在此节省略)。

(2) 确定驳领造型(图 5-6-4)：确定驳折线翻折布料，根据西装领造型特征用粘带直接贴出驳领形状。

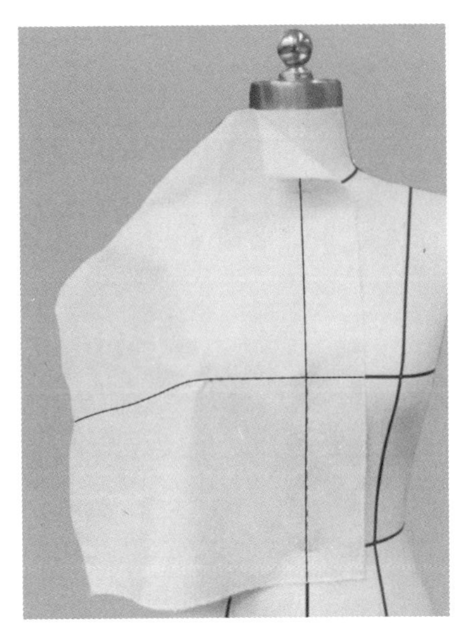

图 5-6-3 衣身披布

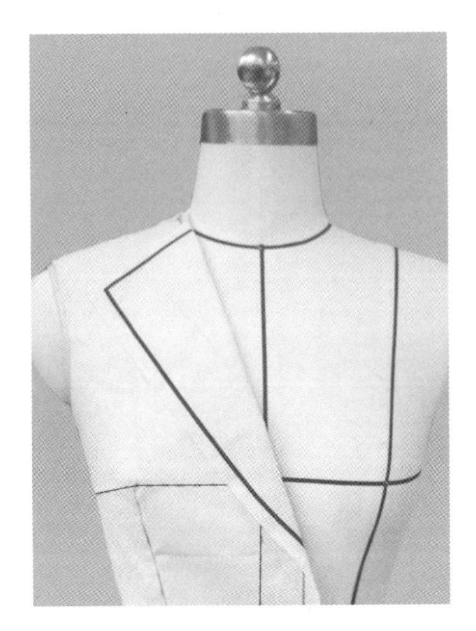

图 5-6-4 标记驳领造型线

(3) 翻领披布：将翻领用布后中心线对齐人台后中心线，后颈点、领宽处上下固定两点，领围线水平 2.5～3cm 处固定一点(图 5-6-5)。

(4) 确定领底线：将领底余料向上翻折，折印与领围线重合，做翻领的领底线。确定领宽后将上面布料向下翻折，折印为翻折线，并与驳领折线流畅的连接(图 5-6-6 至图 5-6-8)。

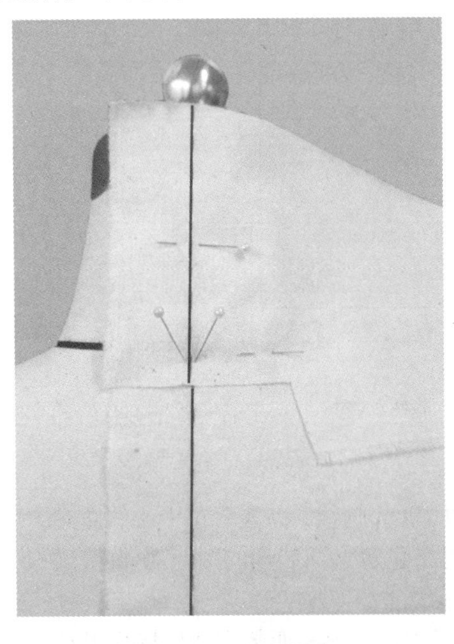

图 5-6-5 翻领披布

图 5-6-6 向上翻折布料做领底线

图 5-6-7 向下翻折布料

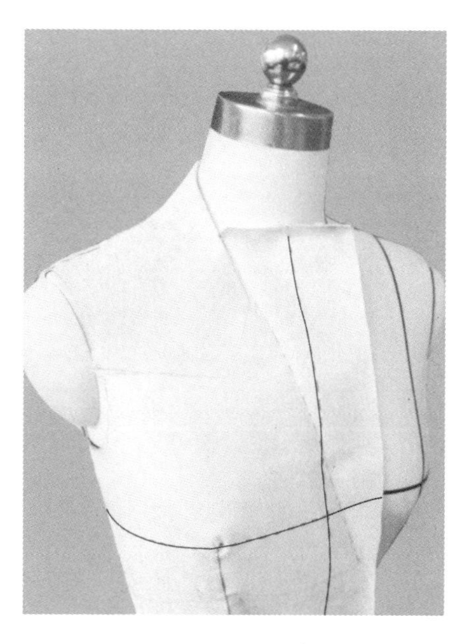

图 5-6-8 做翻折线

(5) 确定翻领造型：将翻领置于驳领之下，调整翻折线是否连接顺畅，根据造型特征，用粘带直接贴出翻领造型线(图 5-6-9、图 5-6-10)。

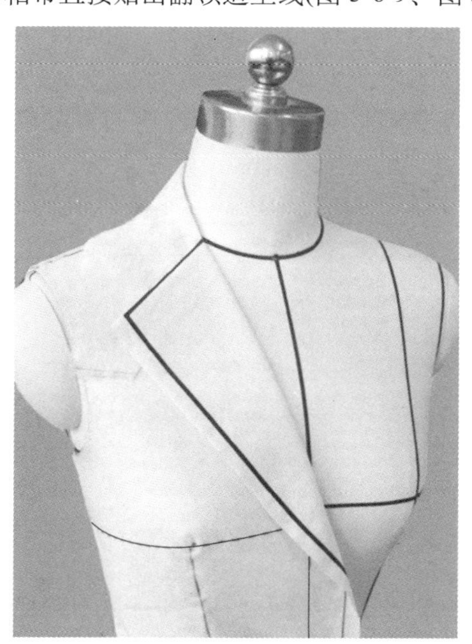

图 5-6-9 翻倒驳领

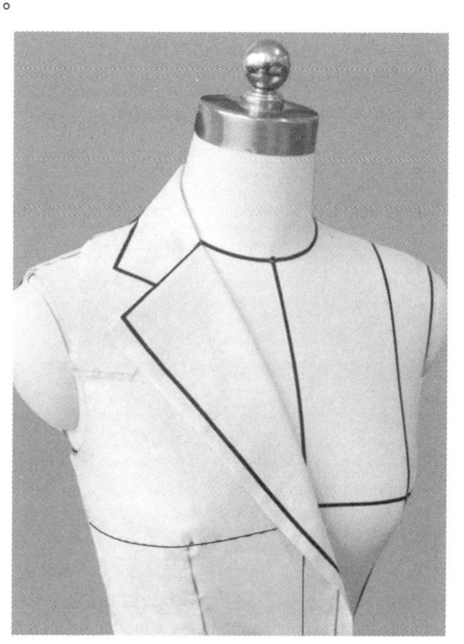

图 5-6-10 标记翻领造型线

4. 点影

修剪余料，标记领底线和串口线，做肩部对位记号(图 5-6-11、图 5-6-12)。

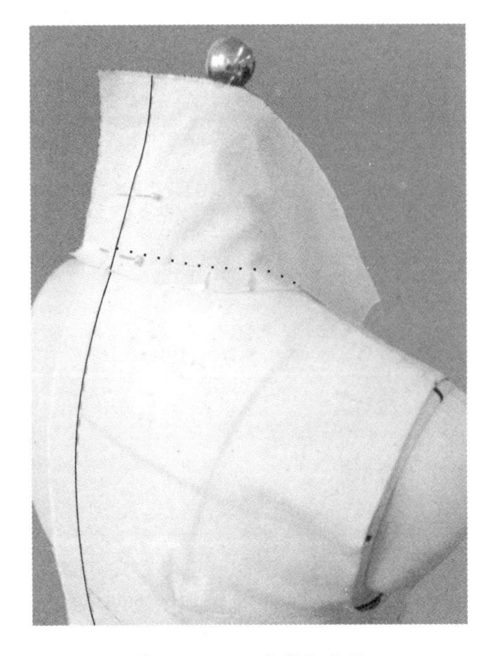

图 5-6-11　点影领底线

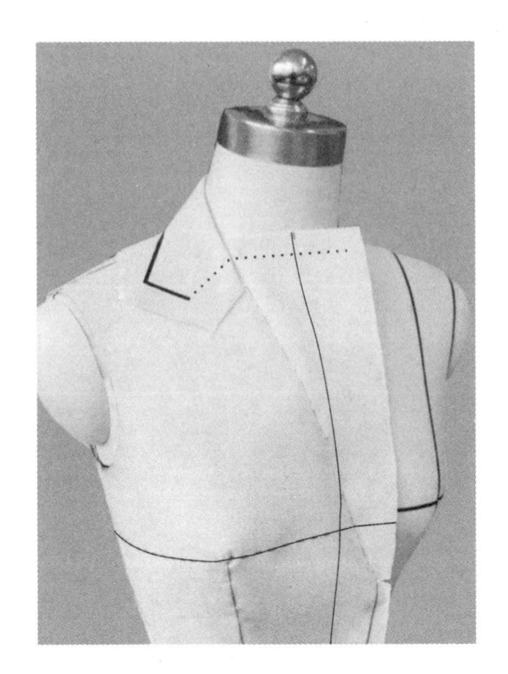

图 5-6-12　点影串口线

5. 下架修板

平面展开衣片和领片，按点影位画顺线条，同时校对领底线尺寸与衣片领围线线尺寸是否吻合(图 5-6-13)。

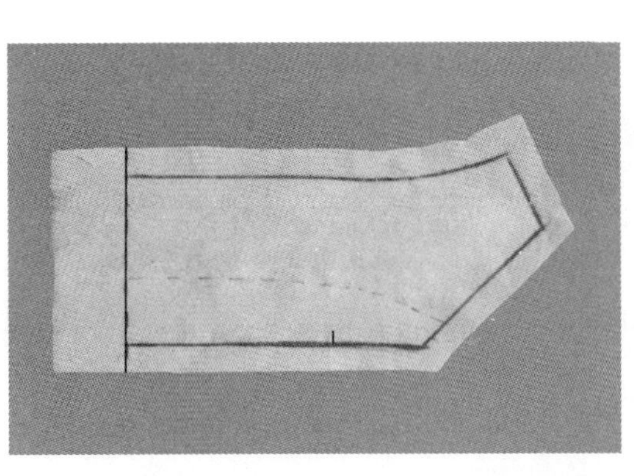

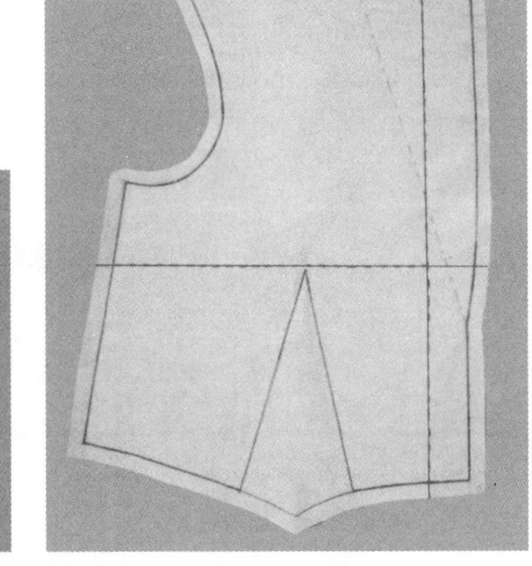

图 5-6-13　修板

6. 组装试穿

试穿效果如图 5-6-14 所示。

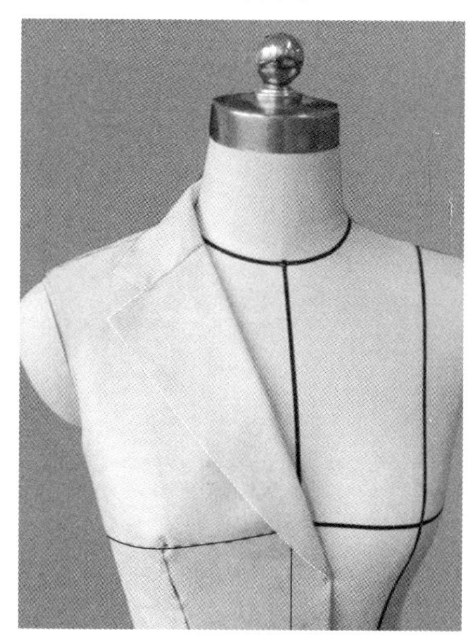

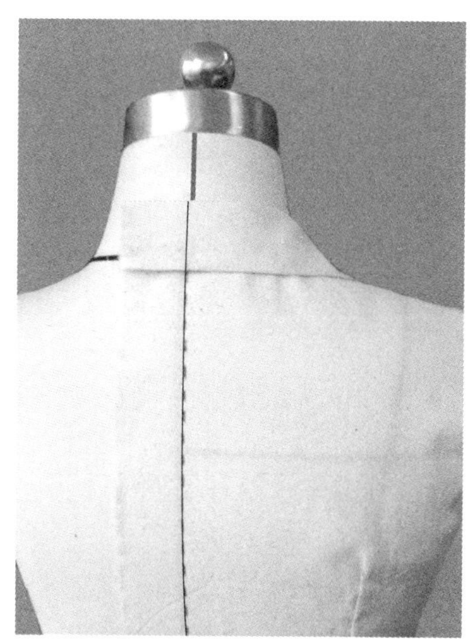

图 5-6-14　试穿效果

7. 下架拓板

样板描图如图 5-6-15 所示。

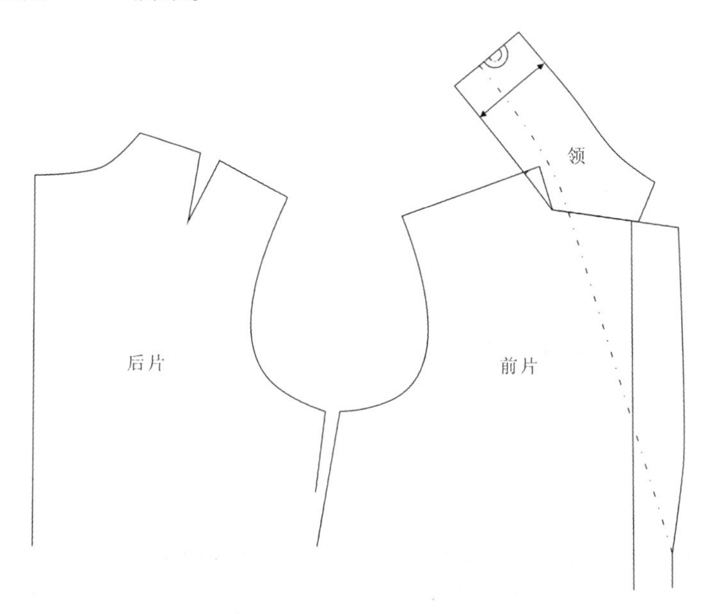

图 5-6-15　样板描图

5.6.2 青果领立体裁剪

1. 款式分析

有接缝型青果领，肩领贴合颈部，翻折线前端为直线，领深在胸围线下，领外口呈弧线，流畅、美观(图 5-6-16)。

图 5-6-16 款式插图

2. 坯布准备(图 5-6-17)

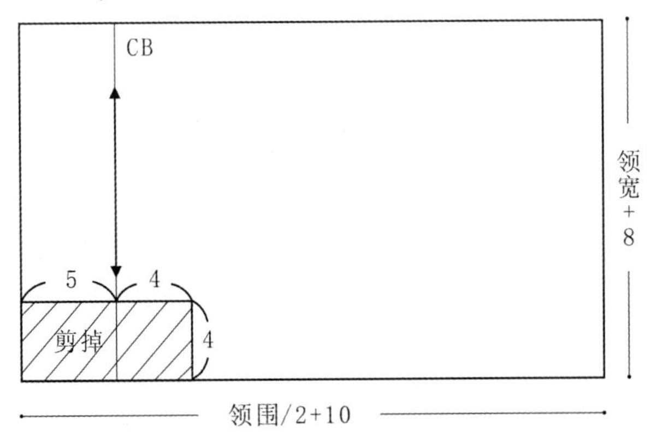

图 5-6-17 坯布准备(单位：cm)

3. 别样

(1) 收领口省：(前后衣身立体裁剪省略。)将袖窿部分余量转至领口处收取领口省，省的位置放在肩颈点处，省的方向约与翻折线平行，注意领翻倒后不会露出省道(图 5-6-18、图 5-6-19)。

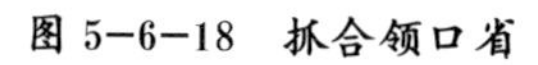
图 5-6-18 抓合领口省

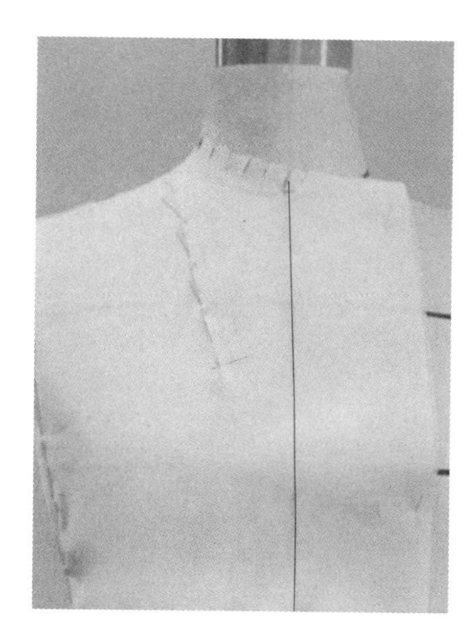
图 5-6-19 别合领口省

(2) 标记翻折线：用粘带直接在衣片上贴出翻折线位置(图 5-6-20)。

(3) 粗裁领片：将翻领用布后中心线与人台颈部后中心线重合，固定三点。确定后领高位置，翻折布料，翻折线与衣片翻折线流畅连接。注意观察，通过调整翻折位置控制领与颈部的贴合关系。按标记的翻折线位置翻倒驳领，与翻领重叠别合在一起(图 5-6-21 至图 5-6-23)。

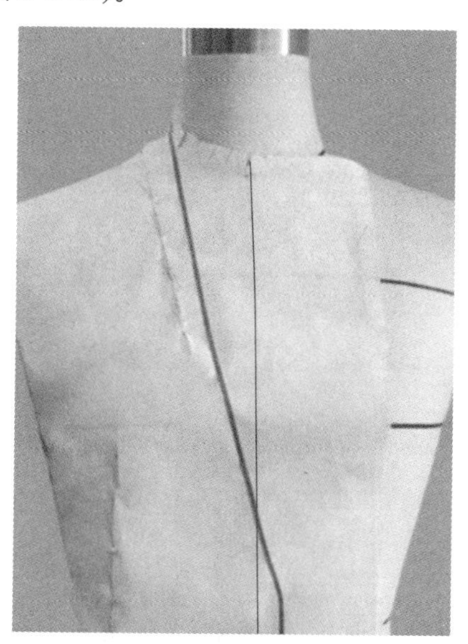
图 5-6-20 标记翻折线

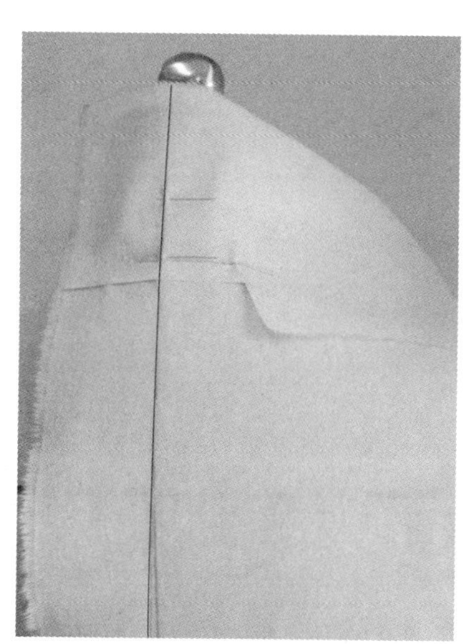
图 5-6-21 翻领披布

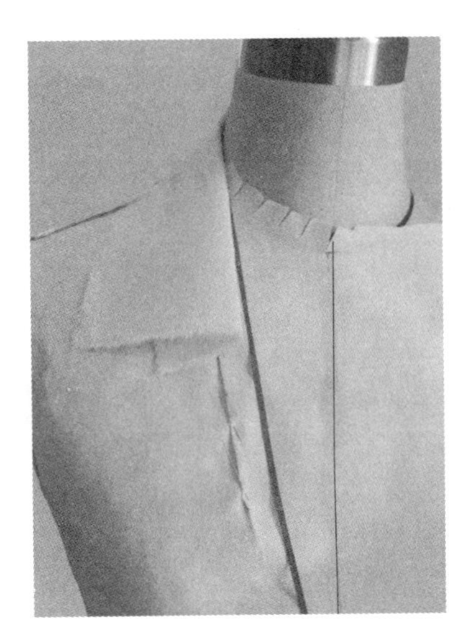

图 5-6-22 确定翻折线

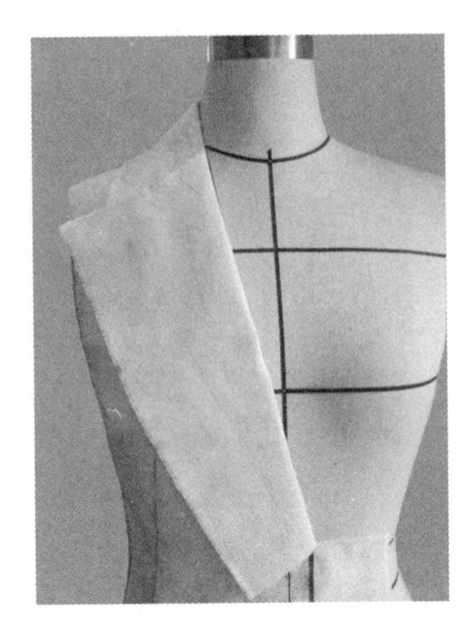

图 5-6-23 翻折驳领

(4) 标记青果领造型线：根据青果领造型特征，直接用粘带在领片上贴出造型线(图 5-6-24、图 5-6-25)。

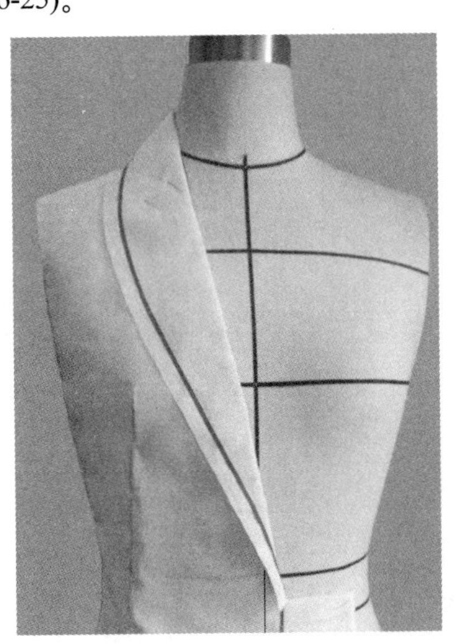

图 5-6-24 前造型线

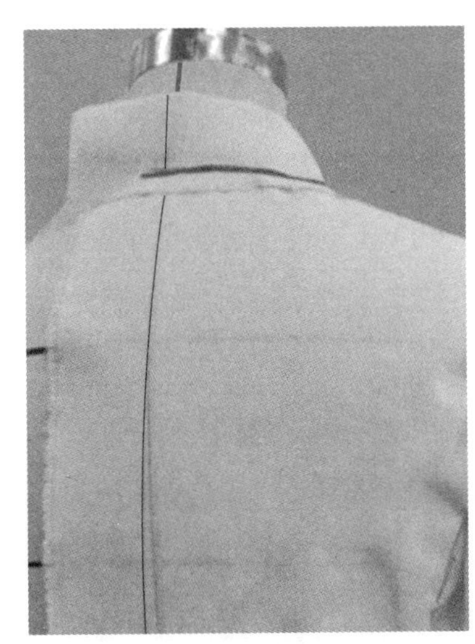

图 5-6-25 后造型线

4. 点影

按领部造型修剪余料，标记领底线和串口线，做肩部对位记号(图 5-6-26、图 5-6-27)。

5. 下架修板

平面展开衣片和领片，按点影位画顺线条，同时校对领底线尺寸与衣片领围线尺寸是否吻合(图 5-6-28)。

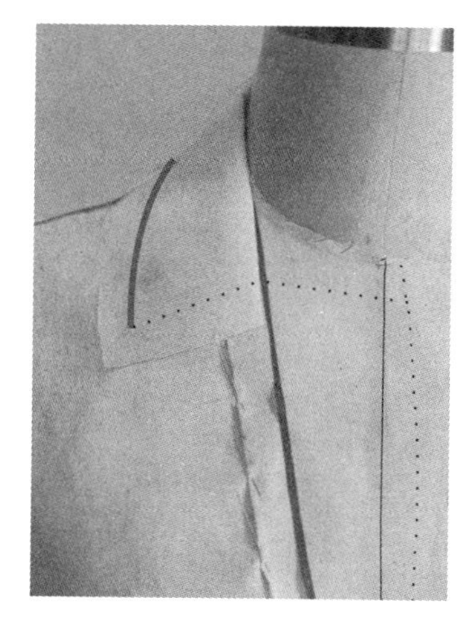

图 5-6-26 标记串口线

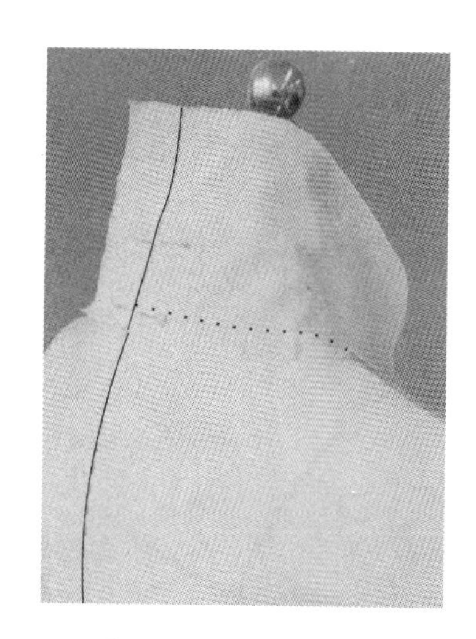

图 5-6-27 标记领底线

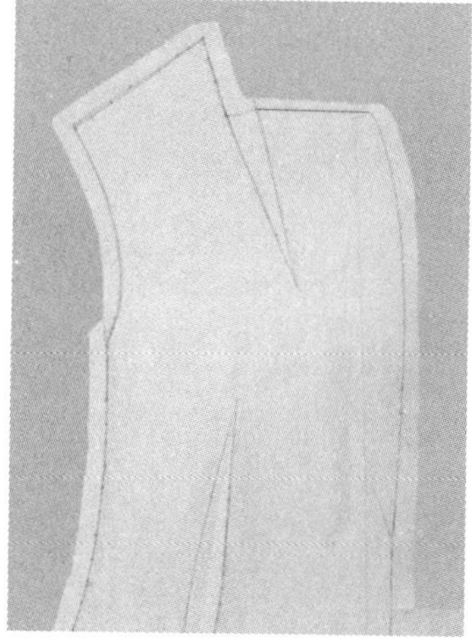

图 5-6-28 修板

6. 组装试穿

将领片归拔后裁剪成大小领，组装大小领后与衣身假缝试穿(图 5-6-29、图 5-6-30)。

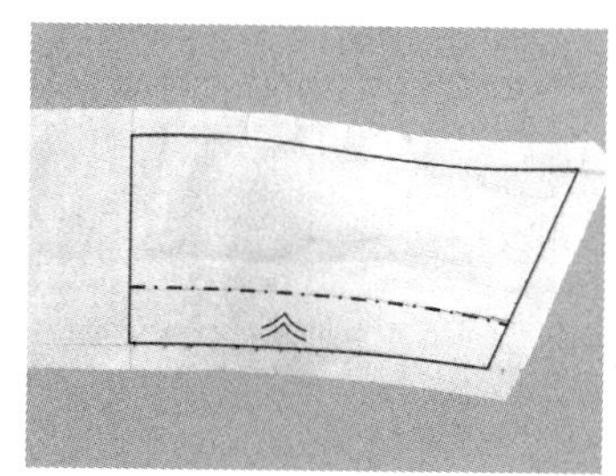

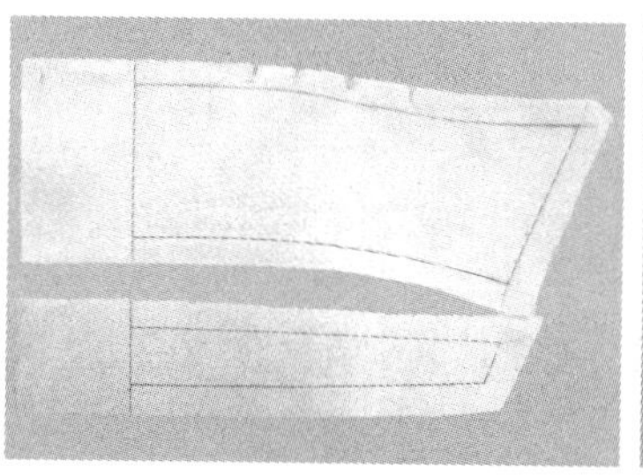

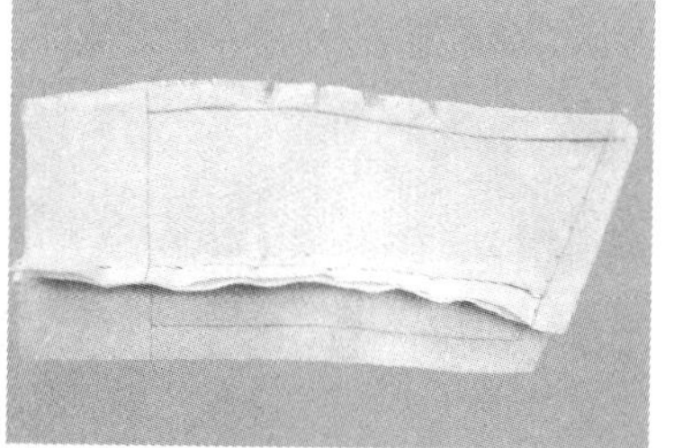

图 5-6-29 组装大小领

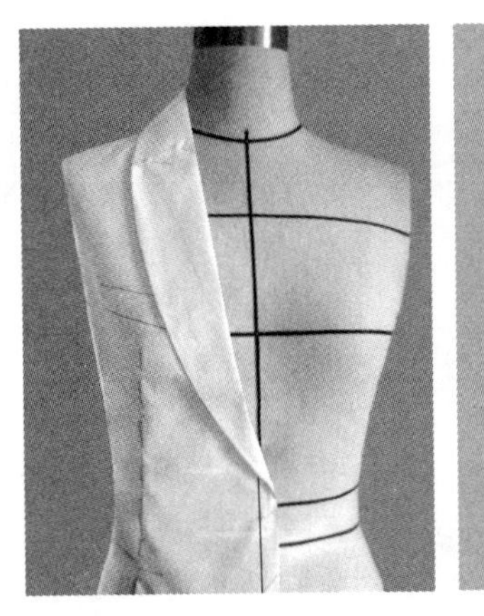
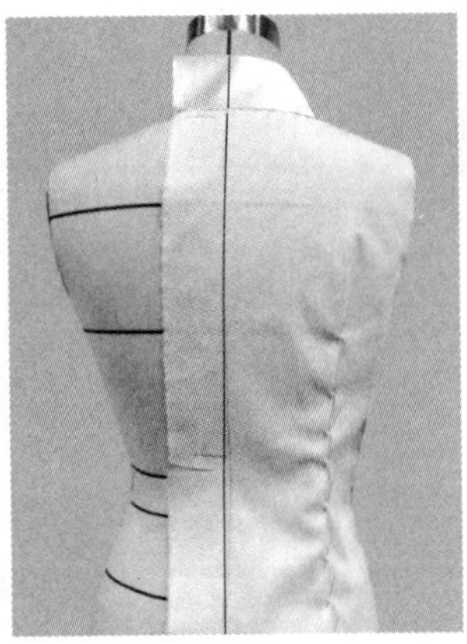

图 5-6-30 试穿效果

7. 下架拓板

样板描图如图 5-6-31 所示。

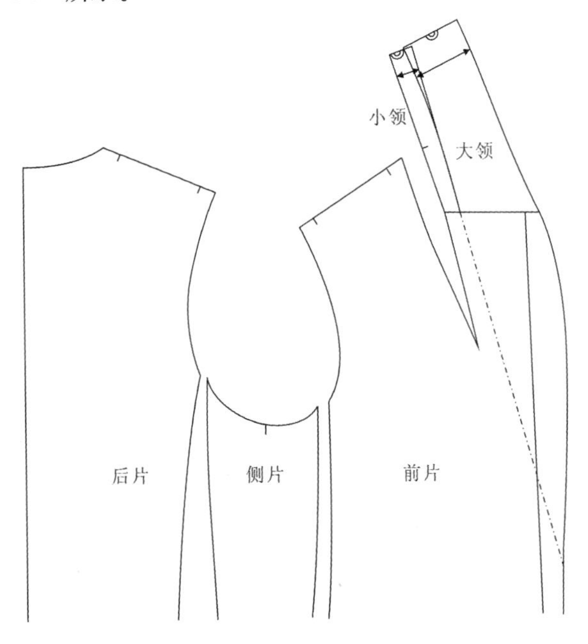

图 5-6-31 样板描图

5.7 垂褶领立体裁剪

1. 款式分析

此款垂褶领跨越整个胸部，前片由完整的一个裁片组成，领口形似水波，带有强烈动感。垂褶是由肩部不打折褶形成的，给人随意感(图 5-7-1)。

2. 坯布准备(图 5-7-2)

图 5-7-1　款式插图

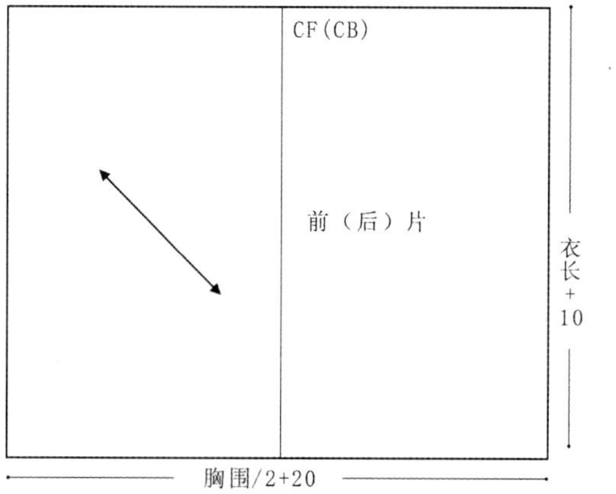

CF(CB)

前（后）片

衣长+10

胸围/2+20

图 5-7-2　坯布准备(单位：cm)

3. 别样

(1) 标记造型线：根据效果图，在人台上用粘带贴出腰围线和后衣片领窝线，本款前领窝为垂褶，在制作时根据款式再将前领口确定下来(图 5-7-3、图 5-7-4)。

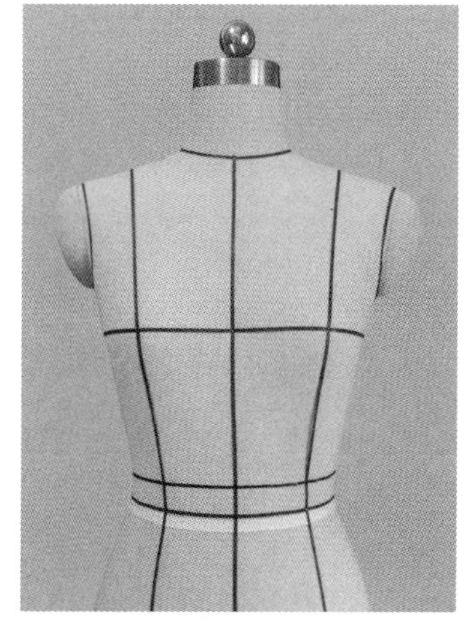

图 5-7-3　前身标记线

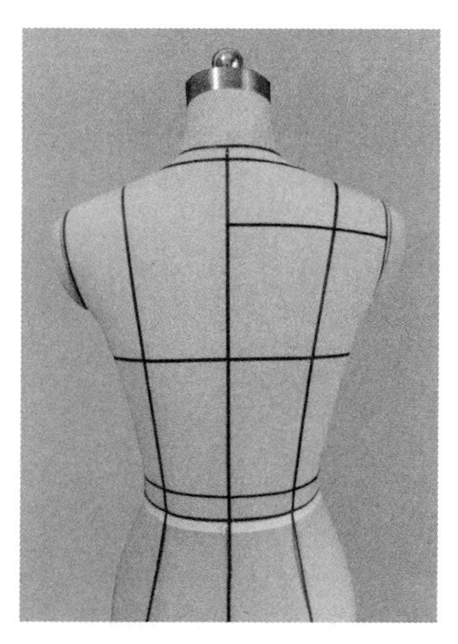

图 5-7-4　后身标记线

(2) 扣烫领口贴边：将前衣片领口扣烫 4cm 贴边，由于领口是斜纱缕，扣烫时注意不要将领口拉长(图 5-7-5)。

(3) 前身披布：将布料的前中心线对准人台的前中心线，在前中心线上，上下各固定一点，保证坯布与人台标志线重合，在肩部用大头针将布料临时固定(图 5-7-6)。

图 5-7-5 扣烫领口贴边

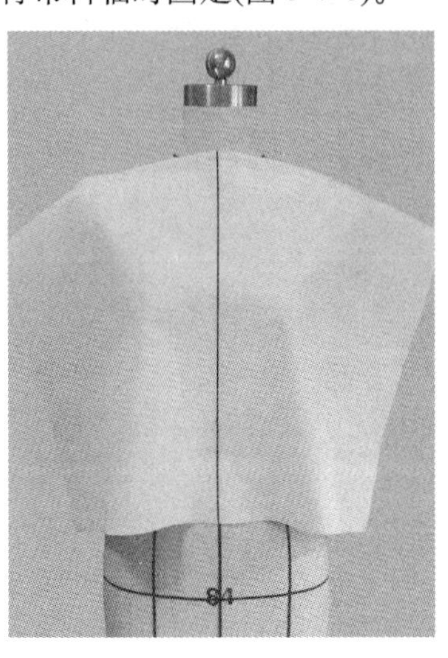

图 5-7-6 前身披布

(4) 固定垂褶：将固定肩部的大头针取下，在领口的两侧肩缝处将领口拉出，堆积后形成垂褶，做完第一层垂褶后再做第二层垂褶。根据需要确定褶的深度及褶与褶之间的宽度(图 5-7-7、图 5-7-8)。注意纱向顺直，布料的前中心线要与人台的前中心线重合。

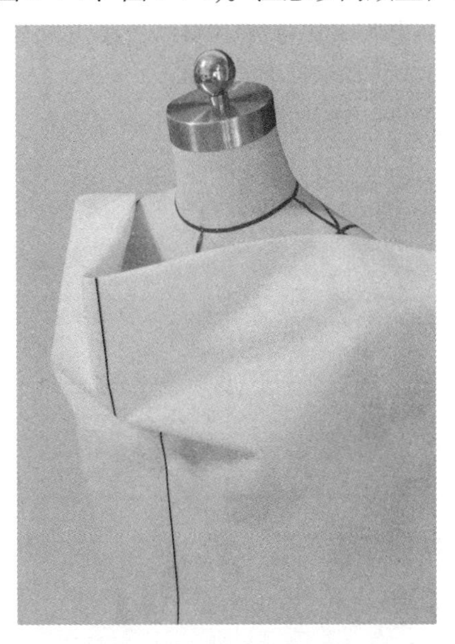

图 5-7-7 拉出领口褶量

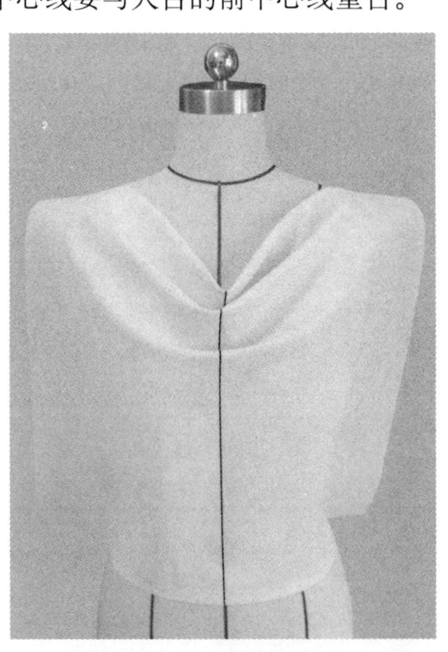

图 5-7-8 固定垂褶

(5) 粗裁侧缝及袖笼：用大头针固定整理好垂褶的肩部，将袖笼处和腰部余料打剪口后，抚平布料使其贴合人台。用大头针将侧缝处固定，剪掉余料(图 5-7-9、图 5-7-10)。注意胸部和腰部留出活动松量，左身同右身方法操作。

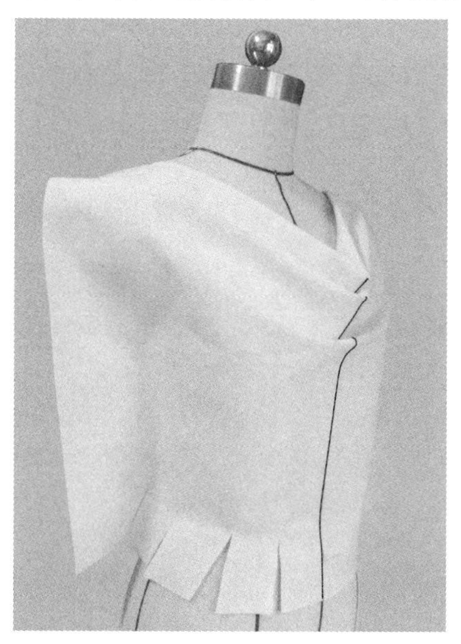

图 5-7-9　固定右身侧缝及肩缝

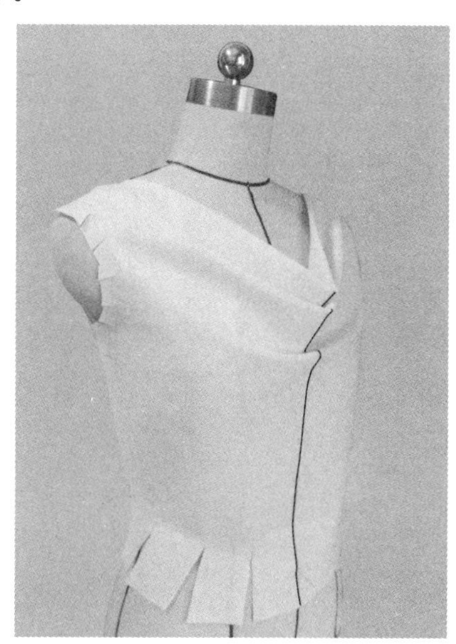

图 5-7-10　粗裁侧缝及袖笼

(6) 后衣片披布：将布料的后中心线对准人台的后中心线，大头针固定(图 5-7-11)。

(7) 后中心线打剪口：为使后领口平服，将后中线上端剪刀口，注意不能剪过领口净线(图 5-7-12)。

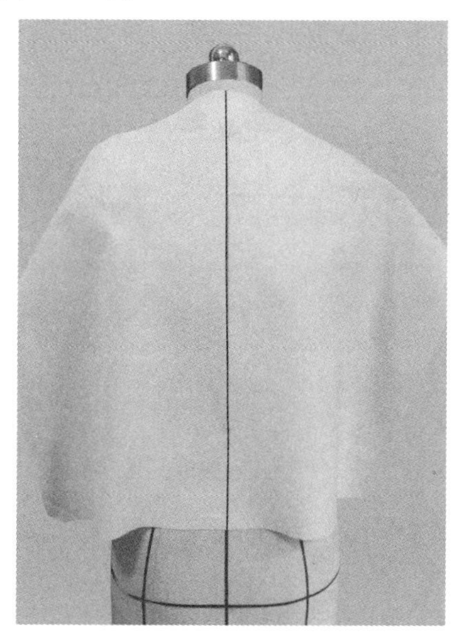

图 5-7-11　后身披布

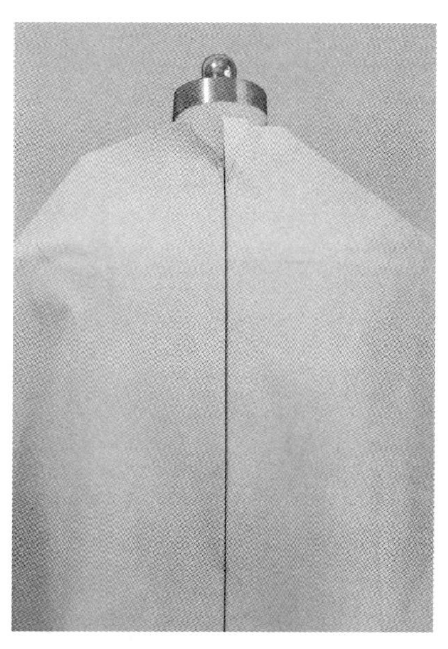

图 5-7-12　后中心线打剪口

(8) 固定肩缝：将布料从领口向肩部抚平，用大头针固定肩缝，并将领口多余量修剪掉(图 5-7-13)。

(9) 粗裁侧缝及袖笼：袖笼处余料打剪口后抚平布料贴合人台，用大头针固定腋下一点，从腋下抚平布料至腰部固定侧缝。腰部余料为省量，左身同右身方法操作(图 5-7-14)。

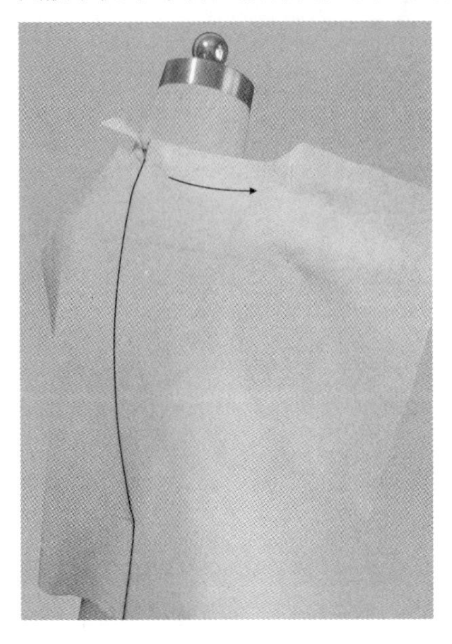

图 5-7-13 固定肩缝

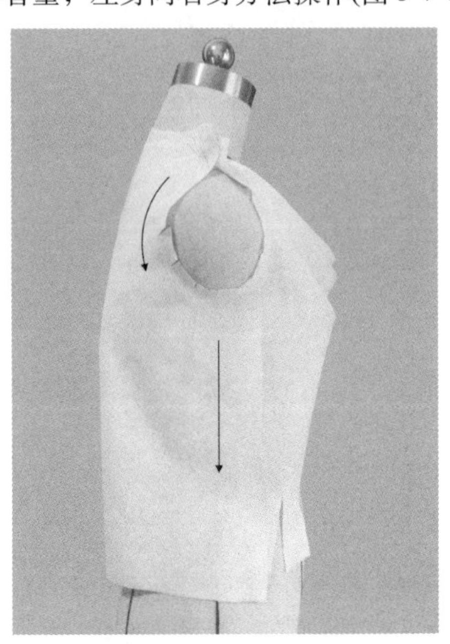

图 5-7-14 粗裁侧缝及袖笼

(10) 捏合腰省：将腰部余料捏合腰省，左右身同样操作(图 5-7-15)。

(11) 别合前后身：将前后身衣片肩缝和侧缝用大头针别合(图 5-7-16)。

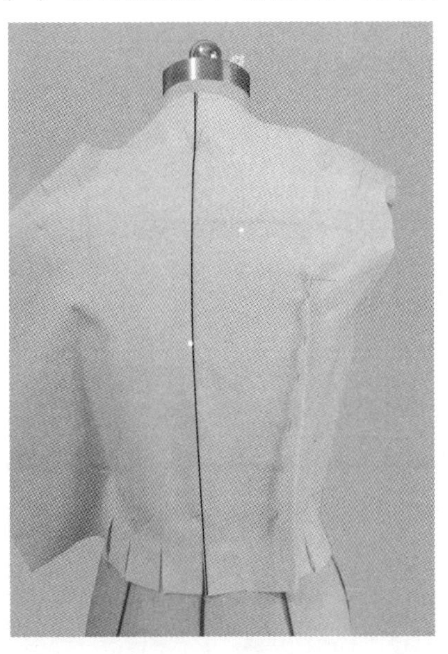

图 5-7-15 捏合腰省

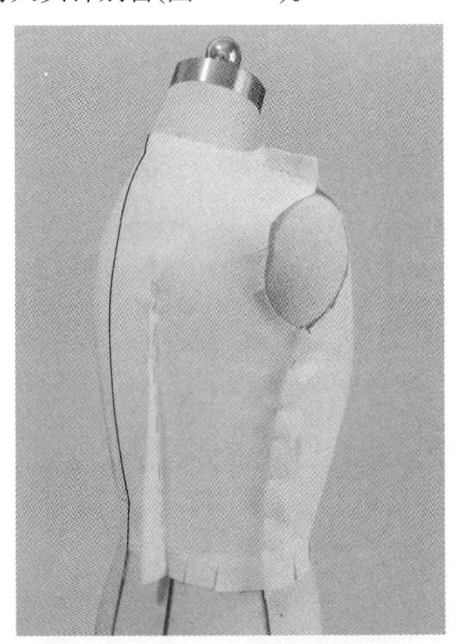

图 5-7-16 别合前后身

4. 点影

将衣片上的肩缝、袖窿弧线、侧缝线、腰节线点影标记(图 5-7-17)。

5. 修板

平面展开前后衣片，按点影位画顺线条，同时校对前后片肩线、侧缝线尺寸是否吻合，袖窿弧线是否圆顺(图 5-7-18)。

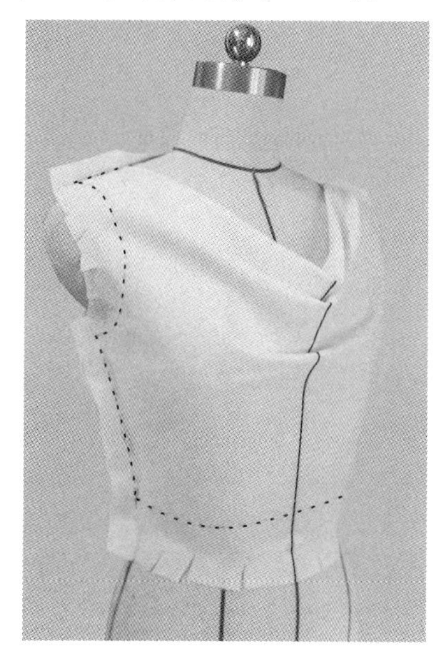

图 5-7-17 点影

图 5-7-18 修板

6. 组装试穿(图 5-7-19)

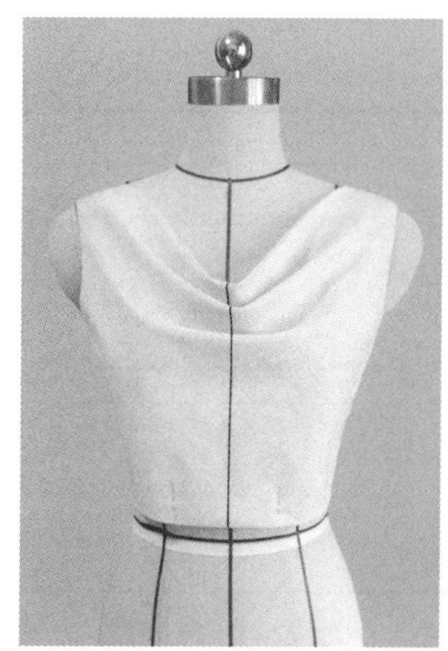

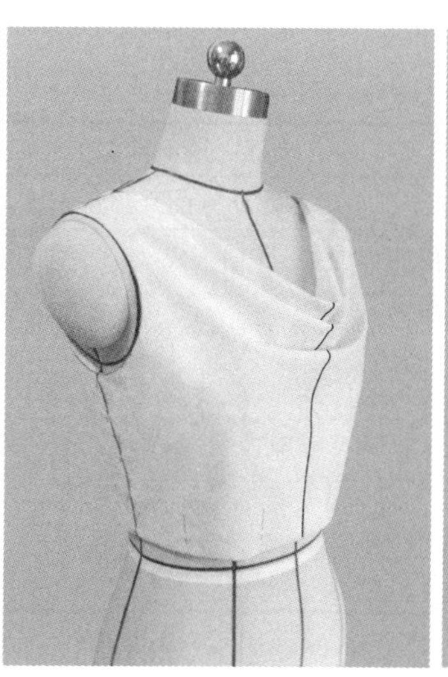

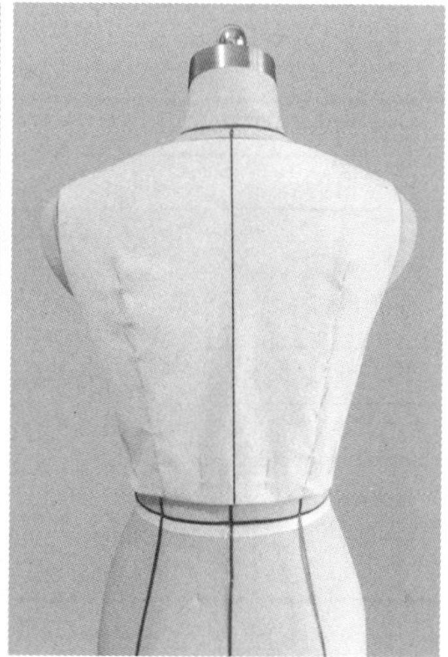

图 5-7-19 试穿效果

7. 下架拓板

样板描图如图 5-7-20 所示。

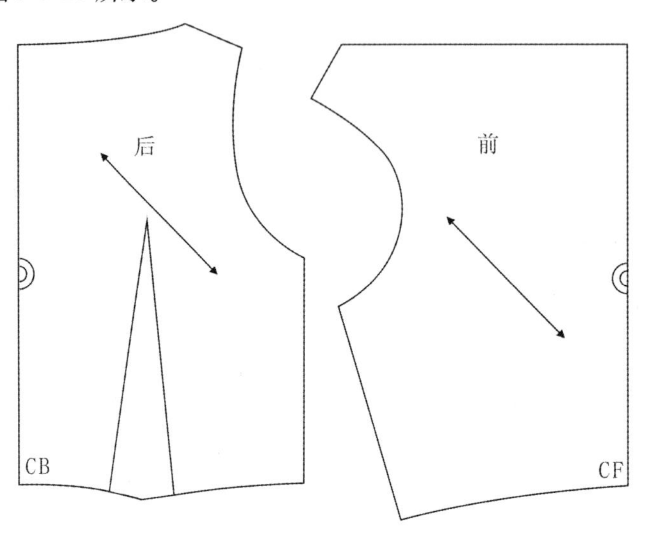

图 5-7-20 样板描图

习　　题

课后思考

比较立体裁剪方法得到的衣领板型与平面裁剪法得到的衣领板型之间的差别。

课后练习 1

训练内容	立领的立体裁剪(直角立领、钝角立领、锐角立领)
训练目的	了解领子的构成原理，正确掌握立领的立体裁剪操作方法和步骤
操作提示	① 用布要熨烫平整，丝缕方向横平竖直 ② 注意领子领底弧线的变化 ③ 注意领子与颈部的空间关系 ④ 注意领片丝缕方向的控制
作业评价	① 对立领造型的认识是否准确 ② 对领子与颈部的空间关系把握是否合理 ③ 对丝缕方向的控制是否正确 ④ 作业整体效果是否整洁、美观

课后练习 2

训练内容	原身出领的立体裁剪
训练目的	了解原身出领的造型特征，正确掌握原身出领的立体裁剪操作方法和步骤。
操作提示	① 用布要熨烫平整，丝缕方向横平竖直 ② 注意领口省的布置和形态 ③ 注意前后身领片的连接 ④ 注意领子与颈部的空间关系 ⑤ 注意领片丝缕方向的控制
作业评价	① 对原身出领造型的认识是否准确 ② 对领子与颈部的空间关系把握是否合理 ③ 对领口省的处理是否美观 ④ 对丝缕方向的控制是否正确 ⑤ 作业整体效果是否整洁、美观

课后练习 3

训练内容	企领的立体裁剪(任选一款企领进行操作)
训练目的	了解企领的造型特征，正确掌握企领的立体裁剪操作方法和步骤
操作提示	① 用布要熨烫平整，丝缕方向横平竖直 ② 注意企领的造型特征 ③ 注意领底弧线的变化 ④ 注意领子与颈部的空间关系 ⑤ 注意领片丝缕方向的控制
作业评价	① 对企领造型的认识是否准确 ② 对领子与颈部的空间关系把握是否合理 ③ 对丝缕方向的控制是否正确 ④ 作业整体效果是否整洁、美观

课后练习 4

训练内容	扁领的立体裁剪(任选一款企领进行操作)
训练目的	了解扁领的造型特征，正确掌握扁领的立体裁剪操作方法和步骤
操作提示	① 用布要熨烫平整，丝缕方向横平竖直 ② 注意扁领的造型特征 ③ 注意领底弧线的变化 ④ 注意领子与颈部的空间关系 ⑤ 注意领片丝缕方向的控制
作业评价	① 对扁领造型的认识是否准确 ② 对领子与颈部的空间关系把握是否合理 ③ 对丝缕方向的控制是否正确 ④ 作业整体效果是否整洁、美观

课后练习 5

训练内容	翻领的立体裁剪(任选一款翻领进行操作)
训练目的	了解翻领的造型特征，正确掌握翻领的立体裁剪操作方法和步骤
操作提示	① 用布要熨烫平整，丝缕方向横平竖直 ② 注意翻领的造型特征 ③ 注意领底弧线的变化 ④ 注意领子与颈部的空间关系 ⑤ 注意领片丝缕方向的控制
作业评价	① 对翻领造型的认识是否准确 ② 对领子与颈部的空间关系把握是否合理 ③ 对丝缕方向的控制是否正确 ④ 作业整体效果是否整洁、美观

第6章 袖子立体裁剪

【学习目标】

1. 理解袖子的构成原理。
2. 掌握一片袖的立体裁剪操作方法和技术要点。
3. 掌握两片袖的立体裁剪操作方法和技术要点。
4. 掌握花式袖的立体裁剪操作方法和技术要点。

【本章引言】

袖子是服装包裹手臂的部分，其形态也直接影响服装的款式风格。袖子的结构按与衣身的组合方式可分为圆装袖、连袖、插肩袖等。而圆装袖又有一片袖和二片袖之分，是使用范围最广泛的基础袖型。一般来讲，袖山、袖肥与衣身松量相互关联。袖山高，袖肥就窄，衣身的松量就小。反之，袖山低，袖肥就大，衣身的松量就多。

6.1 一片袖立体裁剪

1. 款式分析

基本型袖款式，为一片袖片，袖身垂直地面无方向性。

2. 坯布准备

参考弧线 A、B 的值分别为衣身上后宽点、前宽点至腋下点的尺寸。距弧线 A、B 2cm 预留布料，并裁剪余料(图 6-1-1、图 6-1-2)。

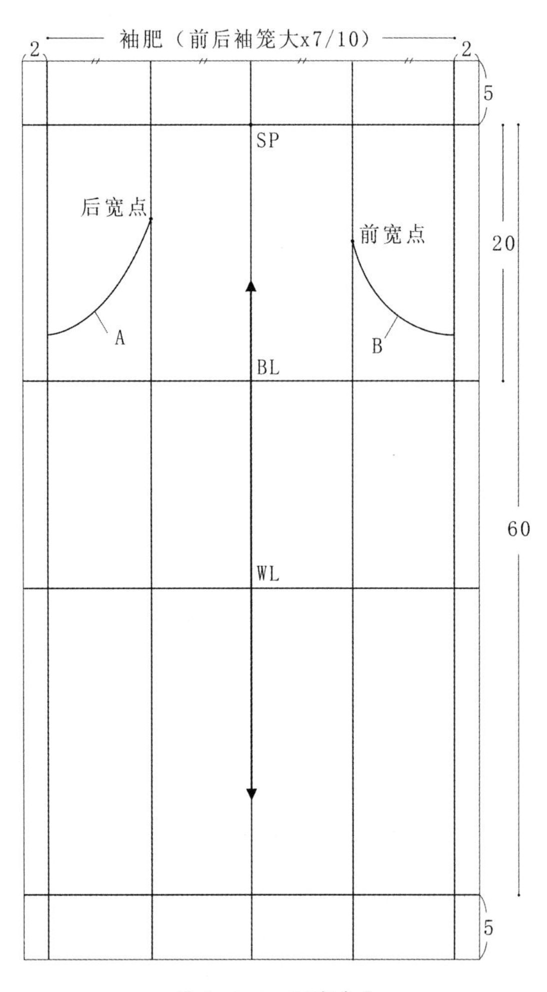

图 6-1-1　坯布准备

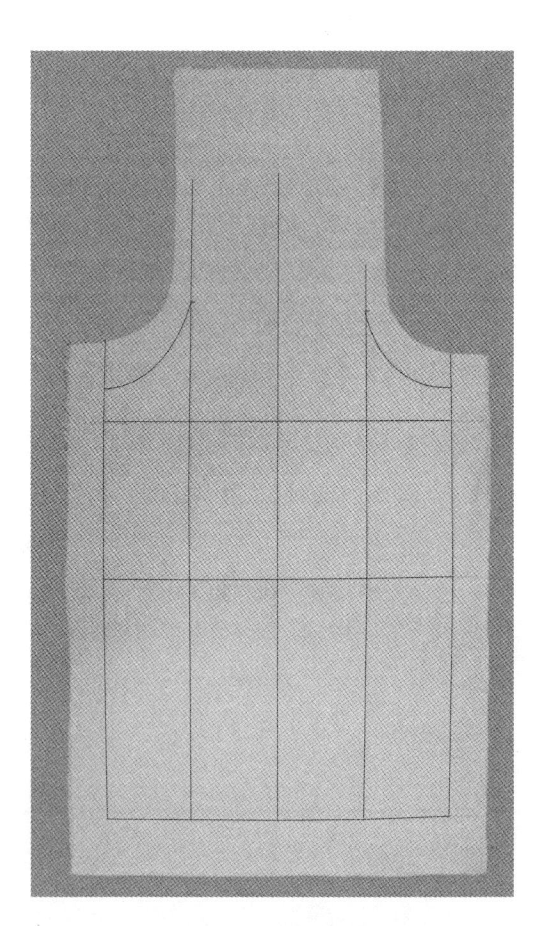

图 6-1-2　裁剪余料

3. 别样

(1) 别合袖缝线：折叠后袖缝份压前袖，大头针固定(图 6-1-3)。

(2) 固定胸围线：将袖片胸围线与人台衣片胸围线重合，袖缝线与侧缝线重合，大头针固定(图 6-1-4)。

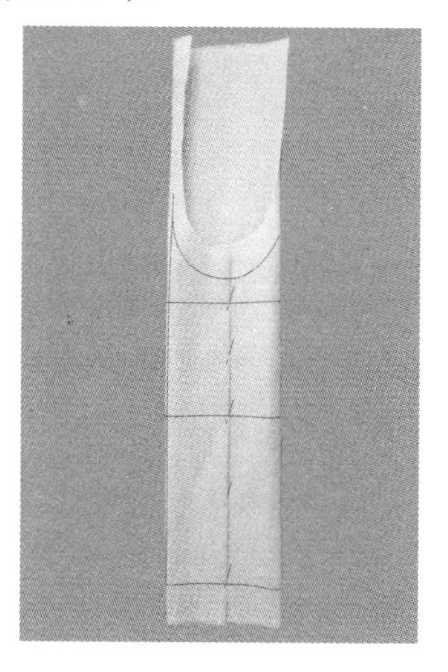

图 6-1-3　别合袖缝线

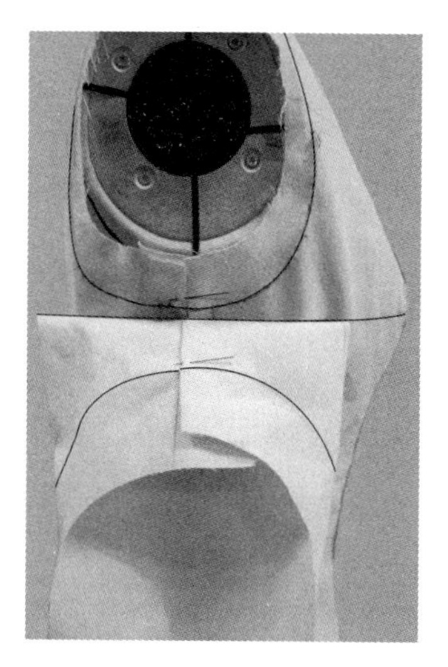

图 6-1-4　固定胸围线

(3) 固定 SP 点：用大头针固定袖片胸围线、腰围线与衣片胸围线、腰围线重合，保持袖中线垂直地面。将袖片上 SP 点与衣片 SP 点重合固定(图 6-1-5)。

(4) 别合袖山：袖片上前宽点、后宽点与衣片上对应点重合固定，大头针别合袖山(图 6-1-6)。注意边做边调整，保持袖山吃势均匀、饱满。

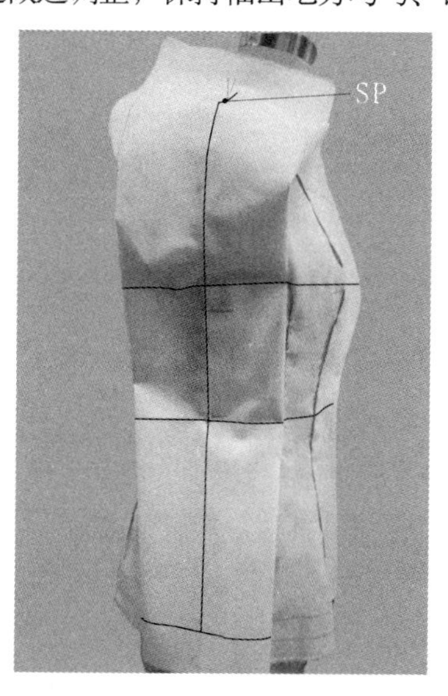

图 6-1-5　固定袖片

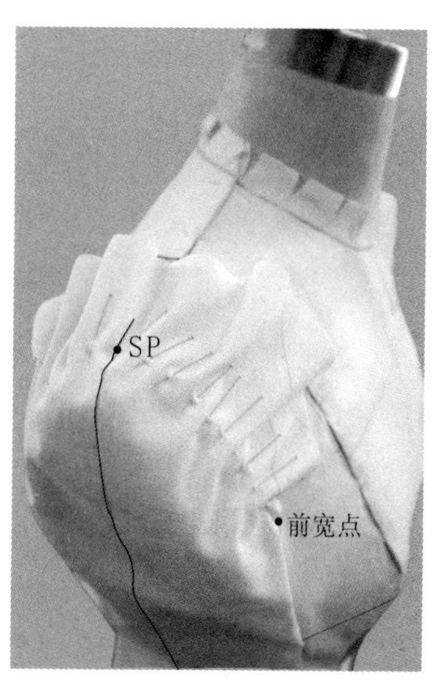

图 6-1-6　别合袖山

(5) 别合袖山弧线下端：沿袖中线和胸围线将袖片十字剪开，在袖片内侧别合袖山弧线(图 6-1-7、图 6-1-8)。

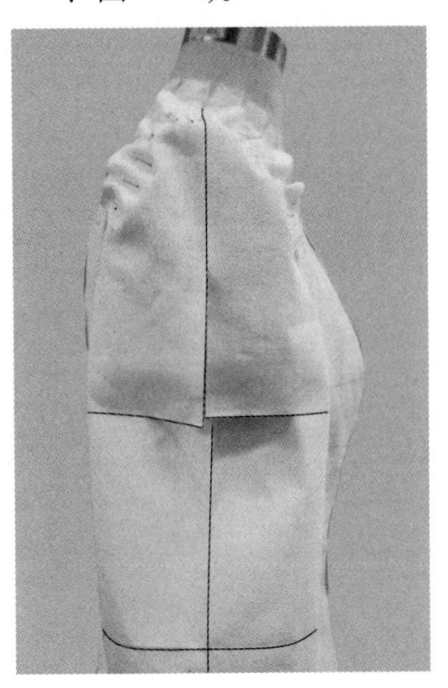

图 6-1-7　剪开袖片

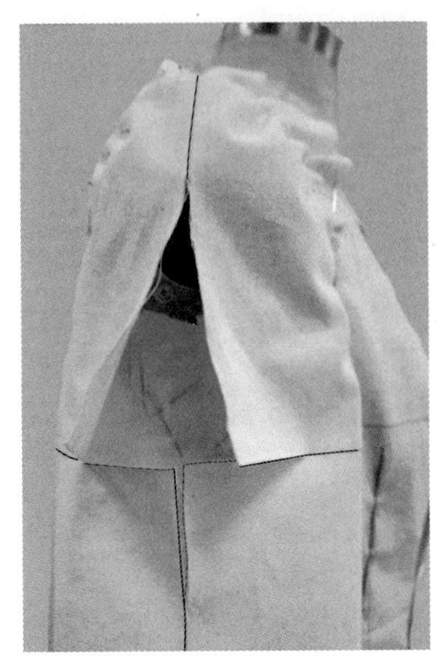

图 6-1-8　内侧别合袖山弧线

4. 一次点影及下架修板(图 6-1-9)

将袖片按大头针别合位置点影标记。下架，平面展开袖片，按点影位画顺袖山弧线，同时校对前后袖缝线尺寸是否一致，袖山弧线接合处是否圆顺。

5. 一次试穿

装入布手臂，组装袖片试穿，调整袖山弧线(图 6-1-10)。

图 6-1-9　一次修板

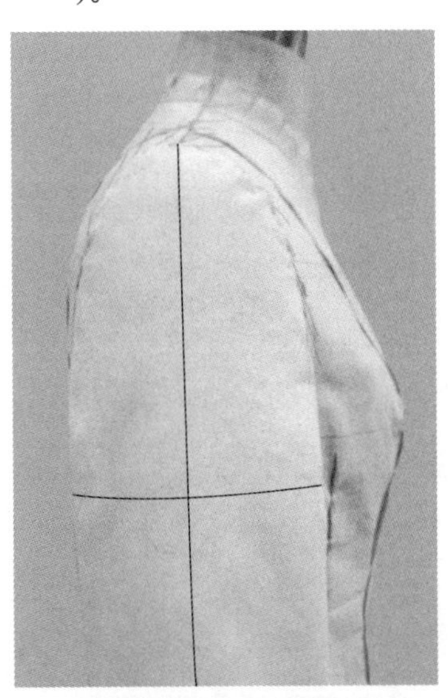

图 6-1-10　一次试穿

6. 二次点影及下架修板(图 6-1-11、图 6-1-12)

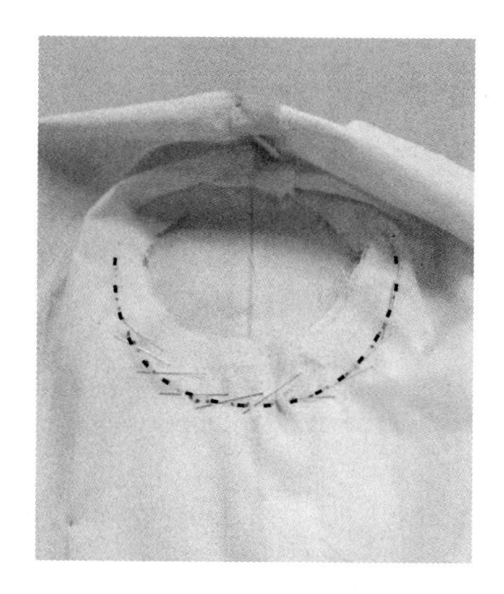

图 6-1-11 二次点影

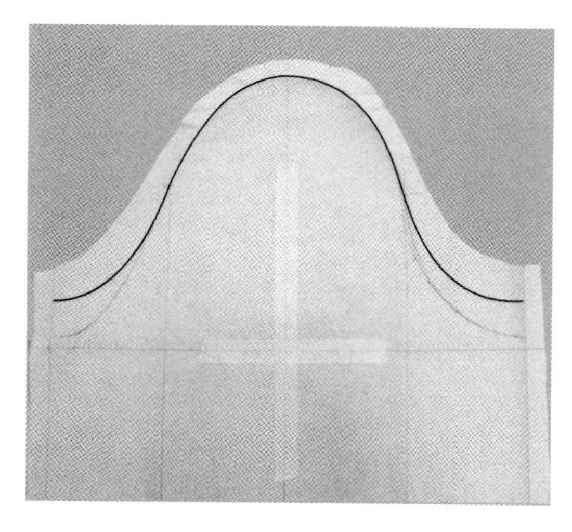

图 6-1-12 二次修板

7. 二次试穿

试穿效果如图 6-1-13 所示。

8. 下架拓板

样板描图如图 6-1-14 所示。

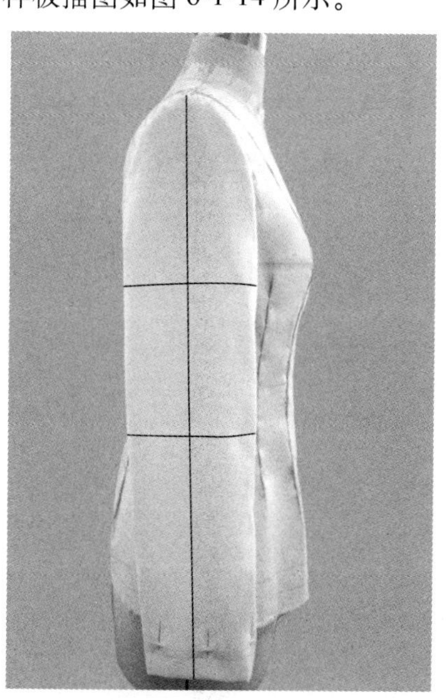

图 6-1-13 二次试穿

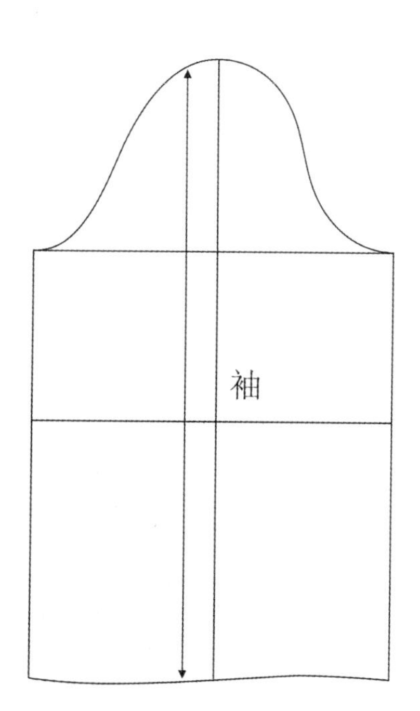

图 6-1-14 样板描图

6.2 两片袖立体裁剪

1. 款式分析

袖身合体，前、后作大、小袖两片分割，具有明显的方向性，与小臂微向前倾形态吻合。

2. 坯布准备

在原型一片袖基础上做两片袖立体裁剪。

3. 别样

(1) 收取松量：用大头针分别从袖片前后 1/4 垂直线处收取 1.5～2cm 的松量，前侧可别至胸围线上，后侧可别至腰围线上 5cm 左右。下架点影(图 6-2-1、图 6-2-2)。

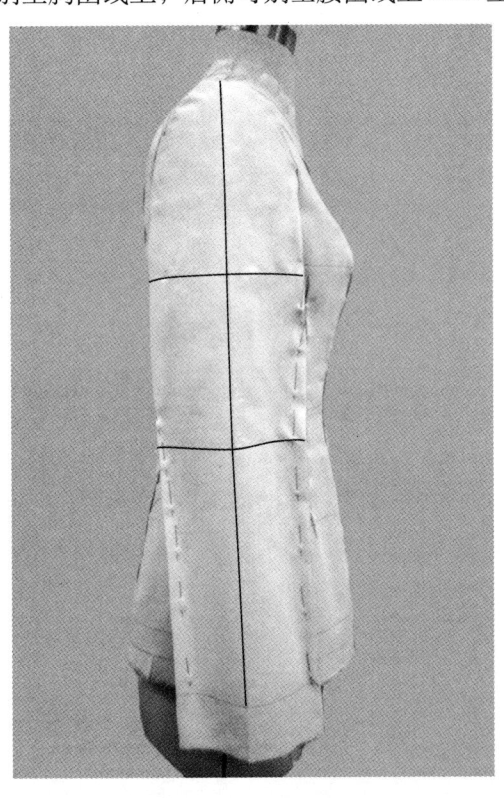

图 6-2-1　收取松量

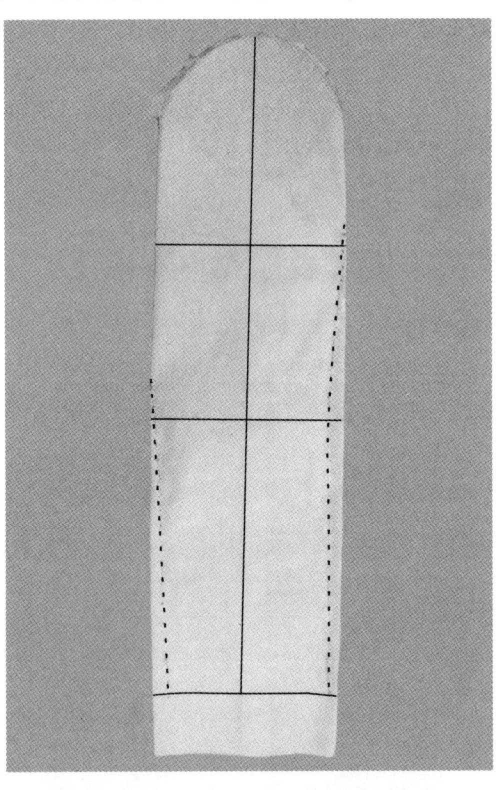

图 6-2-2　点影

(2) 修顺袖缝线：平面展开袖片，修顺袖缝线，大袖向前借位 2～2.5cm，向后借位 0.5～1cm，胸围线上补齐收取的差量(图 6-2-3、图 6-2-4)。

图 6-2-3 修顺袖缝线

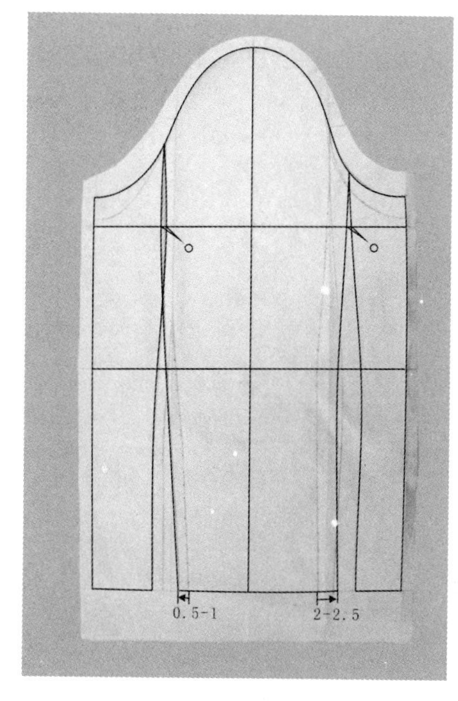

图 6-2-4 大袖借位

(3) 别合大小袖片(图 6-2-5、图 6-2-6)：用坯布重新拷板裁剪大小袖，别合袖缝线。

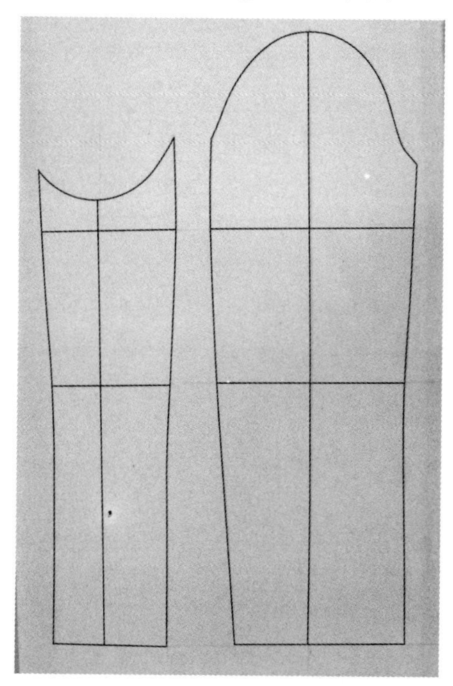

图 6-2-5 裁剪大小袖

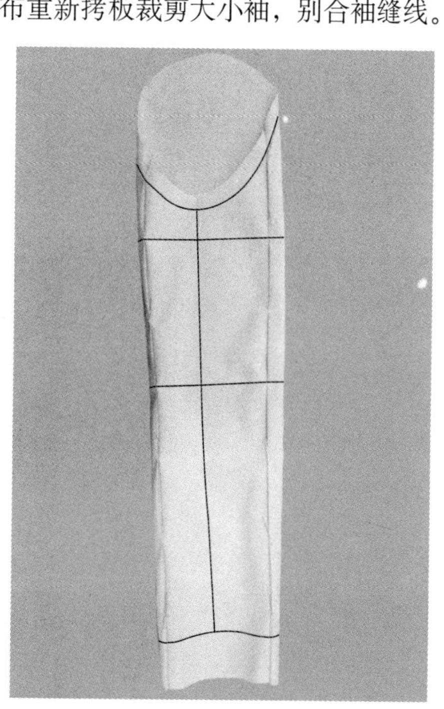

图 6-2-6 别合袖缝线

(4) 收取肘省

在大袖内侧收取肘位省，可以修正腰围线的高度。通过剪开腰围线合并省量，使大小袖呈现小臂前倾状态。注意大袖省量不超过 1cm，小袖省量不超过 0.5cm(图 6-2-7、图 6-2-8)。

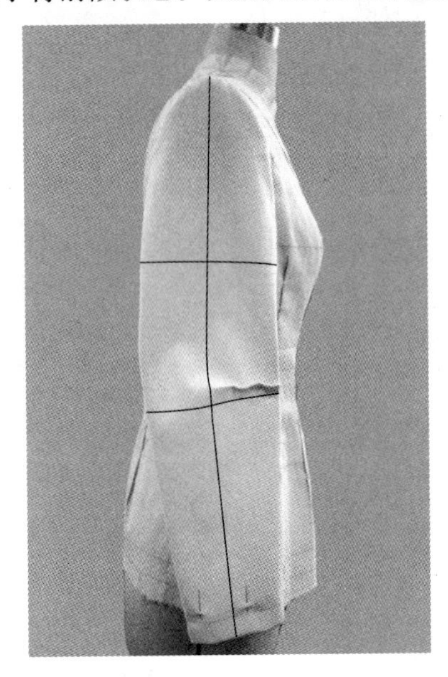

图 6-2-7　收取肘省

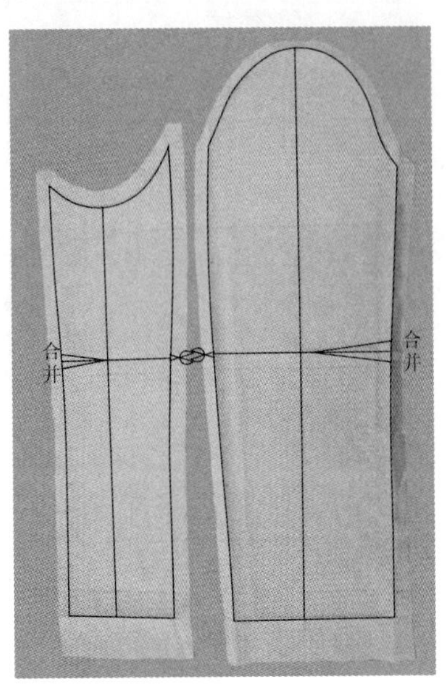

图 6-2-8　合并省量

4. 修板拓板

用坯布重新拓板大小袖片，待组装(图 6-2-9、图 6-2-10)。

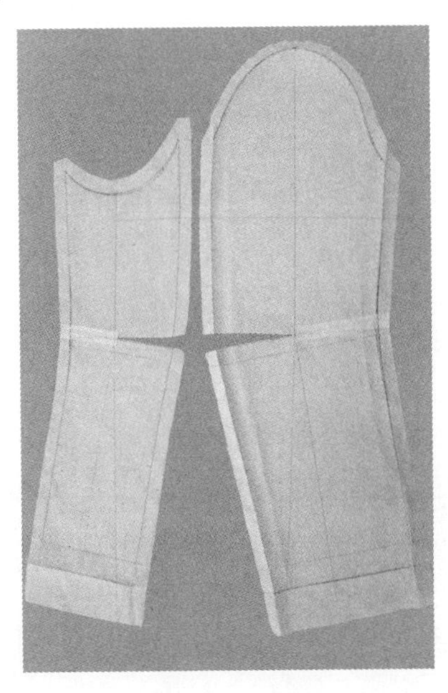

图 6-2-9　修板

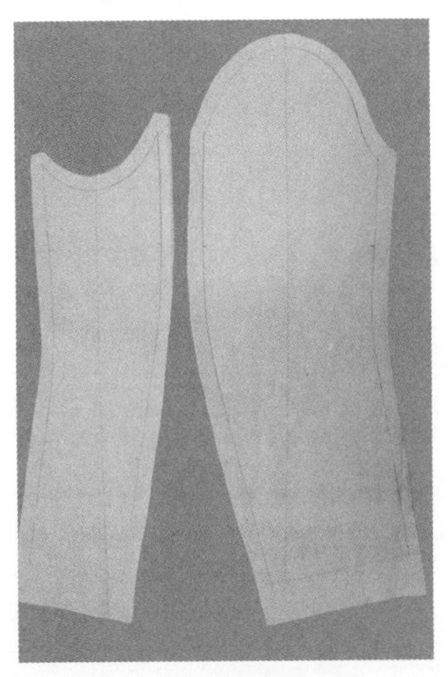

图 6-2-10　拓板大小袖片

5. 组装试穿

试穿效果如图 6-2-11 所示。

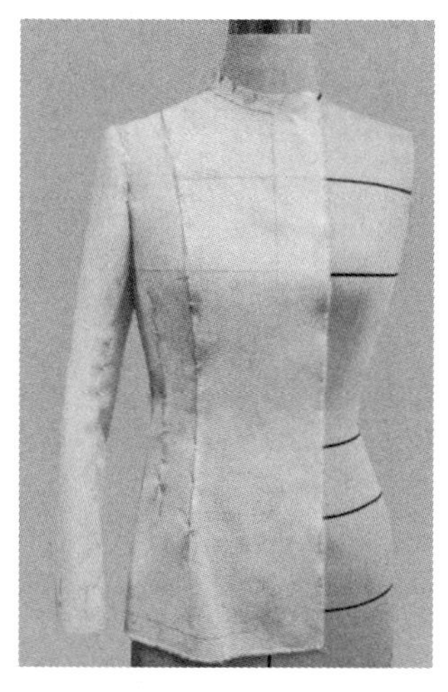
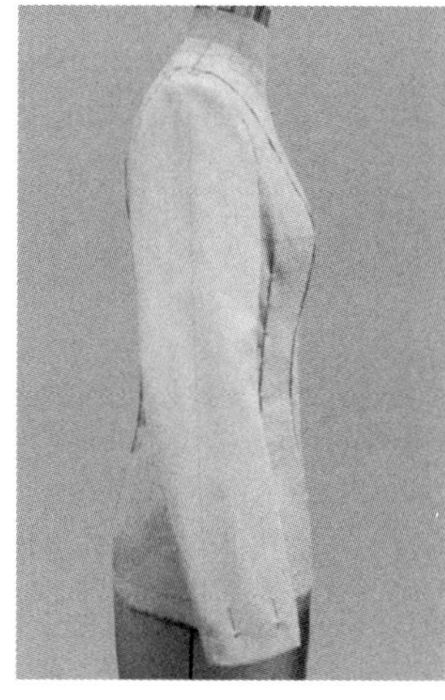
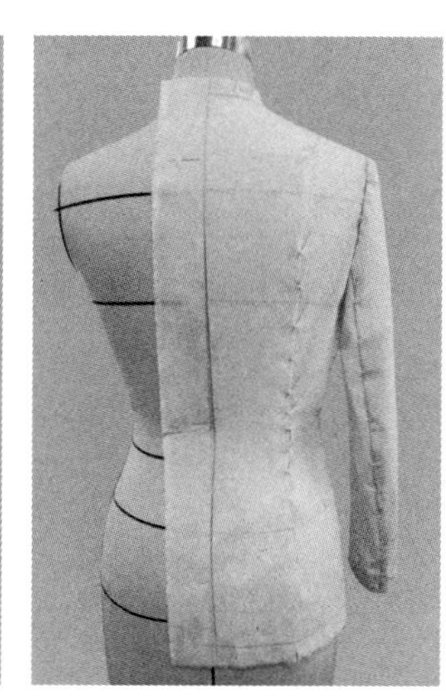

图 6-2-11　试穿效果

6. 拓板描图

样板描图如图 6-2-12 所示。

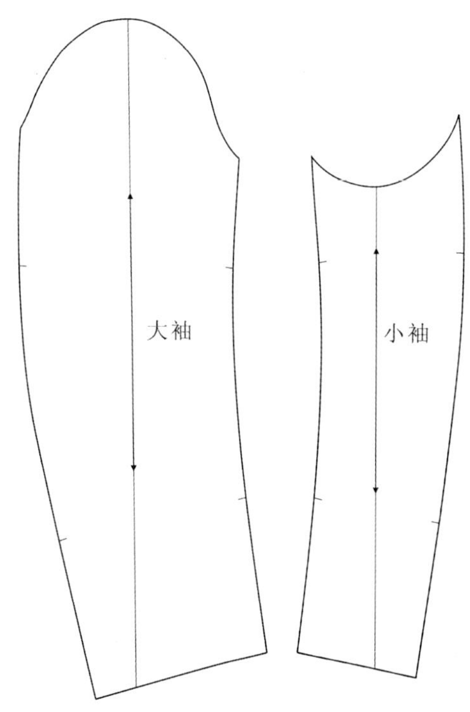

图 6-2-12　样板描图

6.3 波浪袖立体裁剪

1. 款式分析

短袖，袖形上窄下宽，袖形自然悬垂呈波浪状(图 6-3-1)。

2. 坯布准备(图 6-3-2)

图 6-3-1 款式插图

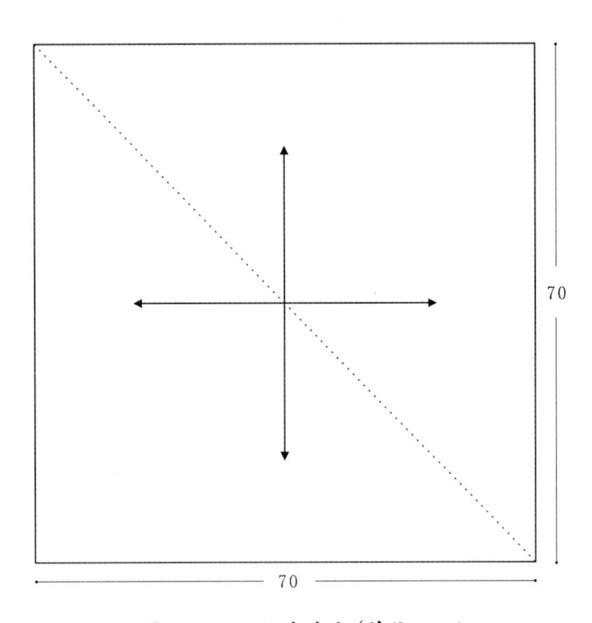

图 6-3-2 坯布准备(单位：cm)

3. 别样

(1) 标记袖窿弧线：此款袖型的肩部和袖窿弧线为正常位置的袖窿弧线(图 6-3-3)。

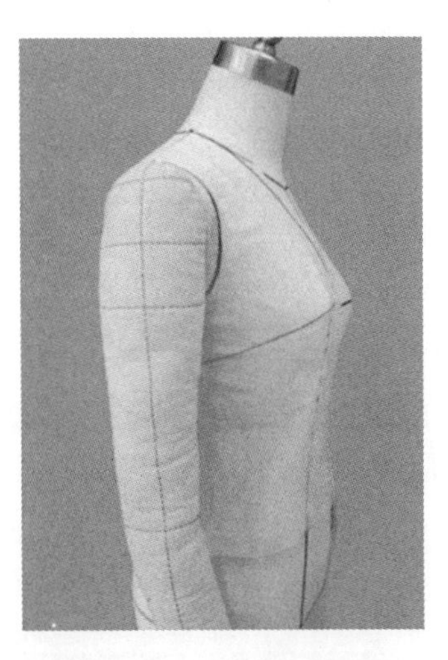

图 6-3-3 标记袖窿弧线

(2) 袖片披布：将袖片布覆盖于肩部，袖中线上端与肩线对齐，下端与上臂倾斜度相符合，用大头针固定(图 6-3-4)。

(3) 整理袖身波浪：以袖中线为参照线，在前后袖片上分别整理出纵向波浪并暂时固定(图 6-3-5)。

(4) 粗裁袖山：在前宽点至后宽点之间的袖山处余料剪掉，注意留 1.5cm 缝份(图 6-3-6)。

图 6-3-4 披布

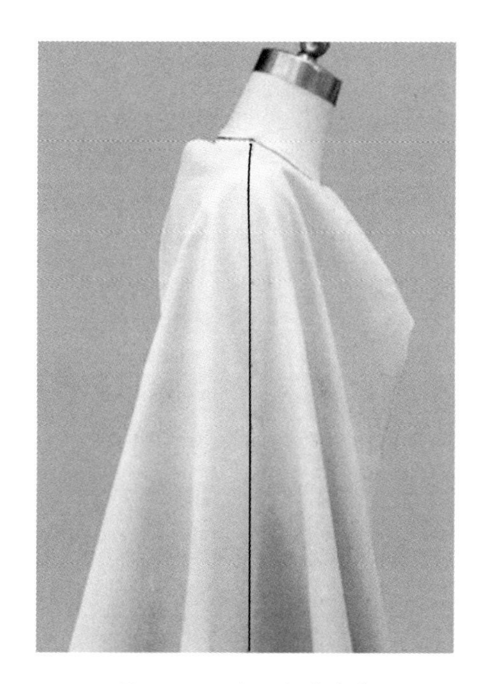

图 6-3-5 整理袖身波浪

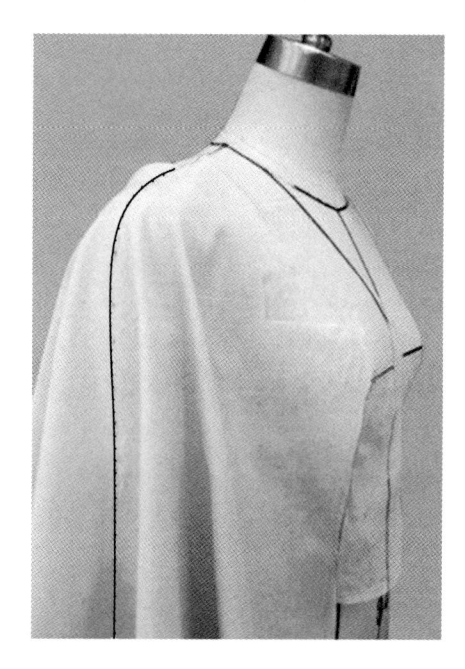

图 6-4-6 粗裁袖山

(5) 别合袖山弧线：在前宽点、后宽点处分别打剪口，将袖山底部以剪口为转折点，分别向内折转，沿衣身袖窿弧线固定袖山底部，同时调整袖身波浪造型(图 6-3-7)。

(6) 调整袖身形态：将袖身肥度和波浪数量调整到造型需要，确定袖缝线和袖口的位置(图 6-3-8)。

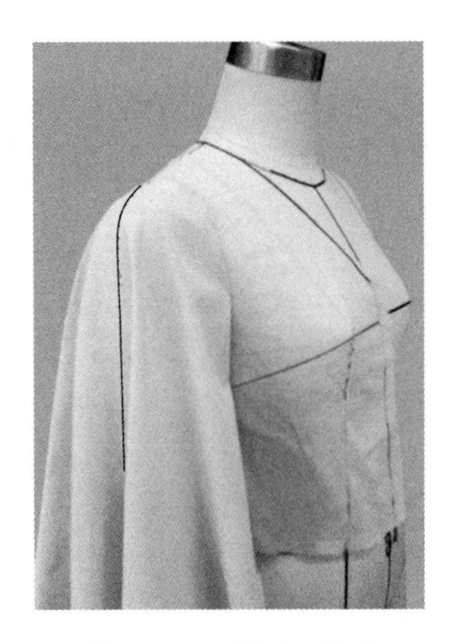

图 6-3-7　别合袖山弧线

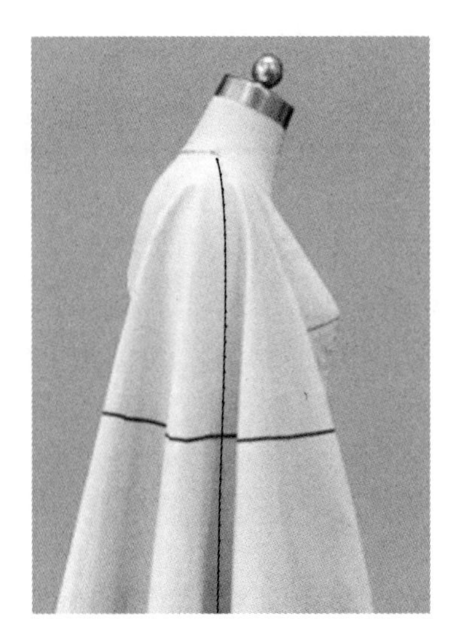

图 6-3-8　调整袖身形态

4. 点影(图 6-3-9)

在袖片上对袖山弧线和袖缝线进行点影(图 6-3-9)。

5. 下架修板

平面展开袖片，按点影位画顺各部位线条，注意袖山弧线的圆顺(图 6-3-10)。

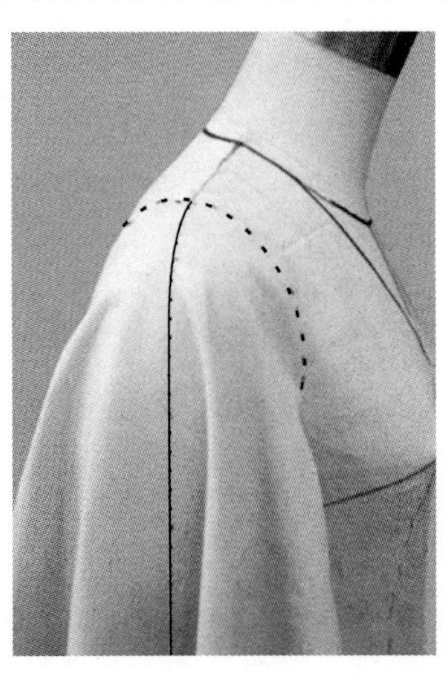

图 6-3-9　点影

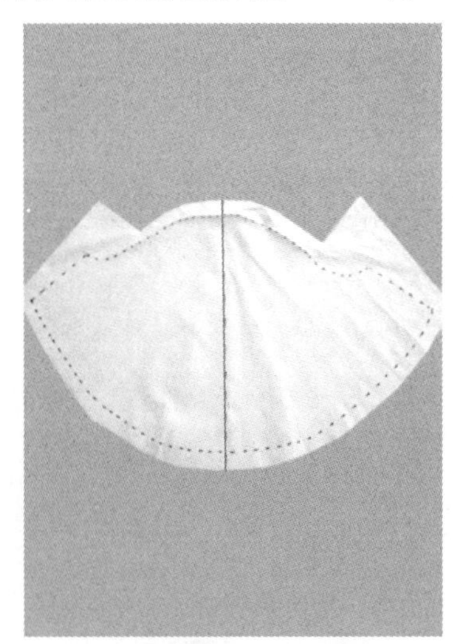

图 6-3-10　修板

6. 组装试穿

试穿效果如图 6-3-11 所示。

7. 下架拓板(图 6-3-12)

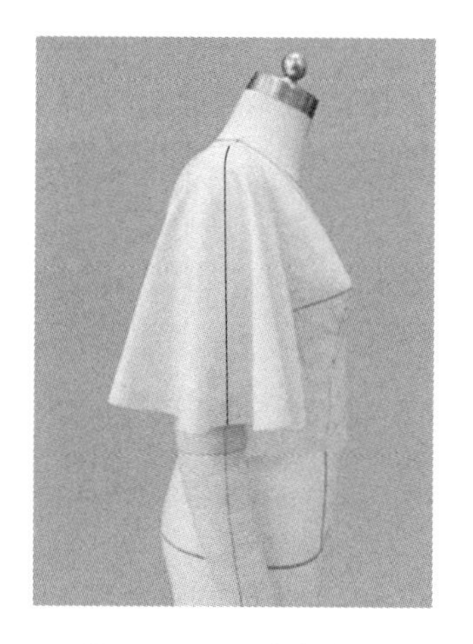

图 6-3-11 试穿效果

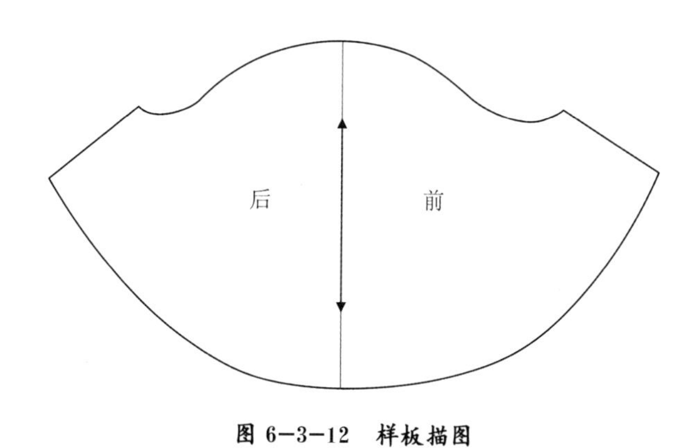

图 6-3-12 样板描图

6.4 泡泡袖立体裁剪

1. 款式分析

以一片袖为基础，在袖山顶部设碎褶，装饰性强(图 6-4-1)。

2. 坯布准备(图 6-4-2)

图 6-4-1 款式插图

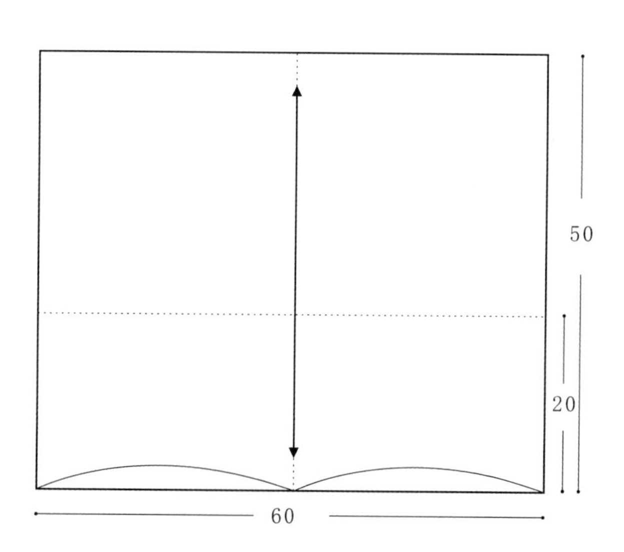

图 6-4-2 坯布准备(单位：cm)

3. 别样

(1) 标记衣身袖窿弧线：此款袖型的肩部有细褶会产生膨胀感，与之相匹配的袖窿弧线应作出调整，肩端点向里调 1～1.5cm，从而使肩宽变窄，协调整体效果(图 6-4-3)。

(2) 袖片披布：将袖片布覆盖于肩部，袖中线上端与肩线对齐，下端与上臂倾斜度相符合，用大头针固定(图 6-4-4)。

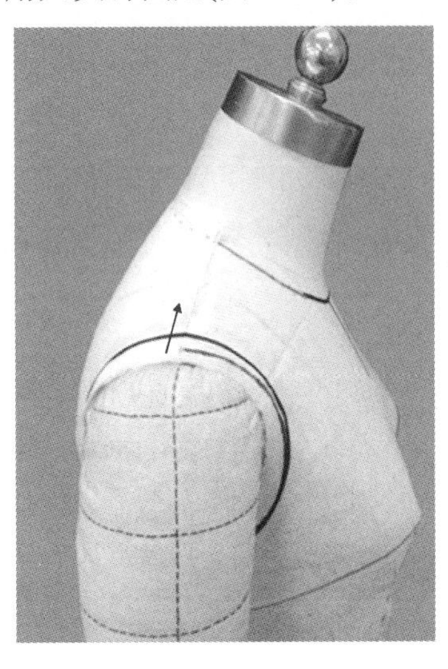

图 6-4-3 标记袖窿弧线

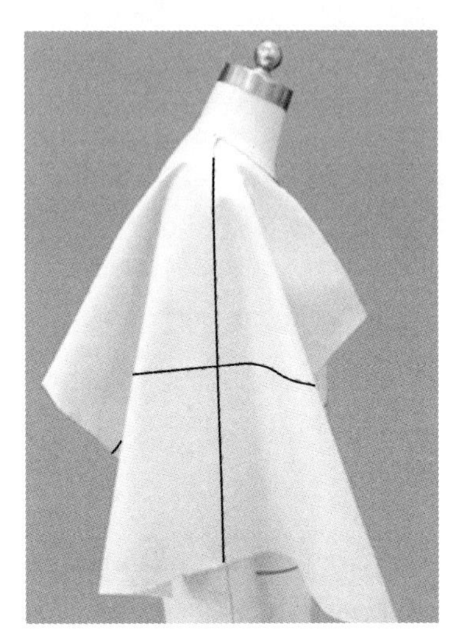

图 6-4-4 披布

(3) 捏合肩头褶皱：由袖中线向前后袖片方向逐步拿捏出褶皱，褶皱量自然均衡，同时要将肩部的膨胀感调整适当。注意袖身斜度控制在 45° 左右(图 6-4-5)。

(4) 粗裁袖山：剪掉前宽点与后宽点之间的袖山上部多余布料，注意留 1.5cm 缝份(图 6-4-6)。

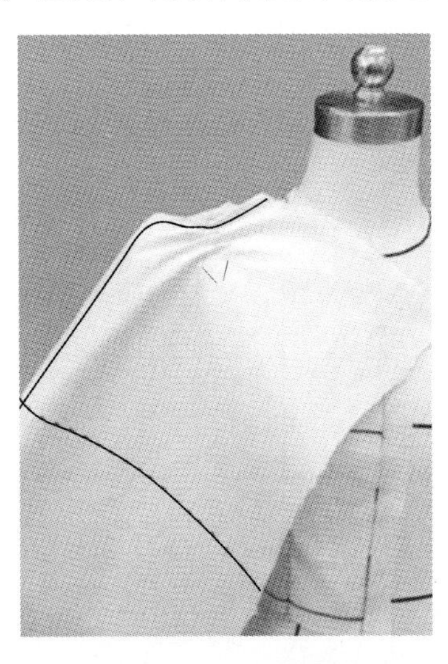

图 6-4-5 捏合褶皱

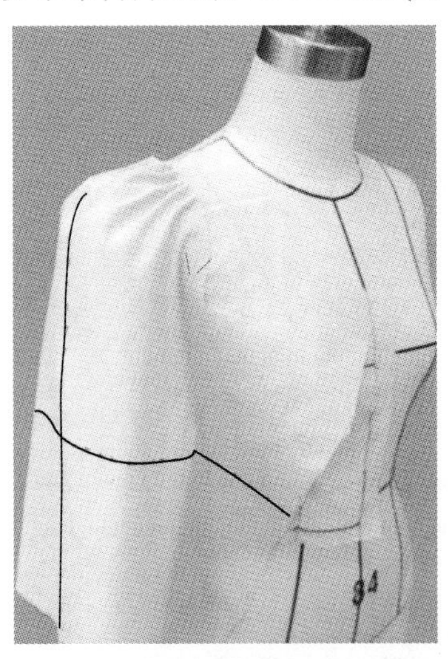

图 6-4-6 粗裁袖山

(5) 别合袖山底部弧线：在前宽点、后宽点处分别打剪口，将袖山底部以剪口为转折点，分别向内折转，同时保证水平线与水平面的平行，沿衣身袖窿弧线固定袖山底部，并调整袖身造型(图 6-4-7)。

(6) 调整袖身造型：将袖身肥度调整到造型需要，确定前后袖缝位置和袖缝线的形态(图 6-4-8)。

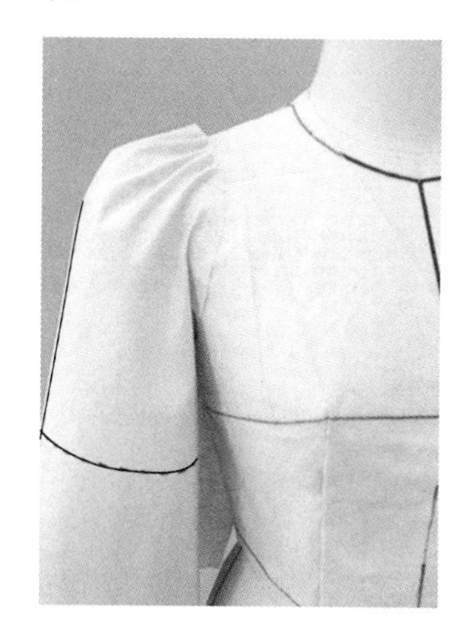

图 6-4-7　别合底部袖山弧线

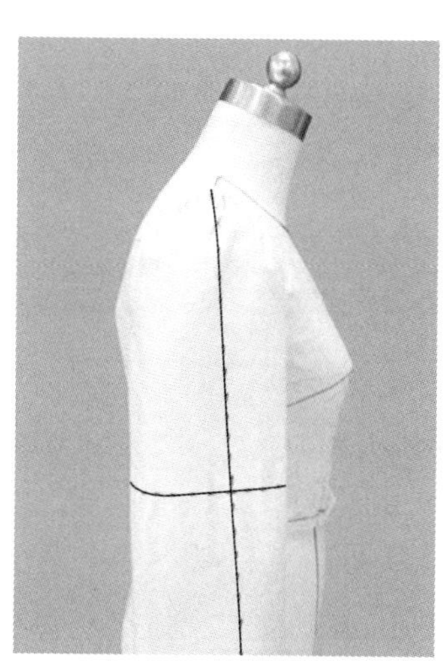

图 6-4-8　调整袖身造型

4. 点影

在袖片上对袖山弧线和袖缝线进行点影，注意褶皱位的标记(图 6-4-9)。

5. 下架修板

平面展开袖片，按点影位画顺各部位线条，注意袖山弧线的圆顺(图 6-4-10)。

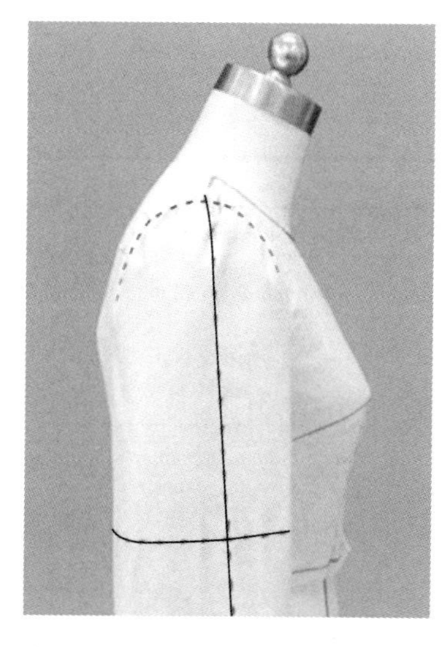

图 6-4-9　点影

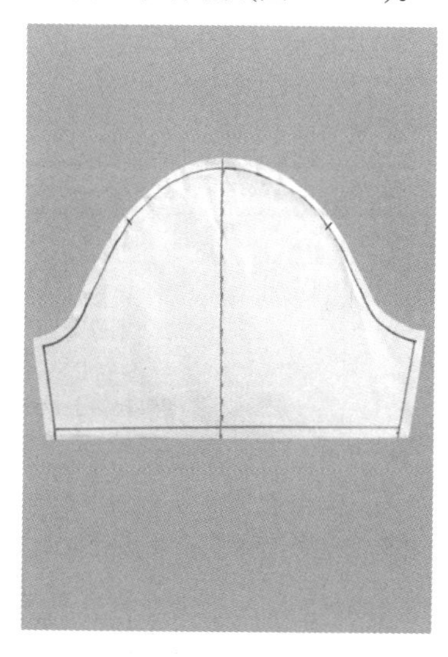

图 6-4-10　修板

6. 组装试穿

试穿效果如图 6-4-11 所示。

7. 下架拓板(图 6-4-12)

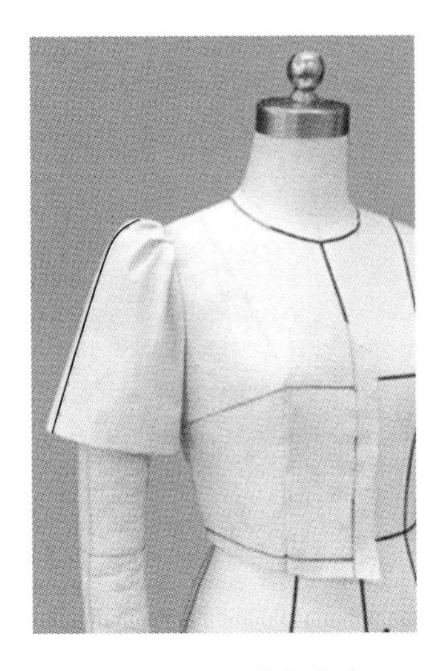

图 6-4-11　试穿效果

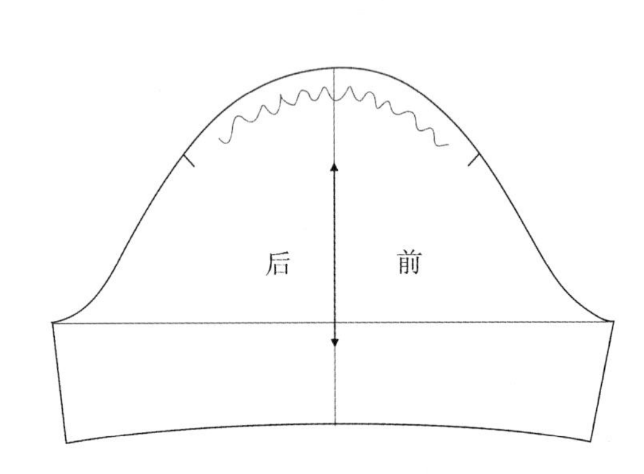

图 6-4-12　样板描图

习　　题

课后思考

比较立体裁剪方法得到的一片袖板型与平面裁剪法得到的一片袖板型的差别。

课后练习 1

训练内容	一片袖的立体裁剪
训练目的	了解袖子的构成原理，正确掌握一片袖的立体裁剪操作方法和步骤
操作提示	① 用布要熨烫平整，丝缕方向横平竖直 ② 注意袖窿弧线的变化 ③ 注意袖子与手臂的空间关系和方向 ④ 注意袖片丝缕方向的控制
作业评价	① 对一片袖造型的认识是否准确 ② 对袖子与手臂的空间关系及方向的把握是否正理 ③ 对袖窿弧线的处理是否美观 ④ 对丝缕方向的控制是否正确 ⑤ 作业整体效果是否整洁、美观

课后练习 2

训练内容	两片袖的立体裁剪
训练目的	了解两片袖的构成原理，正确掌握两片袖的立体裁剪操作方法和步骤
操作提示	① 用布要熨烫平整，丝缕方向横平竖直 ② 注意大小袖的造型特征和变化 ③ 注意袖窿弧线的变化 ④ 注意袖子与手臂的空间关系和方向 ⑤ 注意袖片丝缕方向的控制
作业评价	① 对两片袖造型的认识是否准确 ② 对袖子与手臂的空间关系及方向的把握是否正理 ③ 对袖窿弧线的处理是否美观 ④ 对丝缕方向的控制是否正确 ⑤ 作业整体效果是否整洁、美观

课后练习 3

训练内容	变化袖的立体裁剪(任选一款变化袖进行操作)
训练目的	了解变化袖的造型特征，正确掌握变化袖的立体裁剪操作方法和步骤
操作提示	① 用布要熨烫平整，丝缕方向横平竖直 ② 注意袖子的造型特征和变化 ③ 注意袖窿弧线的变化 ④ 注意袖子与手臂的空间关系和方向 ⑤ 注意袖片丝缕方向的控制
作业评价	① 对变化袖造型的认识是否准确 ② 对袖子与手臂的空间关系及方向的把握是否正理 ③ 对袖窿弧线的处理是否美观 ④ 对丝缕方向的控制是否正确 ⑤ 作业整体效果是否整洁、美观

第7章 成衣立体裁剪运用

【学习目标】

1．掌握衬衫的立体裁剪操作方法和技术要点。

2．掌握三开身西装及四开身西装的立体裁剪操作方法和技术要点。

3．掌握连衣裙的立体裁剪操作方法和技术要点。

【本章引言】

成衣的立体裁剪是根据设计效果图或款式图，将衣身、裙装、衣领、袖子等部件以立体构成的方式进行综合设计，并依据立体裁剪的技术原理和方法获得服装款式的板型。

7.1　衬衫立体裁剪

1. 款式分析

前后衣身收取腰省，服装合体。有领座、领面的企领。一片袖，袖口开叉，带袖克夫(图 7-1-1)。

图 7-1-1　款式插图

2. 坯布准备(图 7-1-2)

3. 别样

(1) 前身披布：将坯布上的前中心线、胸围线、腰围线与人台相应基准线重合，大头针分别固定前中心线旁颈窝处、腰围处、臀围处 3 点和 BP 点，保持坯布丝缕方向横平竖直(图 7-1-3)。

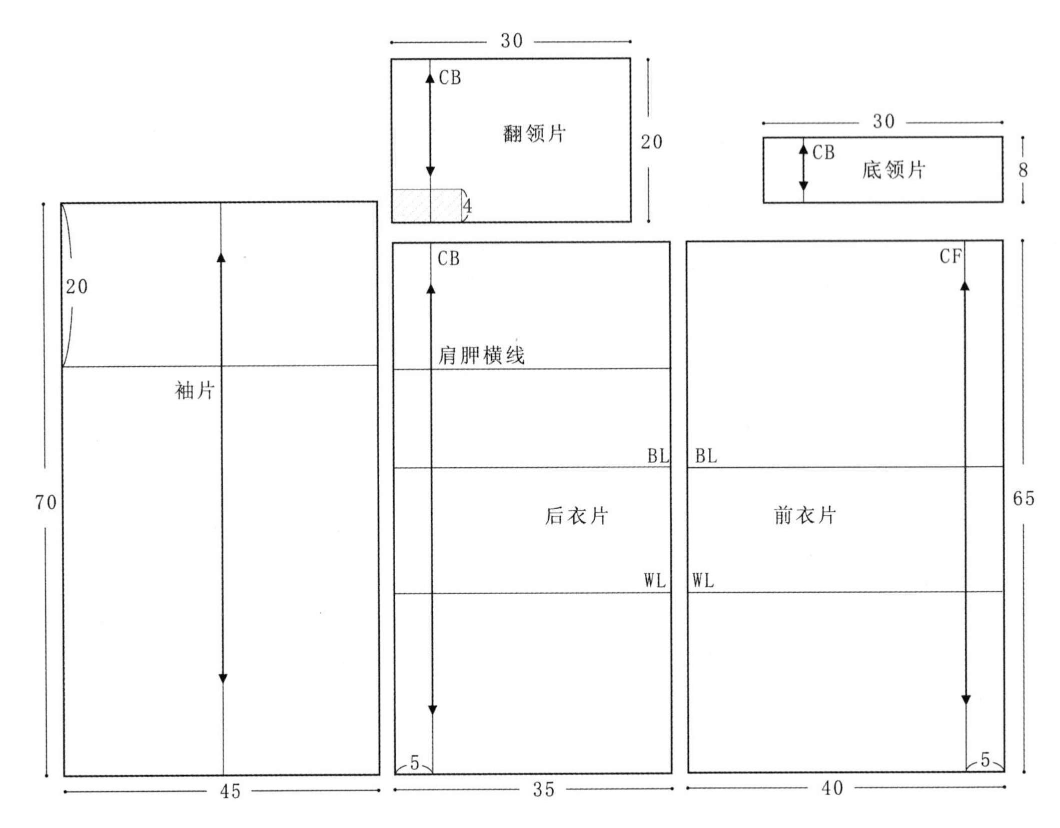

图 7-1-2　坯布准备(单位：cm)

(2) 粗裁领口及肩线：打剪口将颈部余料剪掉，抚平布料贴合人台胸上及肩部，先后固定侧颈点和肩端点(图 7-1-4)。

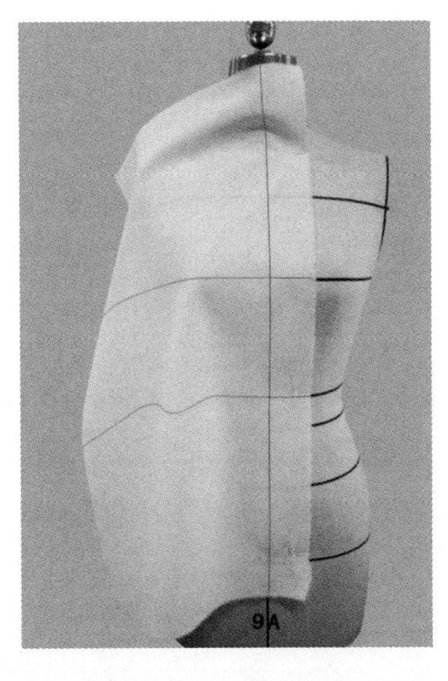

图 7-1-3　前身披布

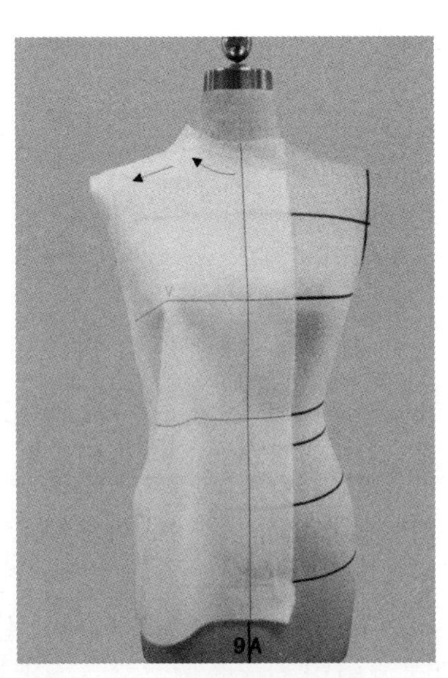

图 7-1-4　粗裁领口及肩线

(3) 收取前腰省：将胸上布料向袖笼处抚平，使胸部贴合人台固定腋下点，然后向下抚平布料，将胸腰差量推至腰部收取腰省(图 7-1-5)。

(4) 后身披布：将坯布后中心线、肩胛横线、腰围线与人台相应基准线重合，大头针固定，保持坯布丝缕方向横平竖直(图 7-1-6)。注意后中心线在腰围处做腰省处理。

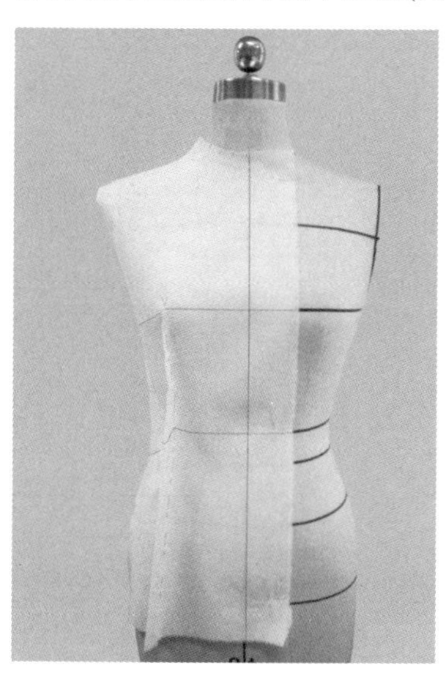

图 7-1-5 收取前腰省

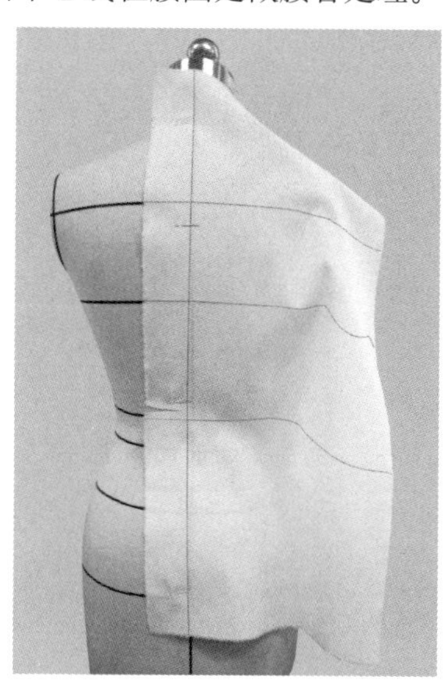

图 7-1-6 后身披布

(5) 收取后腰省：将肩胛横线上端布料向上抚平，使颈部、肩部贴合人台固定肩线两端点，然后向下抚平袖笼处布料及侧身布料，固定侧缝处上下两点，将腰部余量收取腰省(图 7-1-7)。

(6) 别合肩缝和侧缝：别合前后衣片的肩缝和侧缝，注意调整活动松量(图 7-1-8)。

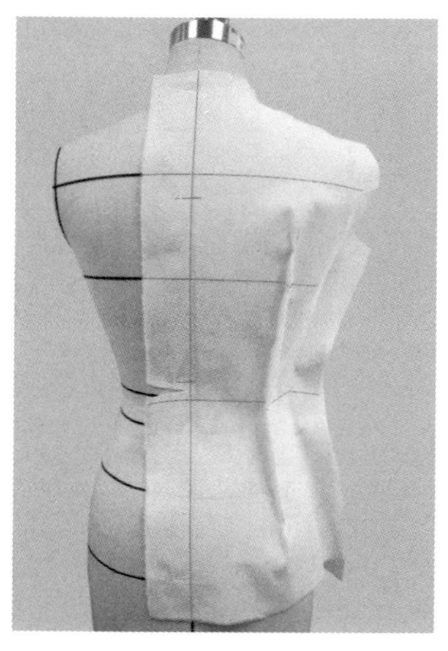

图 7-1-7 收取后腰省

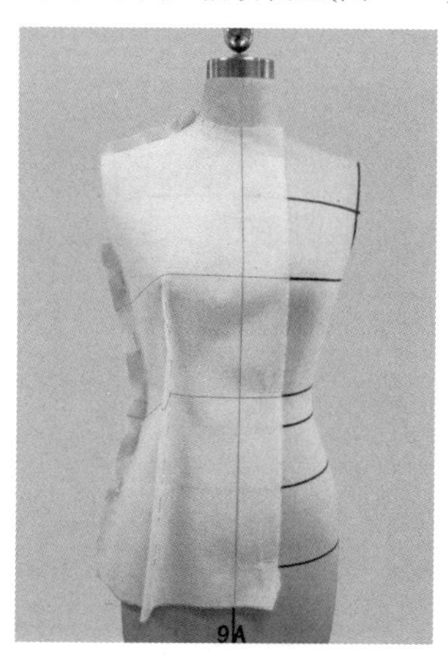

图 7-1-8 别合肩缝和侧缝

(7) 衣片点影修板：点影标记肩线、侧缝线和省道线，下架后平面展开衣片按点影位修顺线条，画顺袖窿弧线(图 7-1-9、图 7-1-10)。

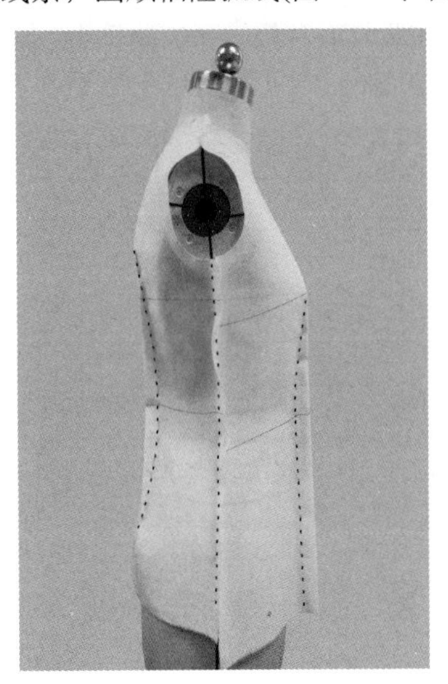

图 7-1-9　衣片点影

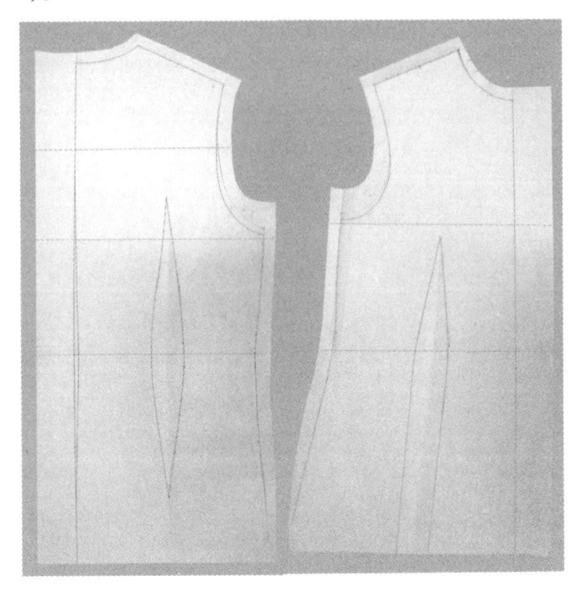

图 7-1-10　衣片修板

(8) 组装衣片：大头针将前后衣片别合，组装上架(图 7-1-11)。

(9) 装袖：用一片袖基础拓印坯布，别合袖缝线后与衣身沿袖窿弧线进行组装，注意控制袖山吃势。在后袖侧面开衩，袖口捏取褶裥，袖口尺寸为手腕围尺寸加上 8cm 松量，将袖克夫按成型形态折好，大头针与袖口别合(图 7-1-12 至图 7-1-13)。

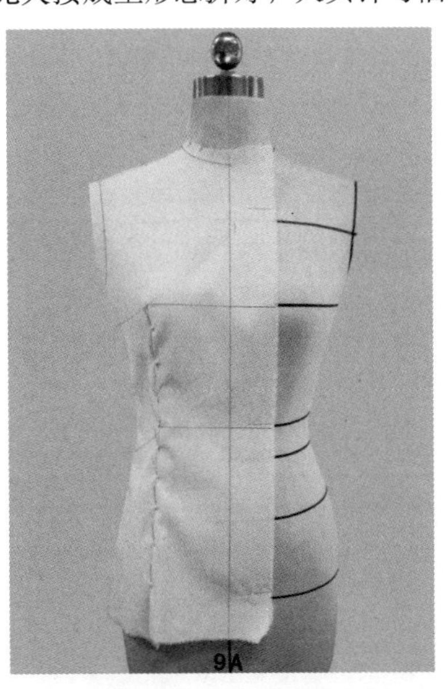

图 7-1-11　组装衣片

图 7-1-12　拓印袖板

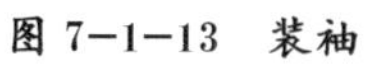

图 7-1-13 装袖

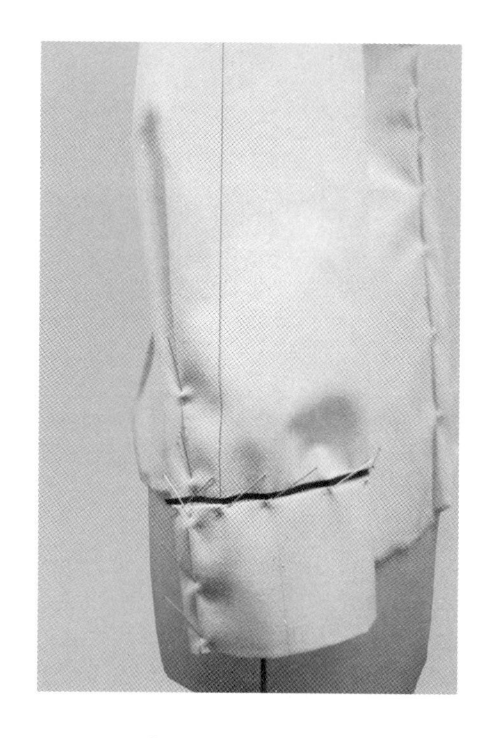

图 7-1-14 装袖克夫

(10) 装领：方法同衬衣领立体裁剪(图 7-1-15 至图 7-1-16)。

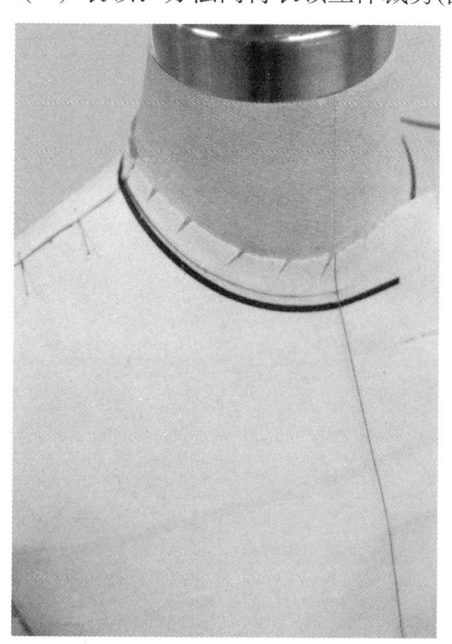

图 7-1-15 标记领围线

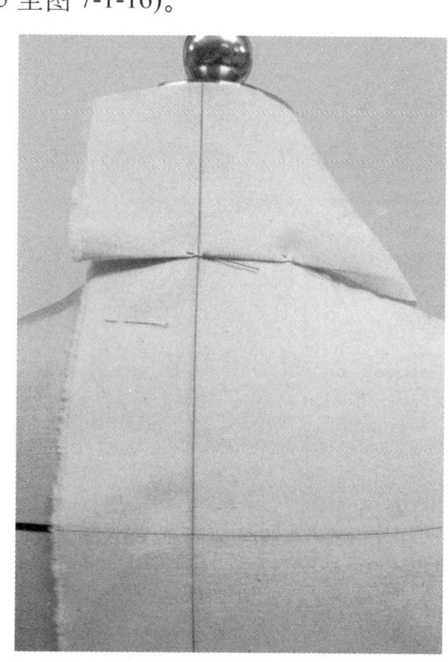

图 7-1-16 底领披布

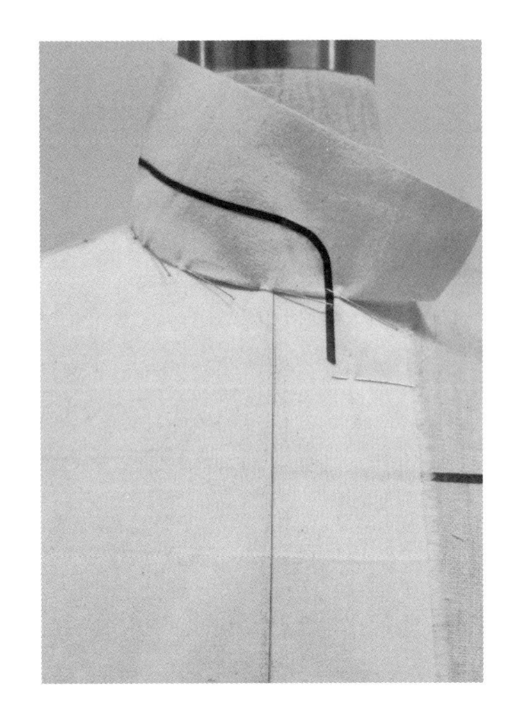

图 7-1-17　标记底领外口线

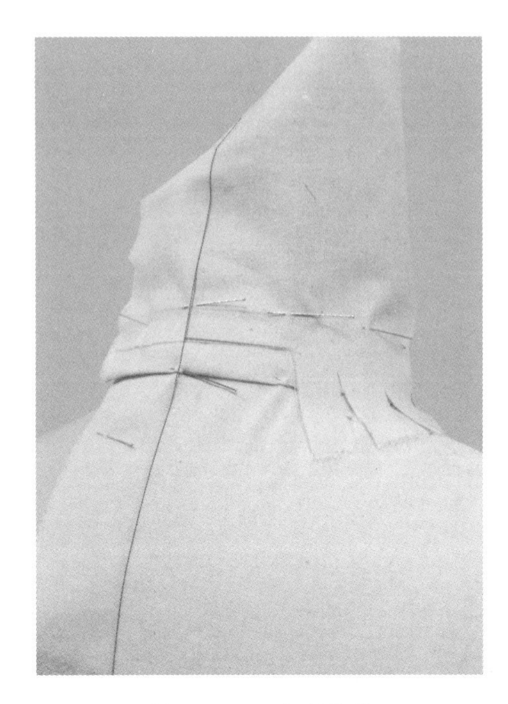

图 7-1-18　翻领披布

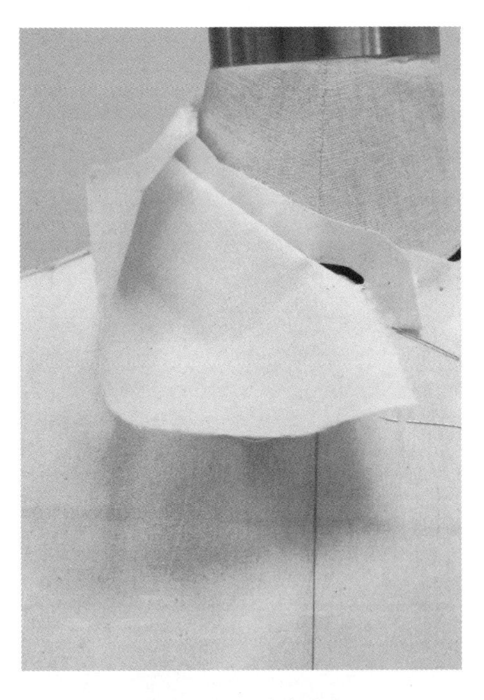

图 7-1-19　翻折翻领

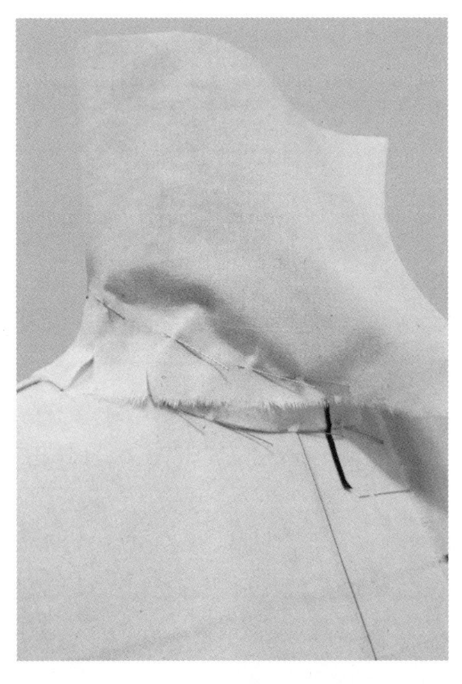

图 7-1-20　别合翻领上口线

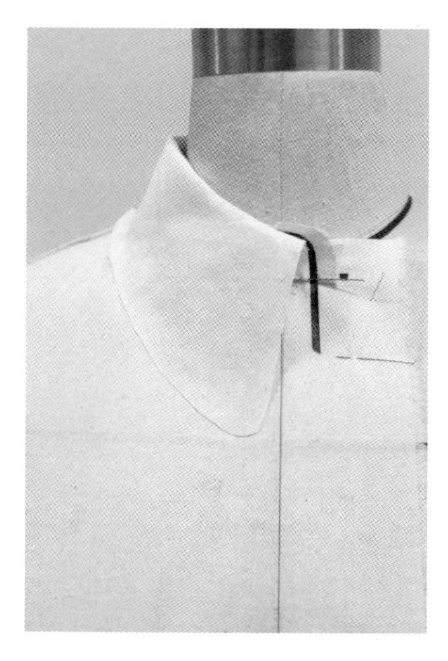

图 7-1-21 裁剪余料

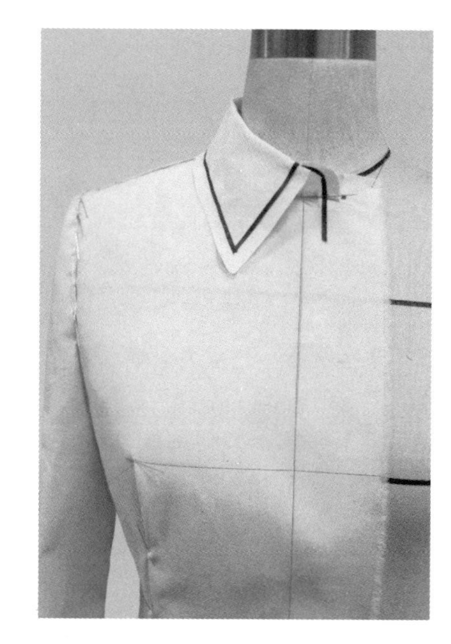

图 7-1-22 标记翻领造型线

(11) 标记款式造型线：在衣片上标记出门襟线、底摆线、纽扣位(图 7-1-23 至图 7-1-24)。

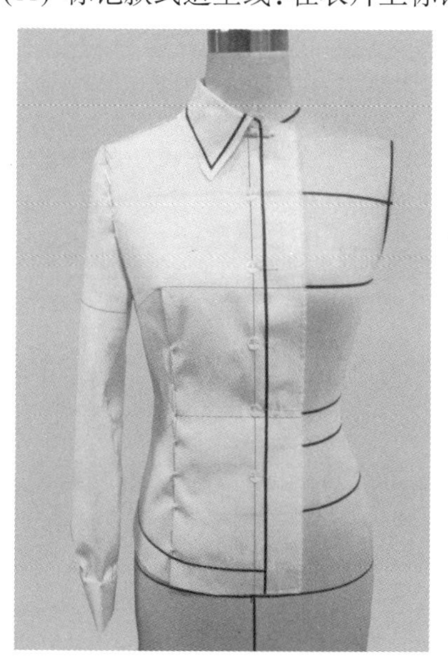

图 7-1-23 前身标记线

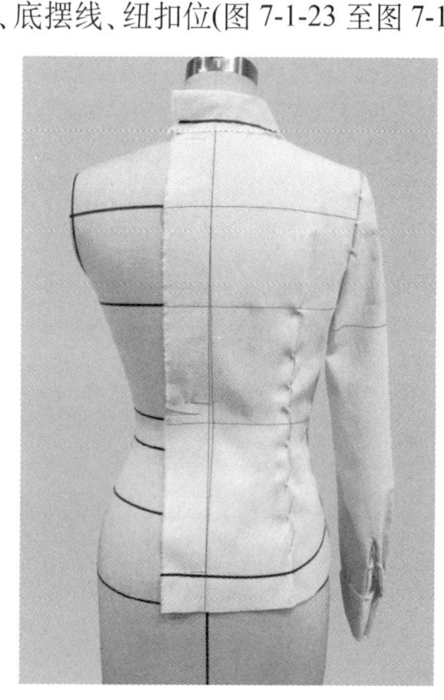

图 7-1-24 后身标记线

4. 点影

对有调整的部位重新点影。

5. 下架修板

按调整后的点影位进行板型修正。

6. 组装试穿

试穿效果如图 7-1-25 所示。

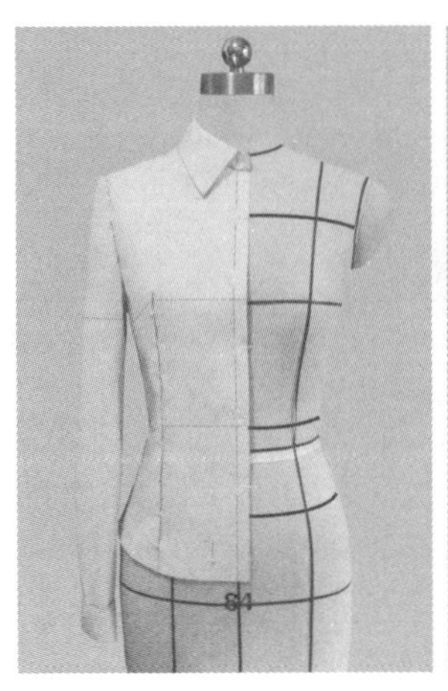
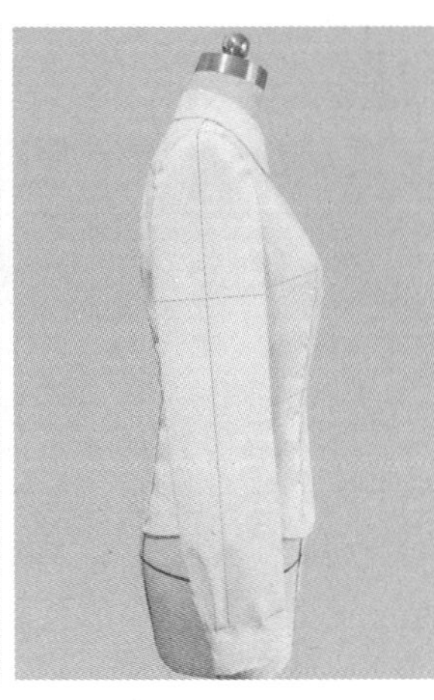
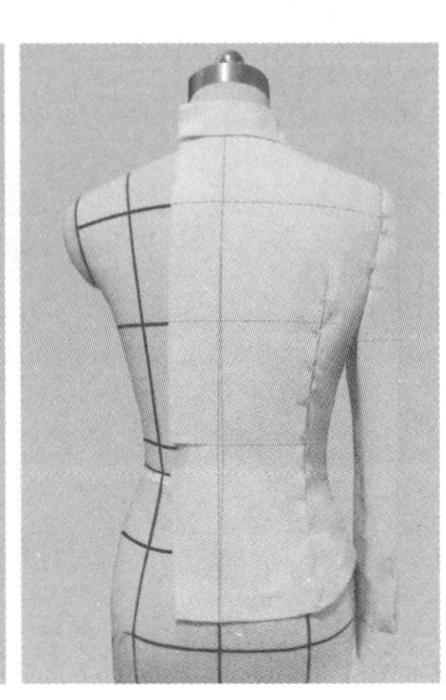

图 7-1-25 试穿效果

7. 下架拓板

样板描图如图 7-1-26 所示

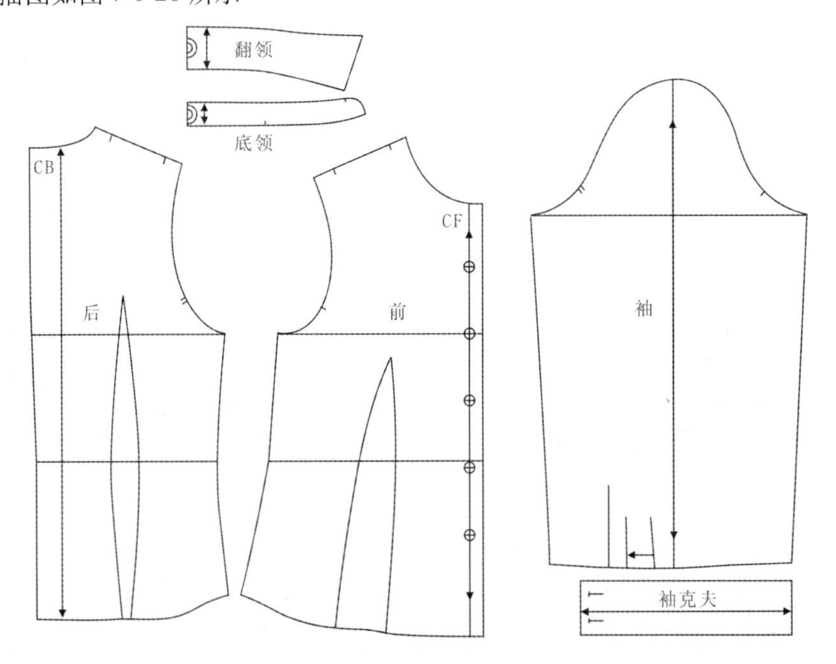

图 7-1-26 样板描图

7.2 四开身西装立体裁剪

1. 款式分析(图 7-2-1)

图 7-2-1 款式插图

2. 坯布准备(图 7-2-2)

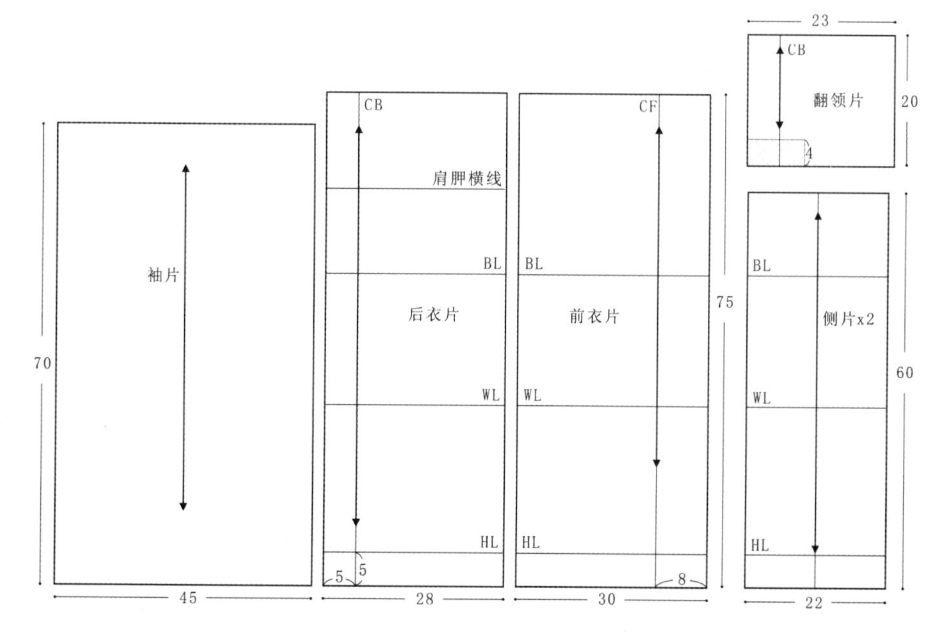

图 7-2-2 坯布准备

3. 别样

(1) 前身披布：将坯布前中心线、胸围线、腰围线、臀围线与人台相应基准线重合，大头针分别固定前中心线旁颈窝处、腰围处、臀围处 3 点和腋下胸围线上一点，保持坯布丝缕方向横平竖直(图 7-2-3)。

(2) 粗裁领口及肩线：剪开领口上端前中心线，打剪口将颈部余料剪掉，抚平布料贴合人台胸上及肩部，先后固定侧颈点和肩端点(图 7-2-4)。

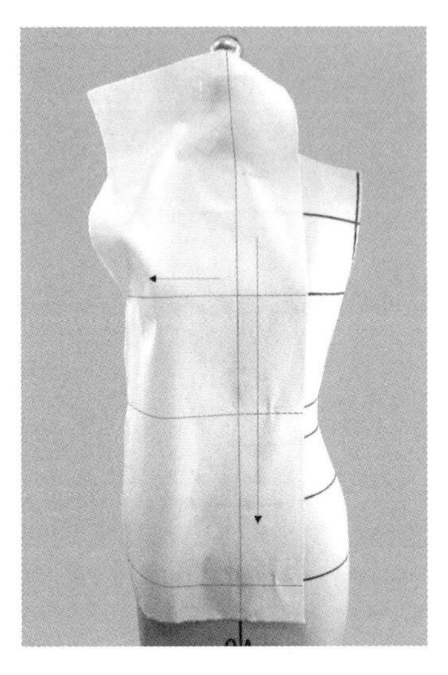

图 7-2-3 前身披布

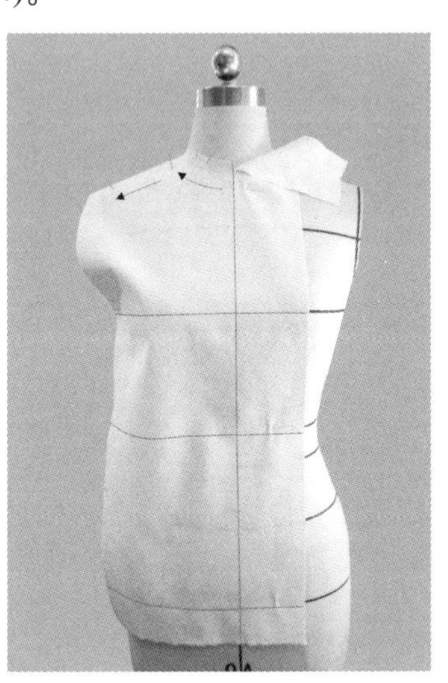

图 7-2-4 粗裁前领口及肩线

(3) 粗裁前中片：将前身袖笼处和分割线处余料剪掉(图 7-2-5)。

(4) 后身披布：将坯布后中心线、胸围线、腰围线、臀围线与人台相应基准线重合，大头针固定(图 7-2-6)。注意后中心线腰围处横向打剪口，布料贴合人台，做腰省形态处理。

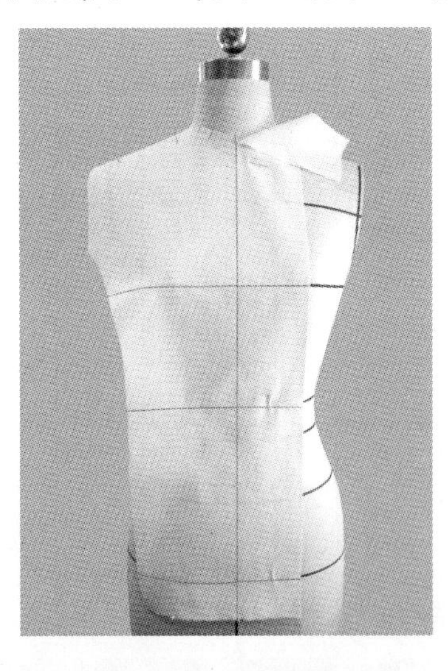

图 7-2-5 粗裁前中片

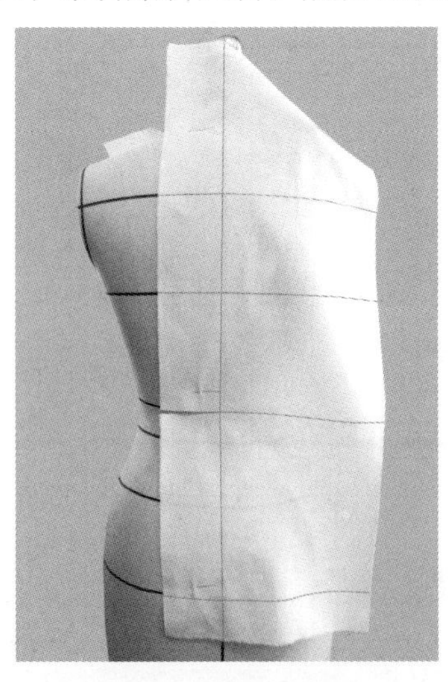

图 7-2-6 后身披布

(5) 别合肩缝：将后颈部余料剪掉，抚平布料贴合人台肩部，大头针别合前后片肩缝(图 7-2-7)。

(6) 粗裁后中片：将后身袖笼处和分割线处余料剪掉(图 7-2-8)。

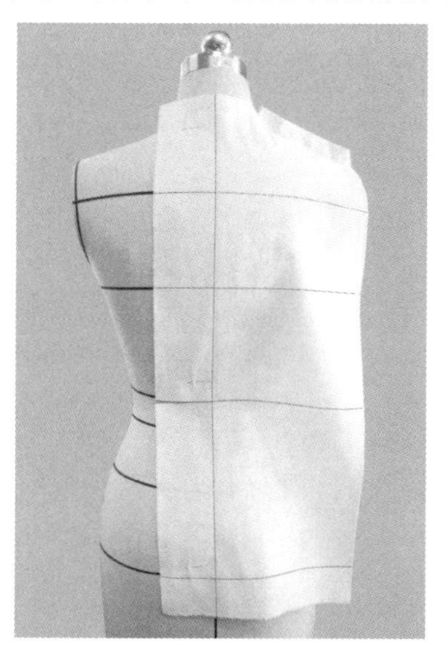

图 7-2-7 别合肩缝

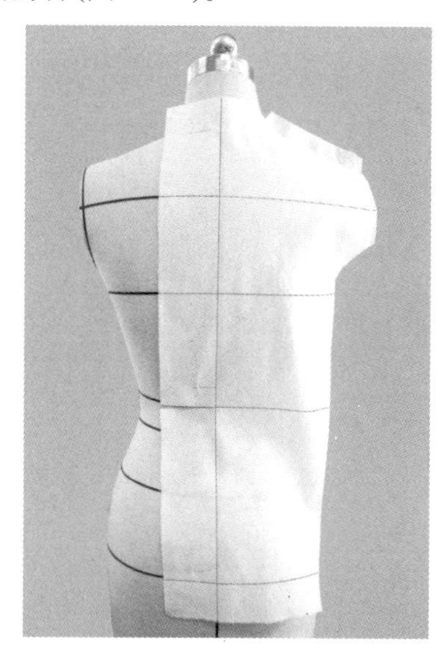

图 7-2-8 粗裁后中片

(7) 前侧身披布：将布料的胸围线、腰围线、臀围线分别对准人台相应的标志线，大头针固定，保持布料中线在人台侧面中央，直丝垂直地面(图 7-2-9)。

(8) 别合前身分割线：按人台标记的刀背分割线位置，将衣身前片和侧片抓合别(图 7-2-10)。注意胸围、腰围、臀围处留出活动松量。

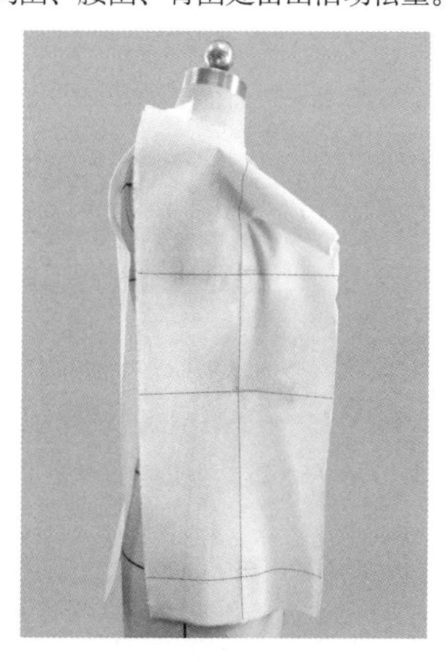

图 7-2-9 前侧身披布

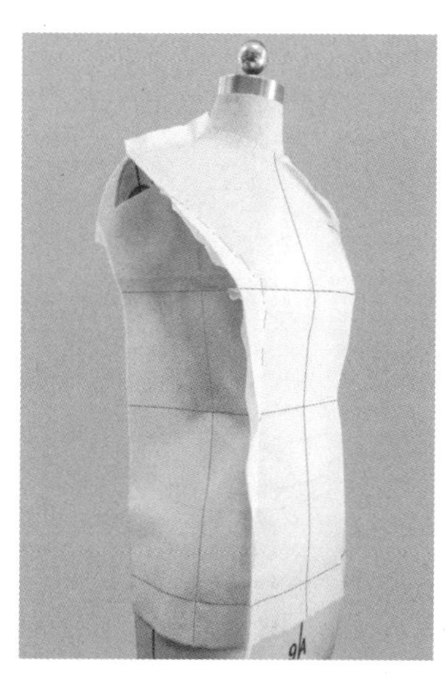

图 7-2-10 别合前身分割线

(9) 后侧身披布：方法同前侧身披布(图 7-2-11)。

(10) 别合后身分割线：方法同别合前侧身分割线(图 7-2-12)。

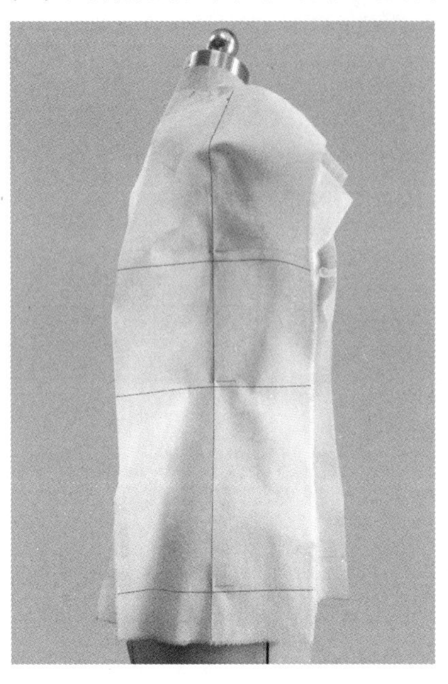

图 7-2-11　后侧身披布

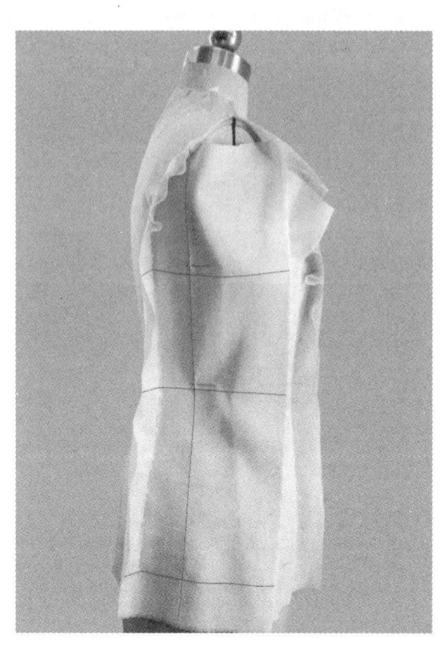

图 7-2-12　别合后身分割线

(11) 别合侧缝线：别合前后片侧缝线，注意胸围、腰围、臀围处留出活动松量(图 7-2-13)。

(12) 衣片点影：在大头针别合位置点影，标记肩线、分割线、侧缝线(图 7-2-14)。

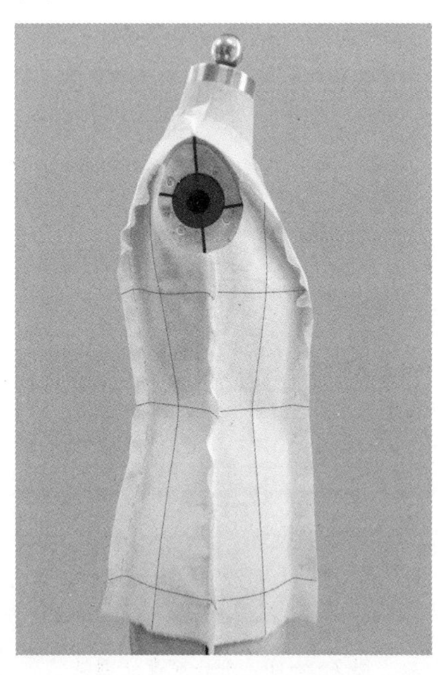

图 7-2-13　别合侧缝

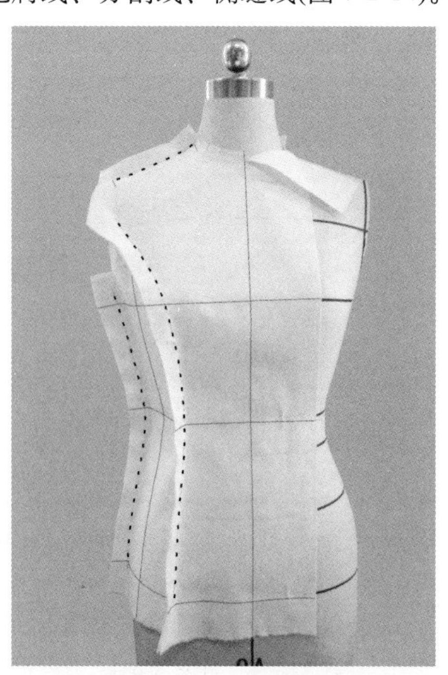

图 7-2-14　衣片点影

(13) 修板组装衣片：平面展开衣片，按点影位画顺各部位线条，同时校对前后肩线、侧缝线尺寸，大小片分割线尺寸是否吻合(图 7-2-15 至图 7-2-17)。假缝衣片待配袖。

(14) 配袖：用两片袖基础板拓印到布料上(图 7-2-18)。

图 7-2-15　前片修板

图 7-2-16　后片修板

图 7-2-17　组装衣片

图 7-2-18　拓印袖板

(15) 装袖：将大小袖片的袖缝别合，与衣身沿袖窿弧线进行组装，注意控制袖山吃势(图 7-2-19、图 7-2-20)。

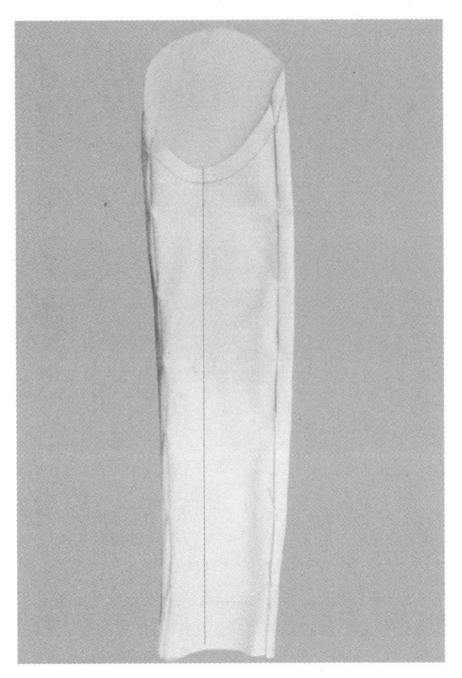

图 7-2-19 别合袖缝

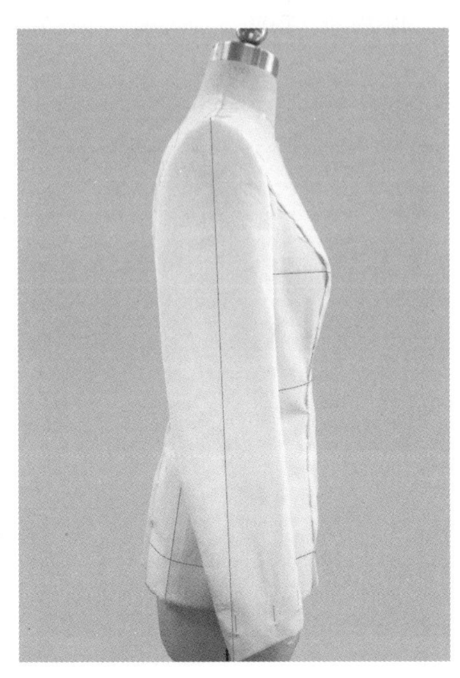

图 7-2-20 装袖

(16) 配领：方法同西装领立体裁剪(图 7-2-21 至图 7-2-26)。

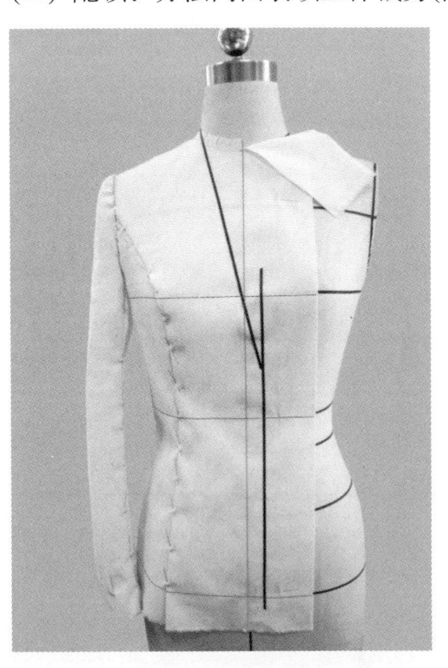

图 7-2-21 标记翻折线及门襟线

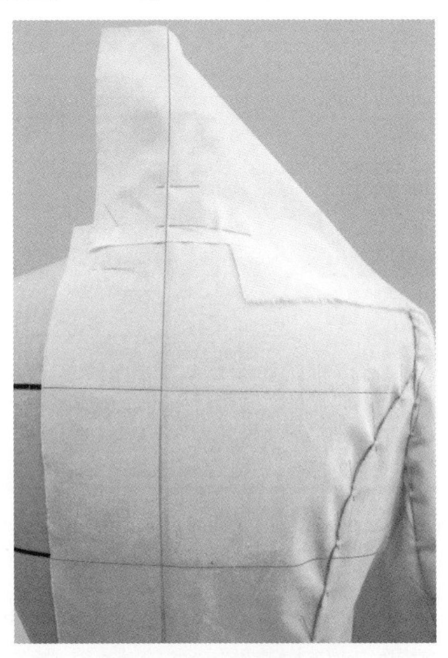

图 7-2-22 翻领披布

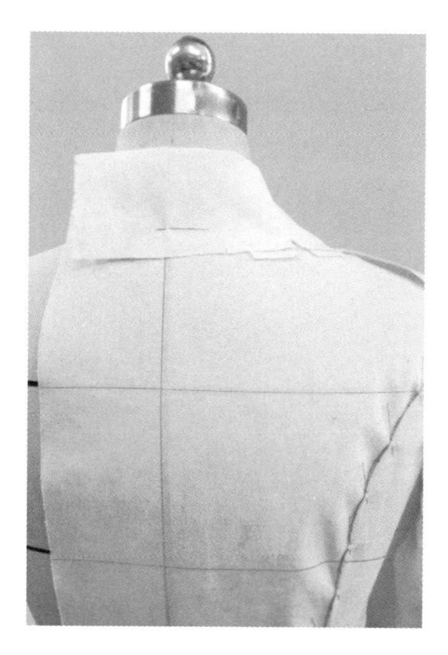

图 7-2-23 翻折领片确定领座宽

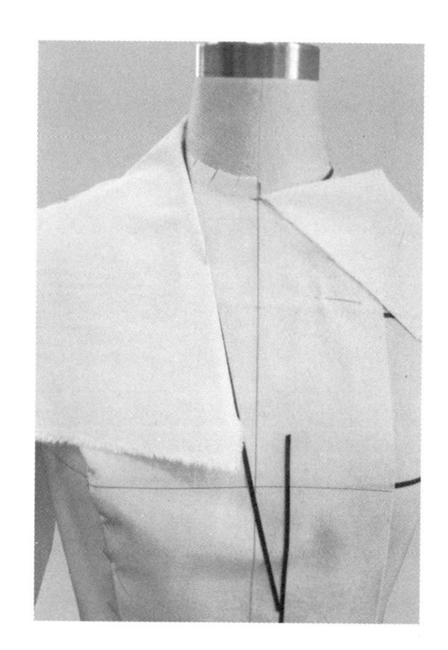

图 7-2-24 确定翻折线

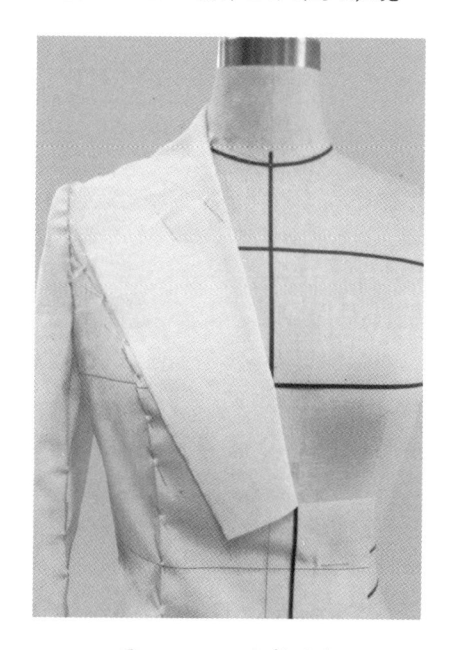

图 7-2-25 翻折驳头

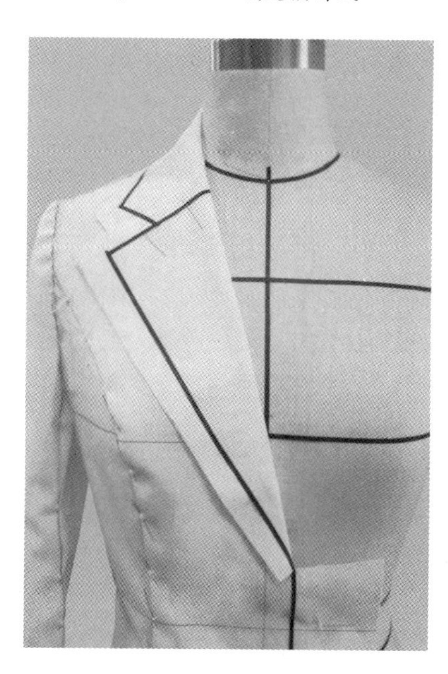

图 7-2-26 标记领子造型线

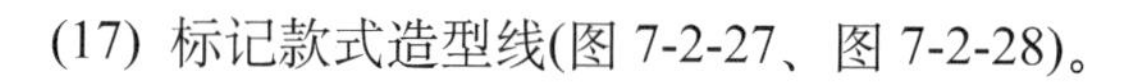

(17) 标记款式造型线(图 7-2-27、图 7-2-28)。

4. 二次点影

对有调整的部位重新点影。

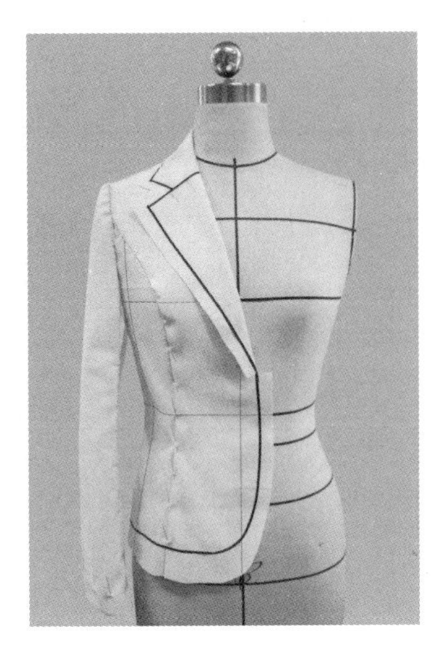

图 7-2-27　前身造型线

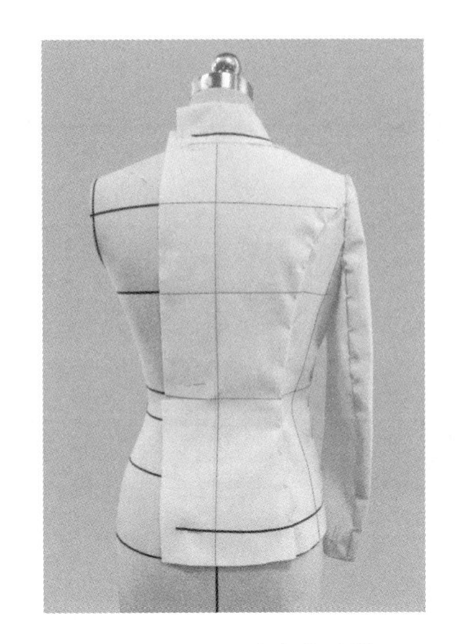

图 7-2-28　后身造型线

5. 下架修板

对重新点影的部位和标记线进行修板。

6. 组装试穿

试穿效果如图 7-2-29 所示

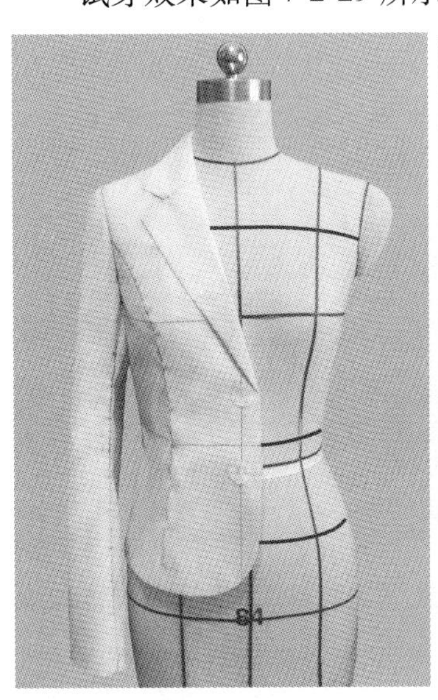

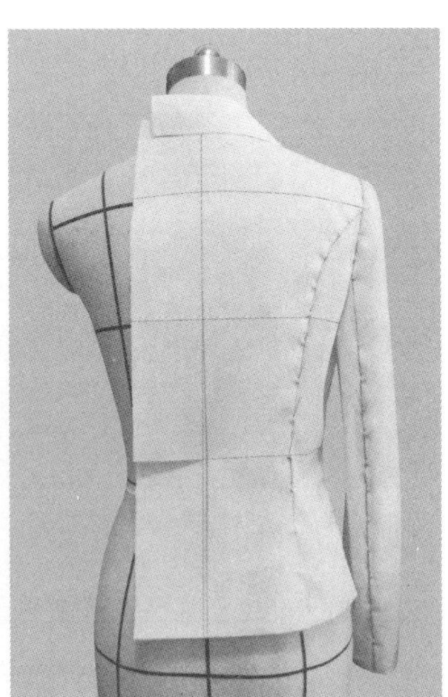

图 7-2-29　试穿效果

7. 下架拓板

样板描图如图 7-2-30 所示。

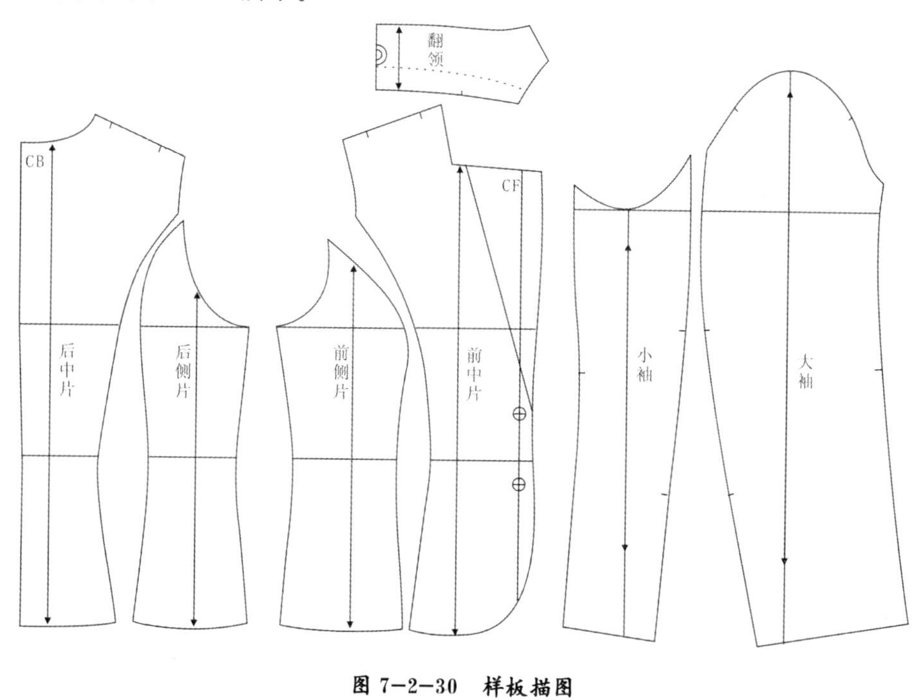

图 7-2-30 样板描图

7.3 三开身西装立体裁剪

1. 款式分析

衣身为三片式刀背结构，前片收腰省，服装合体。平驳领，两粒扣，合体两片袖造型(图 7-3-1)。

图 7-3-1 款式插图

2. 坯布准备(图 7-3-2)

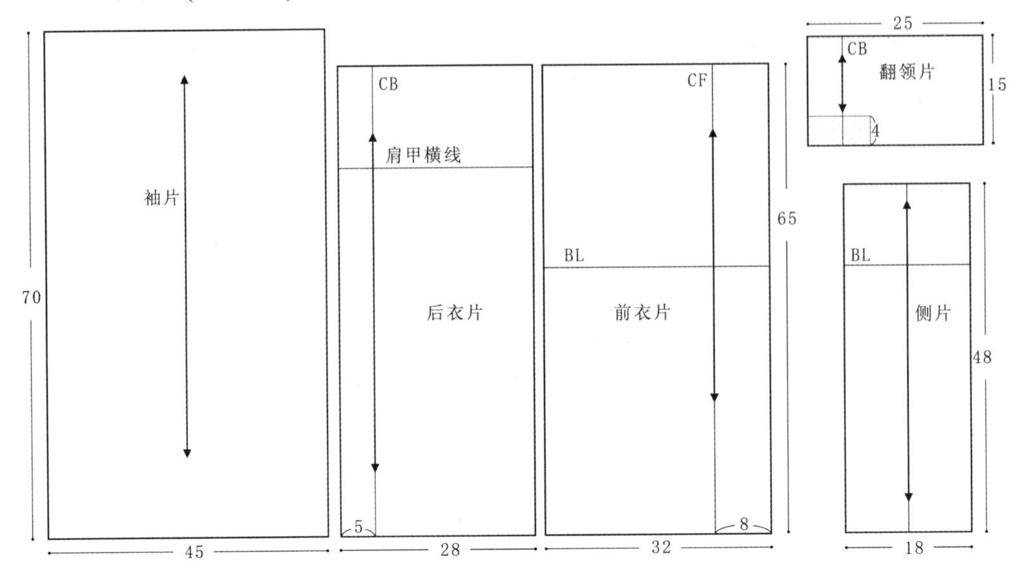

图 7-3-2 坯布准备(单位：cm)

3. 别样

(1) 标记造型线：根据款式特征，用粘带标记出领子造型线、省道线、门襟线、止口线(图 7-3-3、图 7-3-4)。

(2) 前身披布：将坯布前中心线、胸围线与人台相应基准线重合，大头针固定，保持坯布丝缕方向横平竖直(图 7-3-5)。

(3) 粗裁领口：打剪口将颈部余料剪掉，抚平布料贴合人台胸上及肩部，注意前中心线在颈窝处撇胸 0.7～1cm(图 7-3-6)。

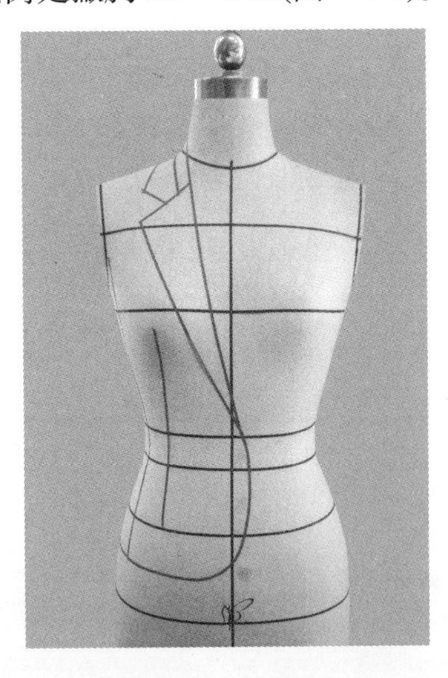

图 7-3-3 前身标记线

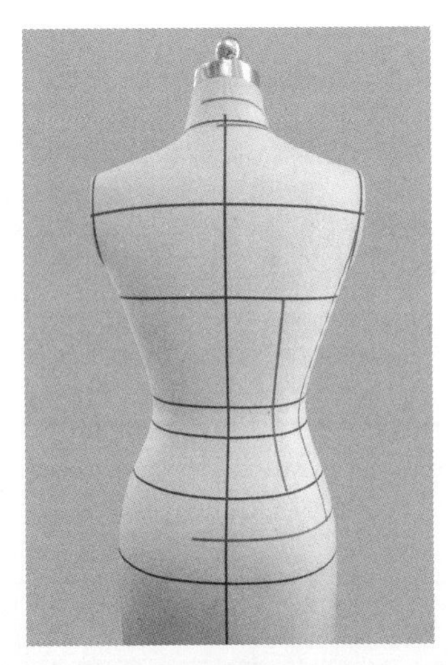

图 7-3-4 后身标记线

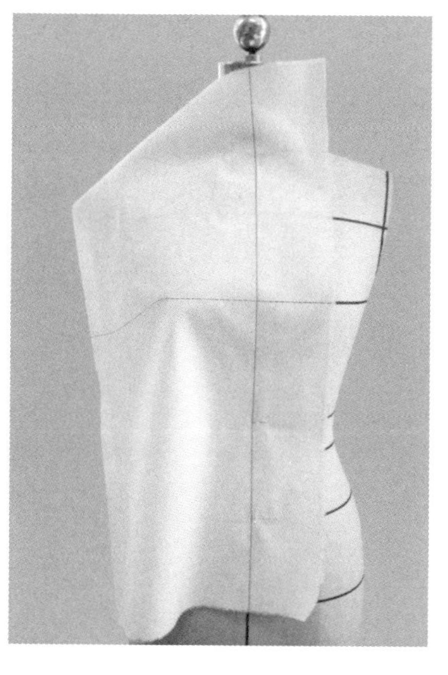

图 7-3-5 前身披布

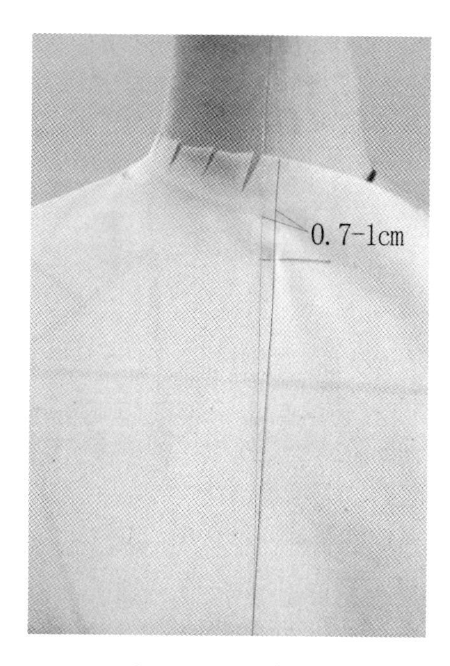

图 7-3-6 粗裁领口

(4) 收取前腰省：将胸上布料向袖笼处抚平，使胸部贴合人台固定腋下点，然后向下推胸腰差量至腰部收取腰省(图 7-3-7)。

(5) 后身披布：将坯布后中心线、肩胛横线线与人台相应基准线重合，大头针固定，保持坯布丝缕方向横平竖直(图 7-3-8)。注意后中心线在腰围处做腰省处理。

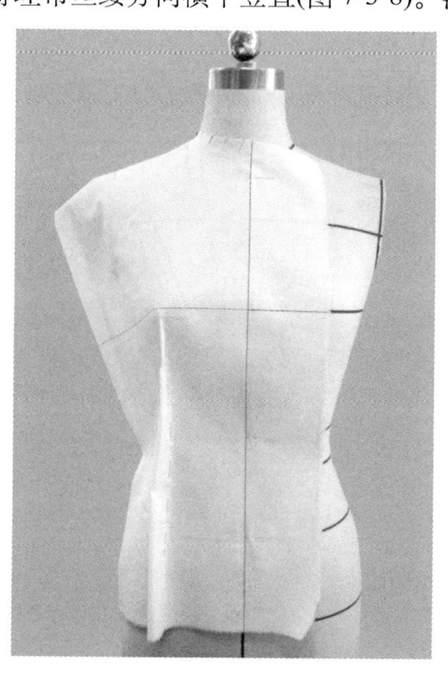

图 7-3-7 收取前腰省

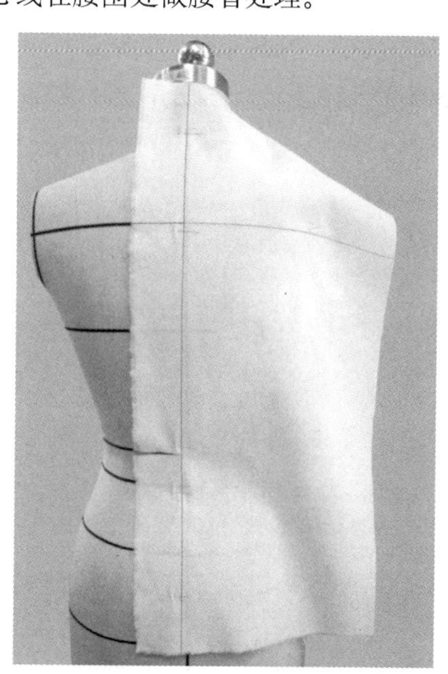

图 7-3-8 后身披布

(6) 收取后腰省：将后领处余留剪掉，抚平肩部布料，别合肩缝，后袖笼处贴合人台，固定侧身上下亮点，然后收取后身腰省(图 7-3-9)。

(7) 粗裁分割线：根据人台上标记的分割线位置粗裁前后衣片余料(图 7-3-10)。

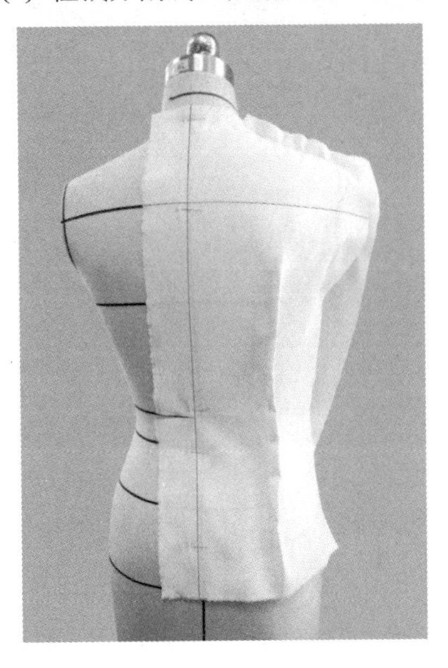

图 7-3-9　收取后腰省

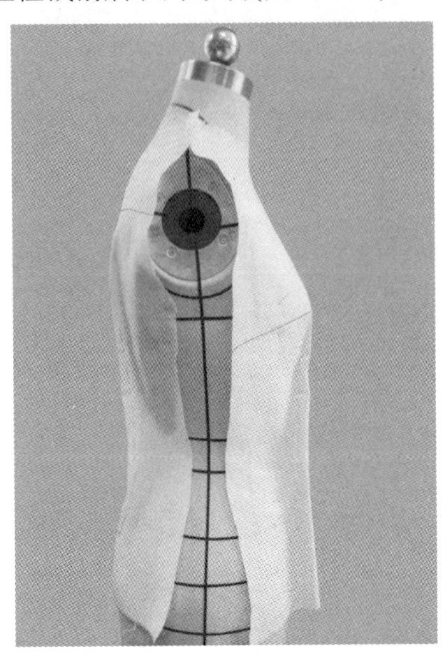

图 7-3-10　粗裁分割线

(8) 侧身披布：使坯布的胸围线、中线与人台胸围线和侧缝线重合固定(图 7-3-11)。

(9) 别合分割线：根据人台标记的分割线位置，将前后衣片与侧片别合，剪掉余料(图 7-3-12)。注意调整胸部、腰部和臀部的活动松量。

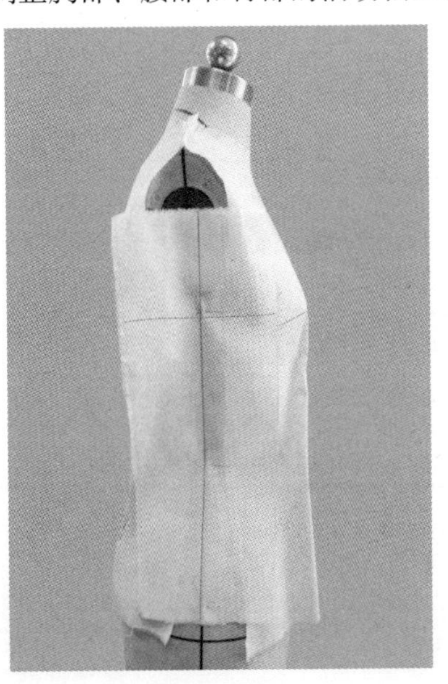

图 7-3-11　侧身披布

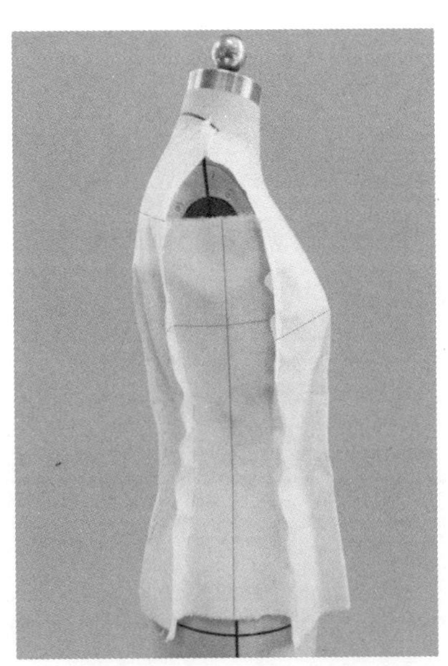

图 7-3-12　别合分割线

(10) 衣片点影下架修板：在大头针别合的轨迹上点影标记，平面展开衣片，按点影位修顺线条(图 7-3-13、图 7-3-14)。

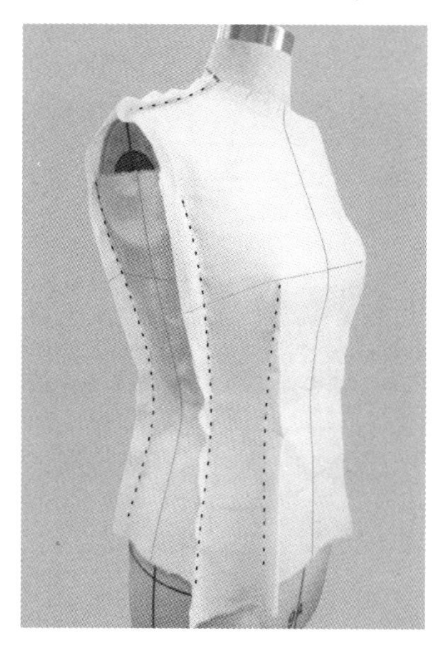

图 7-3-13　点影

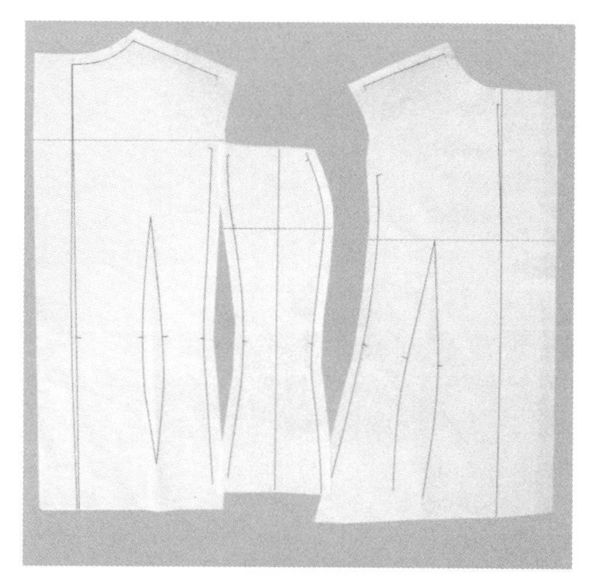

图 7-3-14　衣片修板

(11) 组装衣片上架：用大头针组装衣片上架，按试穿效果及需要进行调整。注意组装时前后衣片压侧片(图 7-3-15)。

(12) 装袖：配袖、装袖同前四开身西装配袖及装袖方法(图 7-3-16)。

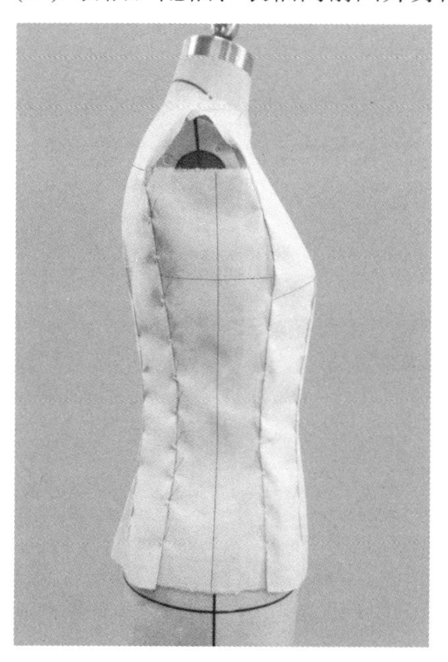

图 7-3-15　组装衣片上架

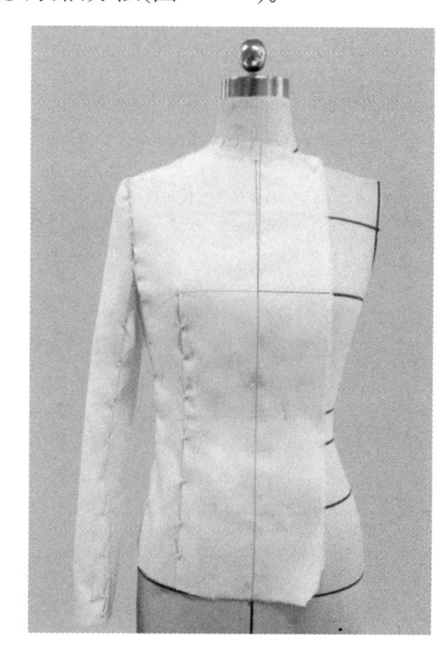

图 7-3-16　装袖

(13) 配领：首先在前衣片上标记翻折线，然后收弧形领省，翻折驳领后再制作翻领领片，最后标记领子造型线(图 7-3-17 至图 7-3-22)。

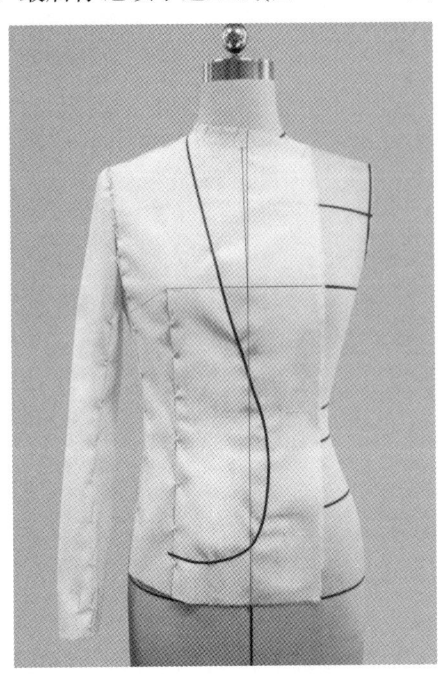

图 7-3-17　标记翻折线

图 7-3-18　收领省

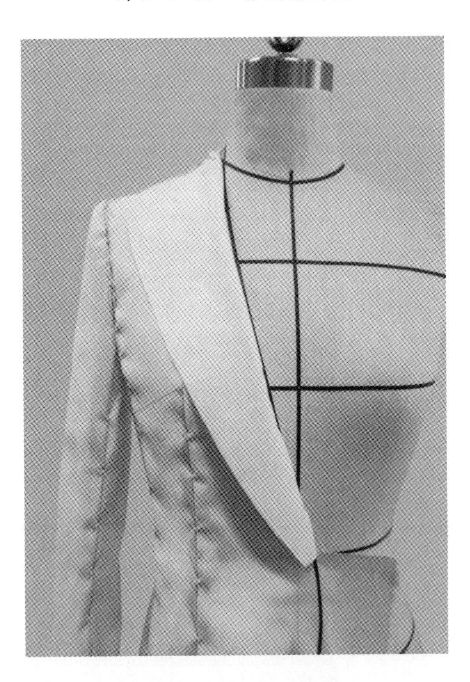

图 7-3-19　翻折驳领

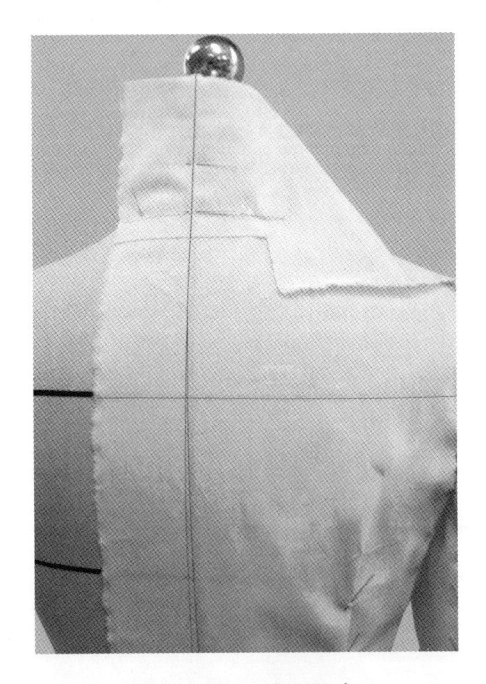

图 7-3-20　底领披布

图 7-3-21 翻折底领

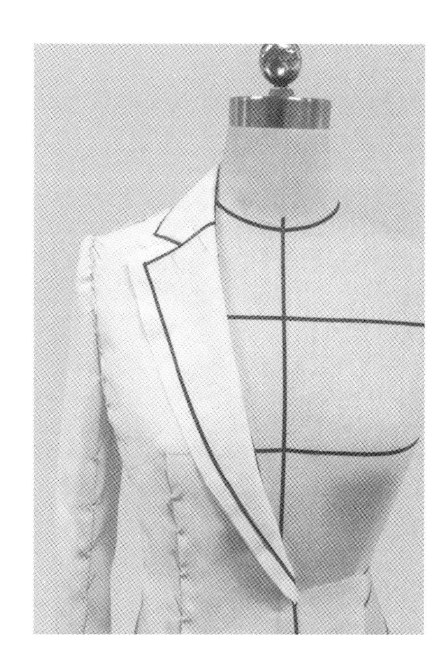

图 7-3-22 标记领造型线

(14) 配口袋：根据款式特征，在口袋处标记粘带后剪开，将口袋位下端衣片收取的腰省展开后重新点影口袋位下端分割线。大头针固定袋盖(图 7-3-23 至图 7-3-25)。

5. 下架修板：

对调整后的部位重新点影修板(图 7-3-26)。

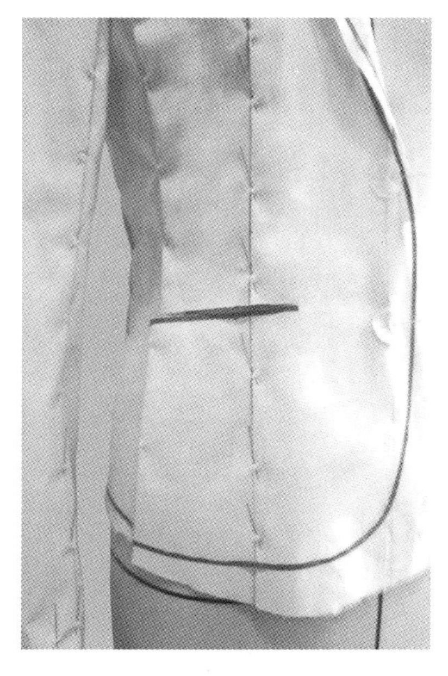

图 7-3-23 剪开口袋标记线

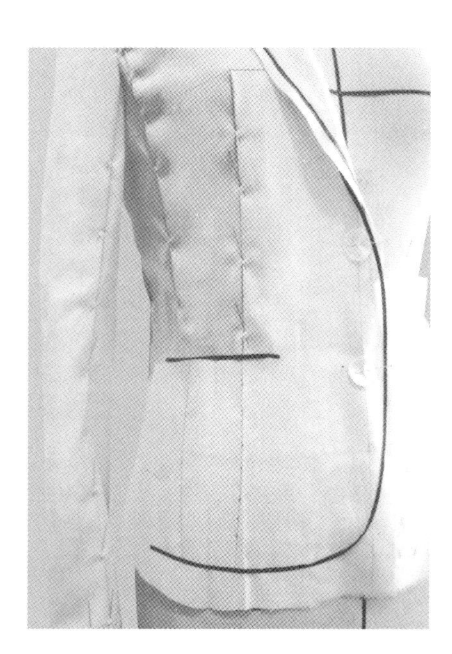

图 7-3-24 展开下端腰省

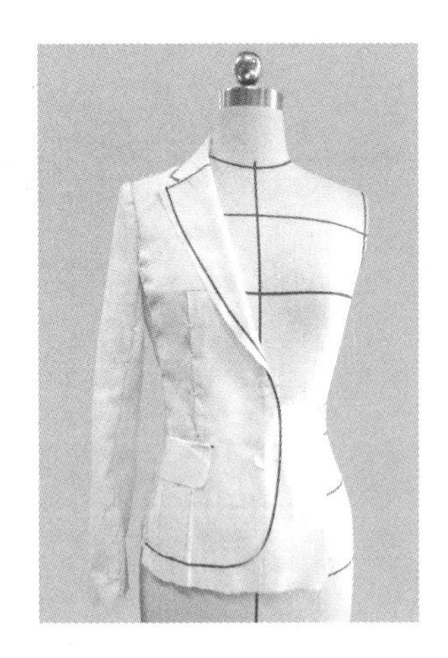

图 7-3-25　固定袋盖

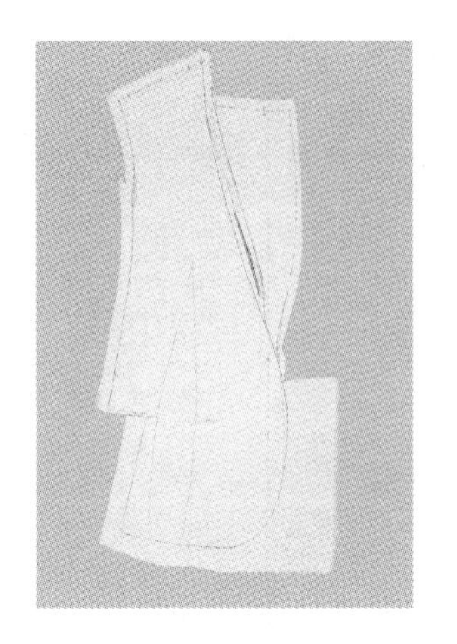

图 7-3-26　衣身前片修板

6. 组装试穿

试穿效果如图 7-3-27、图 7-3-28 所示。

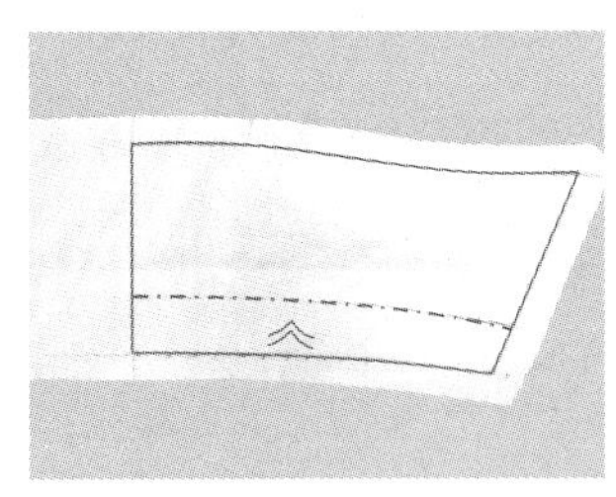

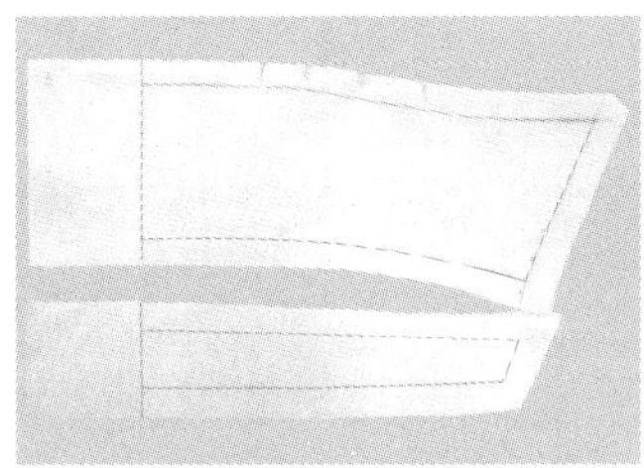

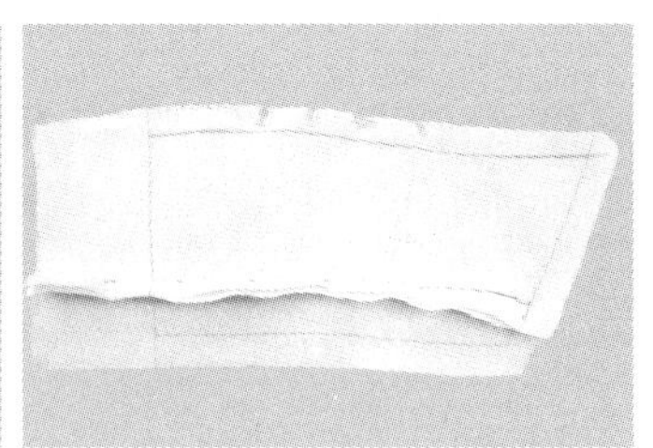

图 7-3-27　组装大小领

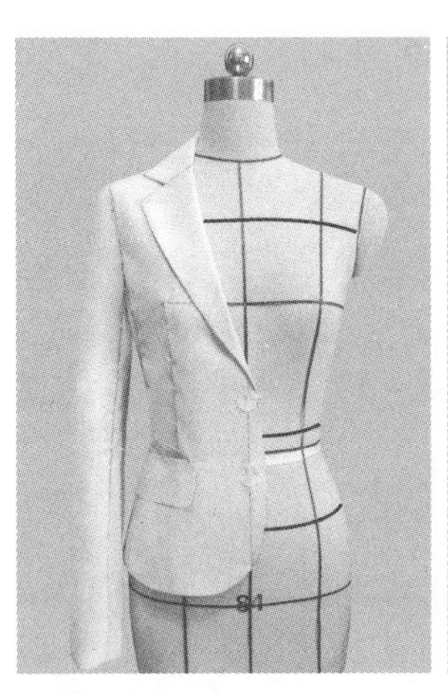

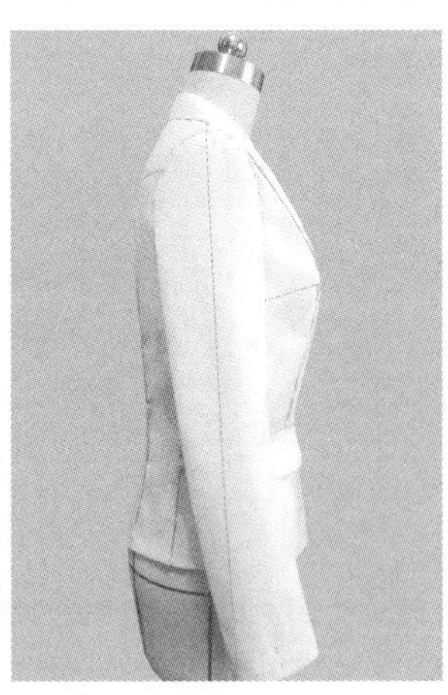

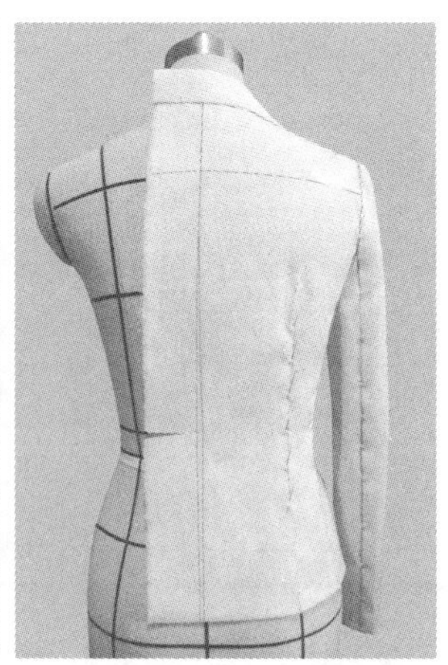

图 7-3-28　试穿效果

7. 下架拓板

样板描图如图 7-3-29 所示。

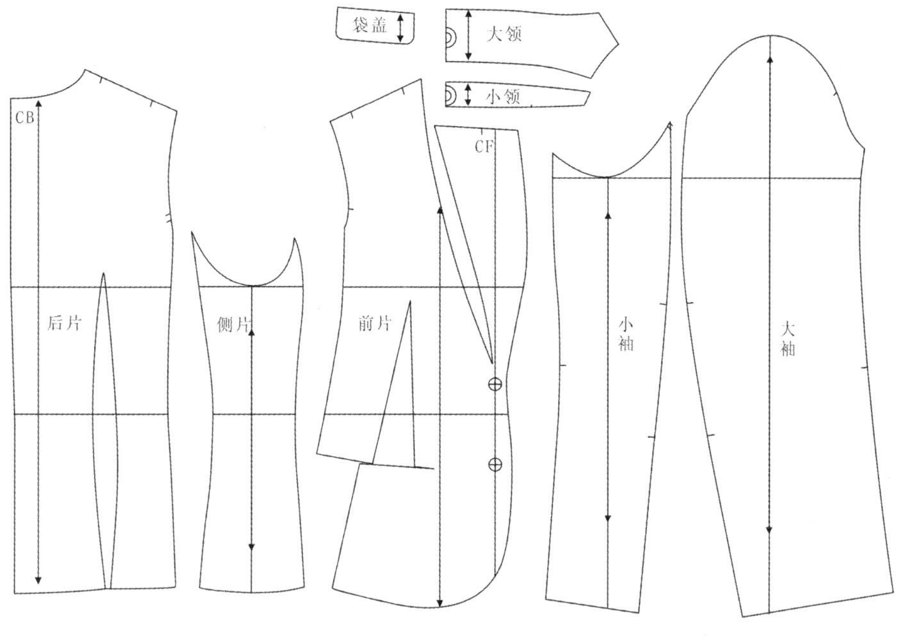

图 7-3-29　样板描图

7.4　花苞连衣裙立体裁剪

1. 款式分析

无领、无袖，前片衣身收领口省、腰省，后片收腰省，服装上身合体。下身为腰节处、底摆处捏取三个活褶的花苞裙造型。裙长不过膝盖(图 7-4-1)。

图 7-4-1　款式插图

2. 坯布准备(图 7-4-2)

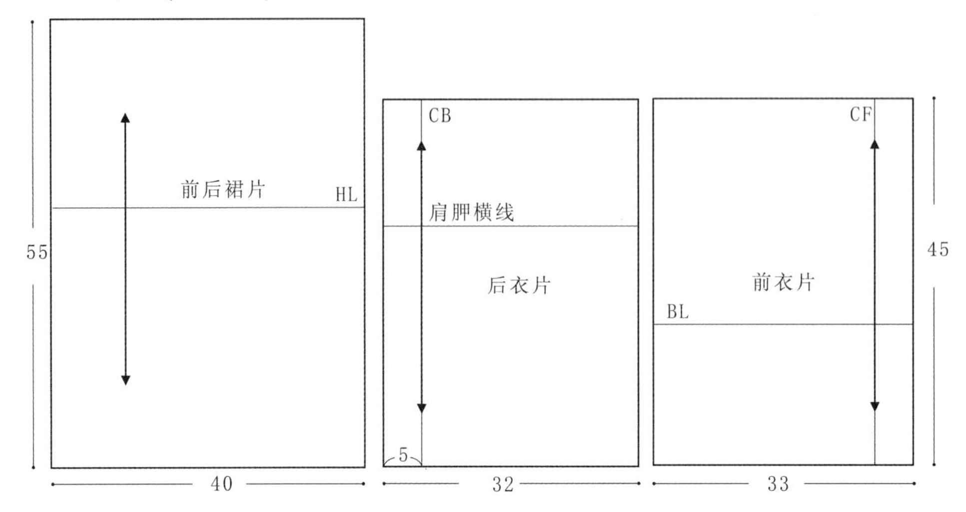

图 7-4-2　坯布准备(单位：cm)

3. 别样

(1) 标记造型线：根据款式特征用粘带在人台上标记处款式造型线，包括领口线、省道线、腰围线(图 7-4-3、图 7-4-4)。

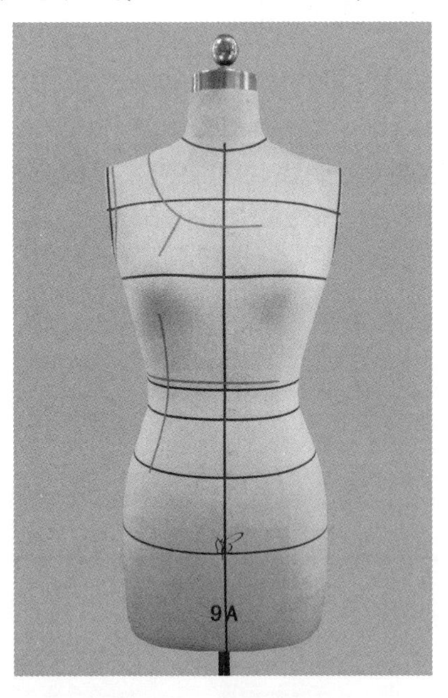

图 7-4-3　前身标记线

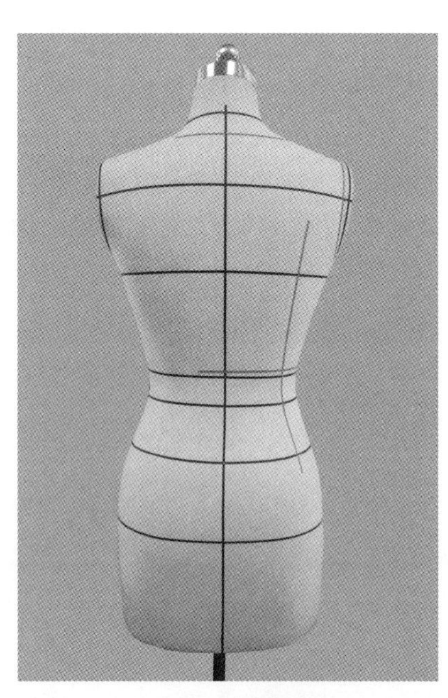

图 7-4-4　后身标记线

(2) 前身披布：将坯布前中心线、胸围线与人台上相应标记线重合，大头针固定，保持布料丝缕方向横平竖直(图 7-4-5)。

(3) 收取领口省：将胸围线上余料推至领口处收取领口省(图 7-4-6)。

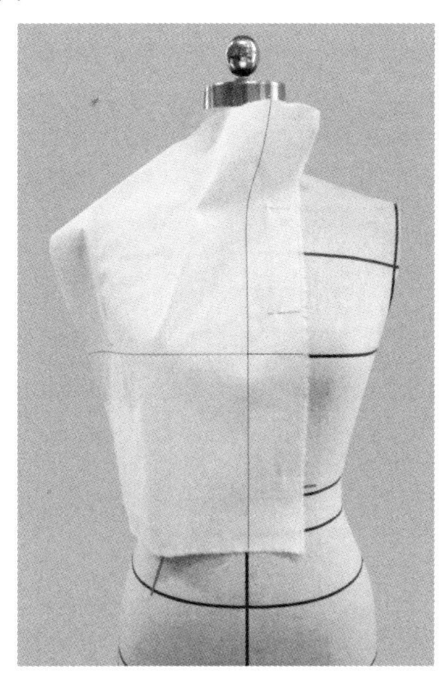

图 7-4-5 前身披布

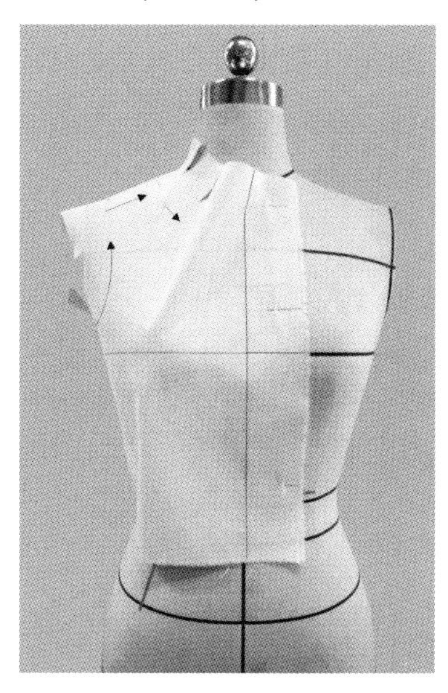

图 7-4-6 收取领口省

(4) 收取前腰省：将胸围线下余料推至腰节处收取腰省(图 7-4-7)。

(5) 后身披布：将坯布后中心线、肩胛横线与人台上相应标记线重合，大头针固定，保持布料丝缕方向横平竖直(图 7-4-8)。

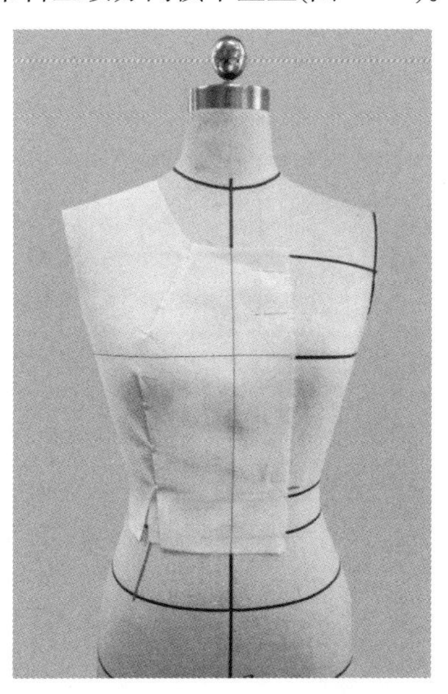

图 7-4-7 收取前腰省

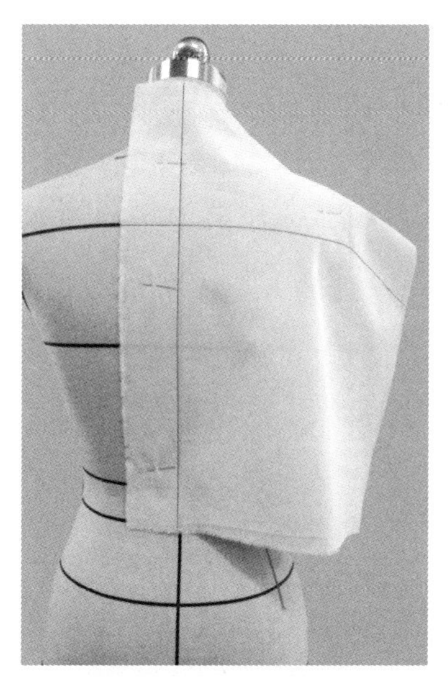

图 7-4-8 后身披布

(6) 收取后腰省：将肩胛横线上端布料向上抚平，别合肩缝，下端布料贴合人台推至腋下，然后向下抚平布料在腰围处固定点，腰围余量收取后腰省(图 7-4-9、图 7-4-10)。注意后肩线有吃势。

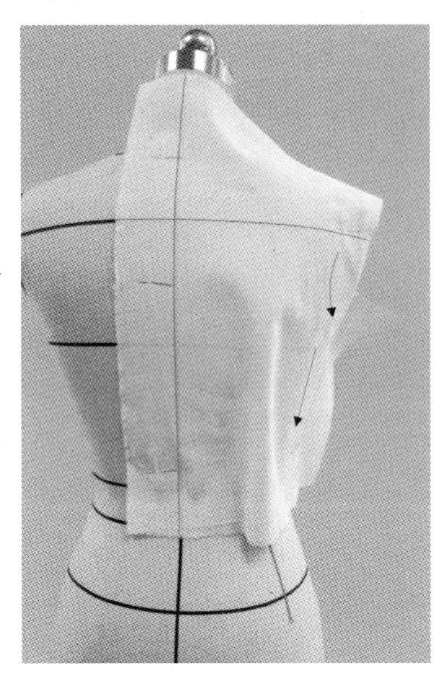

图 7-4-9　固定侧缝

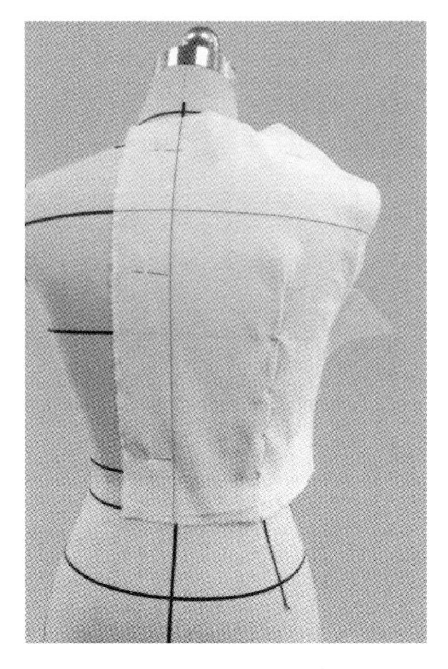

图 7-4-10　收取后腰省

(7) 别合侧缝：大头针别合前后侧缝线，注意调整活动松量(图 7-4-11)。

(8) 衣片修板：将衣片肩缝、侧缝处、省道点影标记，修顺线条(图 7-4-12)。

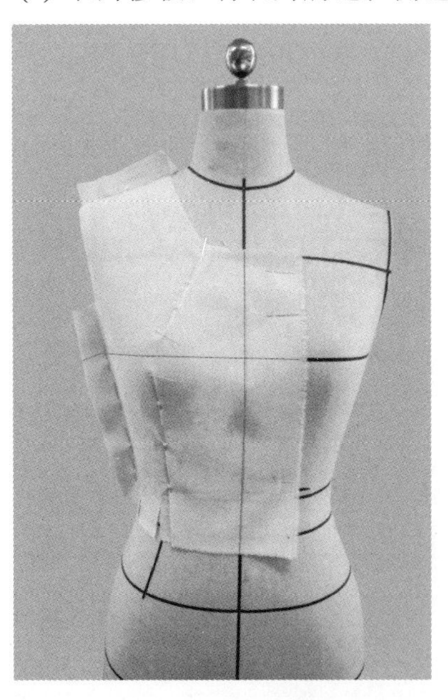

图 7-4-11　别合侧缝

图 7-4-12　衣片修板

(9) 衣片组装：大头针组装衣片后上架，根据试穿效果进行调整(图 7-4-13)。

(10) 前身裙片披布：将坯布前中心线、臀围线与人台上相应标记线重合，大头针固定，保持布料丝缕方向横平竖直(图 7-4-14)。

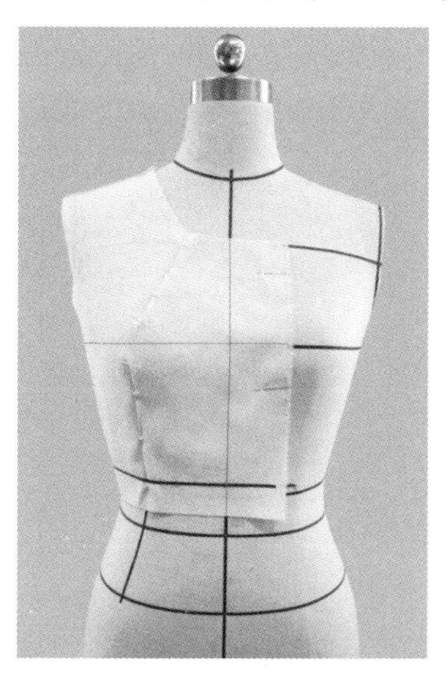

图 7-4-13 标记腰围线

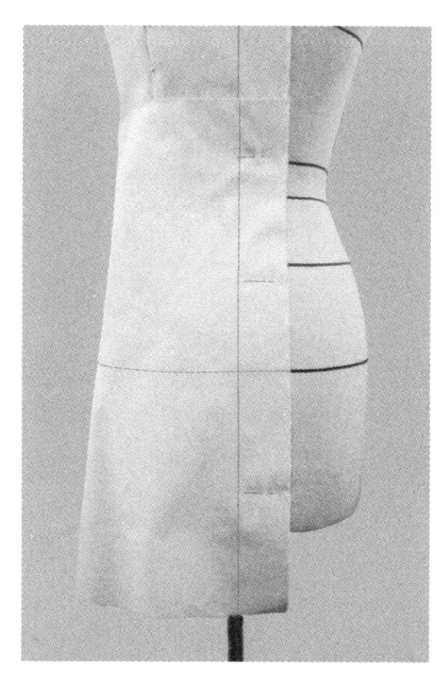

图 7-4-14 裙前身披布

(11) 捏取褶裥：根据款式特征，调整裙身松量，固定侧腰点，分配余量为两份。一份余量在前中心线上捏褶，一份在侧身捏褶，注意褶裥位置与衣身的腰省对应，形成流畅的线条。裙摆处对应腰部同样收取两个褶裥，根据裙形调整褶量大小(图 7-4-15、图 7-4-16)。

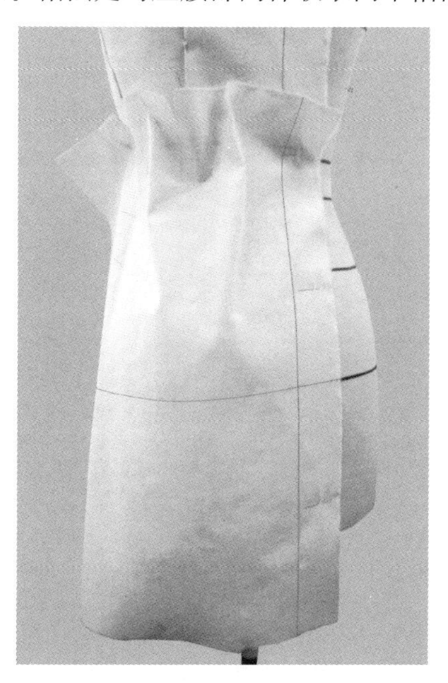

图 7-4-15 分配腰部余量

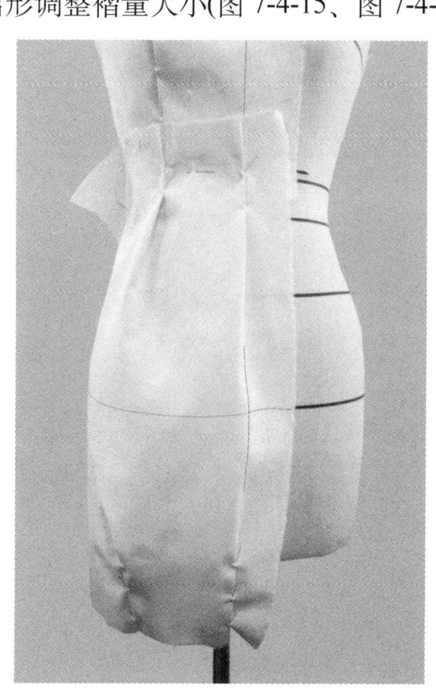

图 7-4-16 捏取褶裥

(12) 制作裙后身造型：裙后身披布，捏取褶裥方法同裙前身(图 7-4-17、图 7-4-18)。

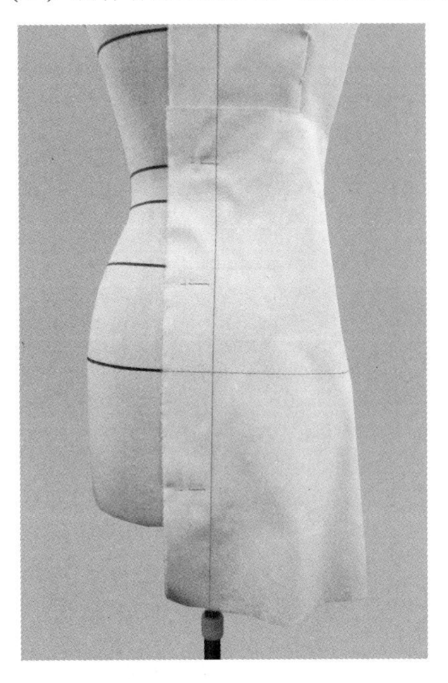

图 7-4-17　裙后身披布

图 7-4-18　捏取褶裥

(13) 别合腰围及侧缝：按标记的腰围线位置将衣身和裙片别合在一起，调整裙形将裙片侧缝别合在一起(图 7-4-19、7-4-20)。

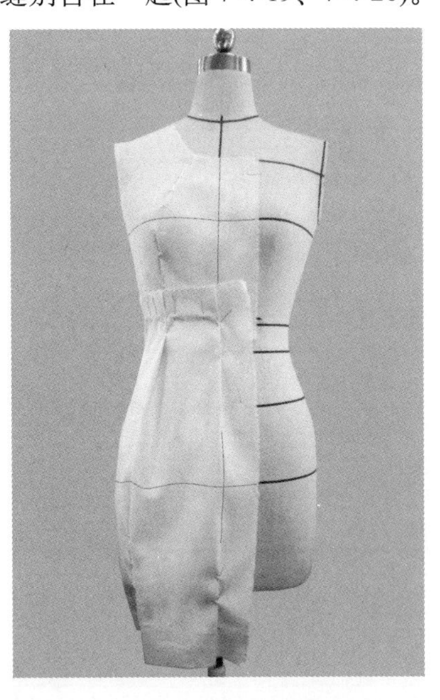

图 7-4-19　别合腰围

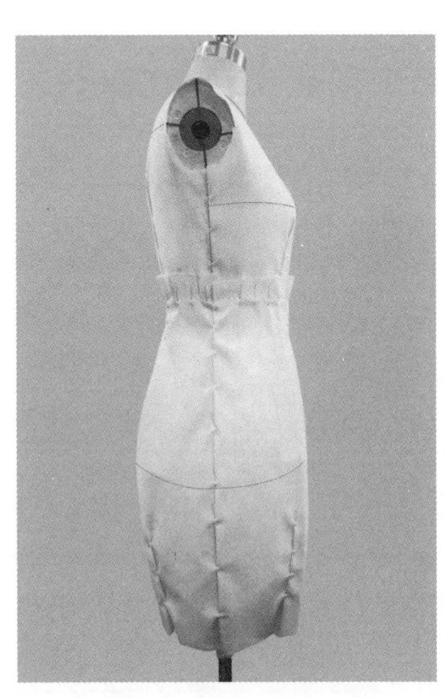

图 7-4-20　别合裙侧缝

(14) 标记款式造型线：用粘带在衣片上标记处领口线、袖窿弧线、省道线(图 7-4-21、图 7-4-22)。

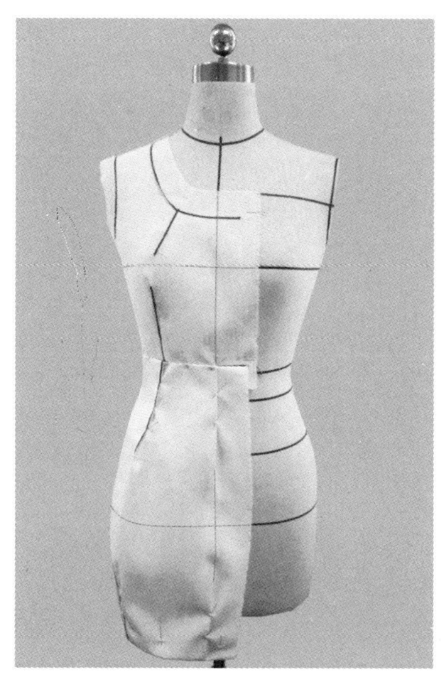

图 7-4-21　前身标记线

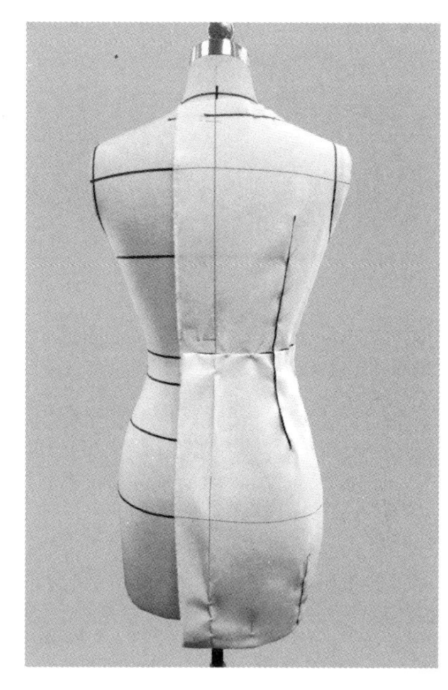

图 7-4-22　后身标记线

4. 二次点影

对有调整的部位重新点影。

5. 下架修板

对重新点影的部位和标记线进行修板(图 7-4-23)。

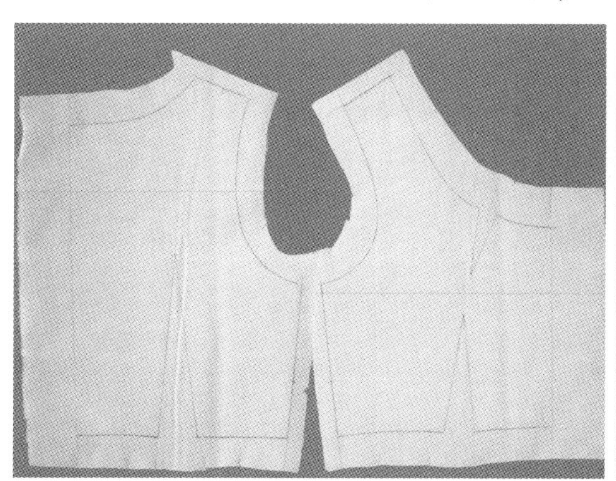

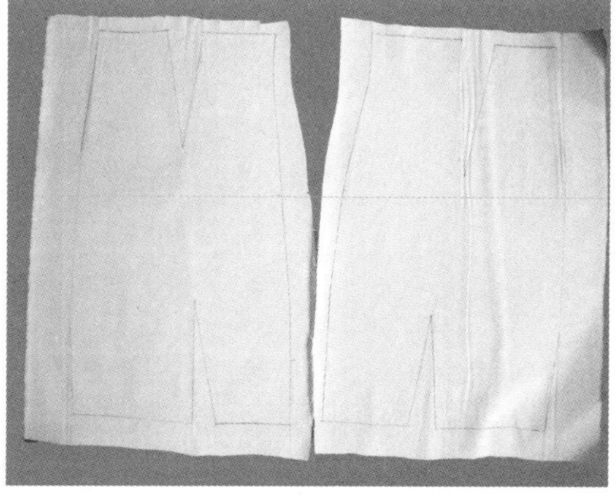

图 7-4-23　修板

6. 组装试穿

试穿效果如图 7-4-24 所示。

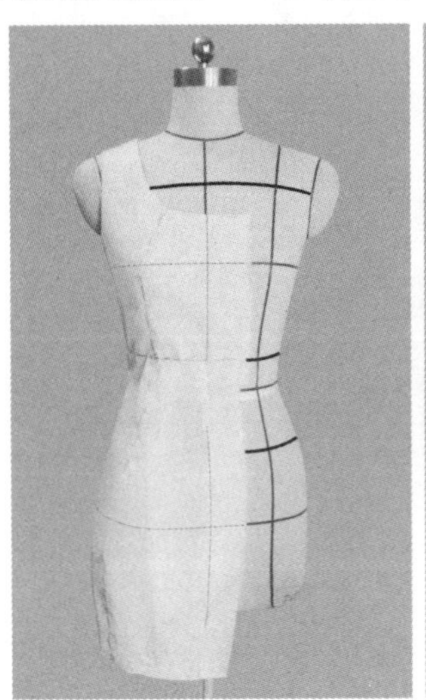

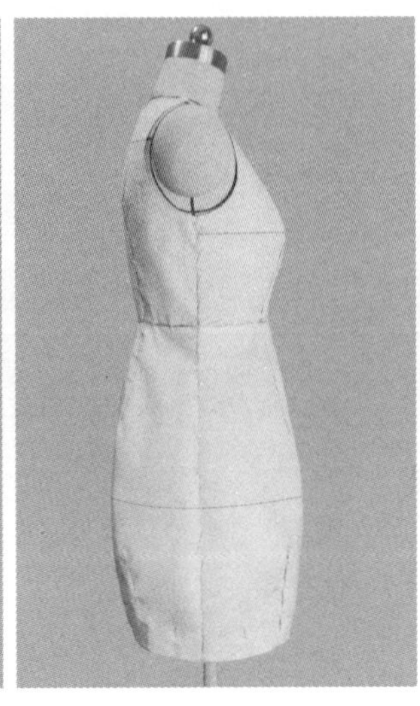

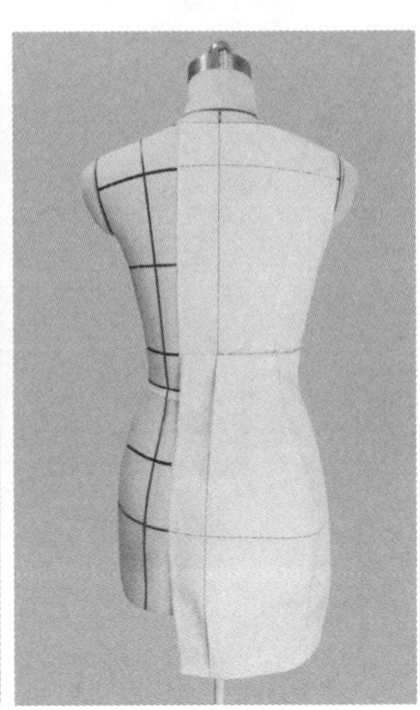

图 7-4-24　试穿效果

7. 下架拓板

样板描图如图 7-4-25 所示。

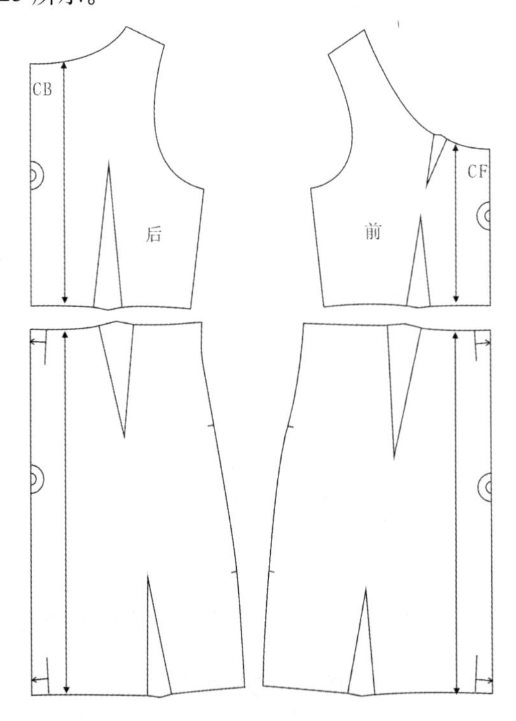

图 7-4-25　样板描图

习　题

课后思考

服装立体裁剪方法更适用于哪些造型特征的成衣设计？

课后练习 1

训练内容	衬衫的立体裁剪
训练目的	了解衣身、领子、袖子之间的造型和空间关系，正确掌握衬衫的立体裁剪操作方法和步骤
操作提示	① 用布要熨烫平整，丝缕方向横平竖直 ② 注意衬衫的造型特征和变化 ③ 注意的衣身、领子、袖子之间的造型关系 ④ 注意衣服与人体的空间关系 ⑤ 注意各衣片丝缕方向的控制
作业评价	① 对衬衫形态的认识是否准确 ② 对衬衫各部位的空间关系及方向的把握是否正理 ③ 对丝缕方向的控制是否正确 ④ 作业整体效果是否整洁、美观

课后练习 2

训练内容	西装外套的立体裁剪(任选一款三开身或四开身的西装进行操作)
训练目的	了解衣身分割线的结构设计和形态特征，正确掌握西装的立体裁剪操作方法和步骤
操作提示	① 用布要熨烫平整，丝缕方向横平竖直 ② 注意西装分割线的造型特征和变化 ③ 注意的衣身、领子、袖子之间的造型关系 ④ 注意衣服与人体的空间关系 ⑤ 注意各衣片丝缕方向的控制
作业评价	① 对西装形态的认识是否准确 ② 对西装各部位的空间关系及方向的把握是否正理 ③ 对丝缕方向的控制是否正确 ④ 作业整体效果是否整洁、美观

课后练习 3

训练内容	连衣裙的立体裁剪(任选一款连衣裙进行操作)
训练目的	了解连衣裙的结构设计和形态特征，正确掌握连衣裙的立体裁剪操作方法和步骤

续表

操作提示	① 用布要熨烫平整，丝缕方向横平竖直 ② 注意连衣裙的造型特征和变化 ③ 注意的连衣裙各部位与人体之间的空间关系 ④ 注意各衣片丝缕方向的控制
作业评价	① 对连衣裙形态的认识是否准确 ② 对连衣裙各部位的空间关系及形态的把握是否正理 ③ 对丝缕方向的控制是否正确 ④ 作业整体效果是否整洁、美观

第8章 立体裁剪造型构成技法

【学习目标】

1．理解服装造型的形式美法则。

2．掌握立体裁剪的艺术表现手法。

【本章引言】

服装作为技术与艺术结合的产物，已成为人们美化身体、展现个性、体现审美情趣的重要载体。作为造型手段的技术要遵循科学合理的原则，同时要把艺术美的表现融入在设计制作过程中。服装立体裁剪作为服装从设计到成衣的重要环节，将对充分表达服装造型美及结构美的效果产生重要影响。

8.1 服装造型的形式美法则

服装造型设计的过程是对人体着装再创造的过程，它通过点、线、面等构成要素的设计创建服装整体造型，并随着人体运动传达节奏、韵律的动态之美。立体裁剪造型中通过材料、款式、色彩、结构、线条等要素充分表现设计美感，但也离不开服装造型的形式美法则。主要体现于服装款式构成、服装色彩搭配、材料的再造、肌理效果的表现等。服装凭借形式美的基本规律和法则，使各种造型要素在技术与艺术上达到和谐与统一。

8.1.1 对称法则

对称是造型最基本的构成形式，无论是在传统造型艺术中，还是在各种现代造型艺术中，对称法则的运用是最为广泛的。对称表现了严肃、庄重、平稳、理性的特征，非常符合中国人的中庸审美心理。但过度的对称，往往也产生一种呆板的感觉。所以我们在利用对称法则进行立体裁剪设计时，应在遵循对称法则的同时，还要考虑到适当的变化(图 8-1-1)。

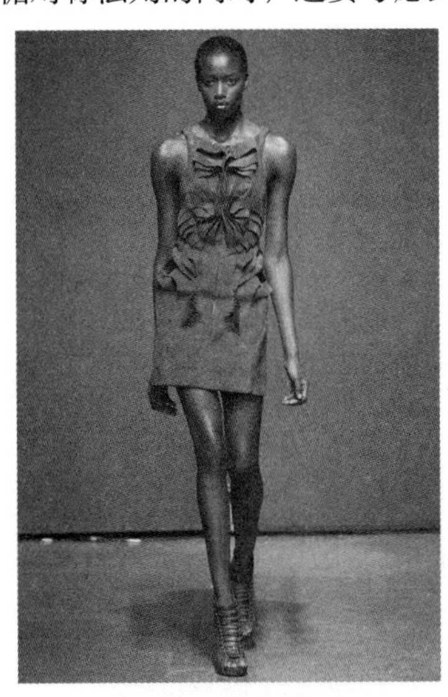

图 8-1-1 对称

8.1.2 均衡法则

均衡是指图形中轴线两侧或中心点四周的形态大小、疏密、虚实等虽不能重合，但以变换位置、调整空间、改变面积等方法取得视觉上整体的平衡，相对对称法则而言更富有动感。在立体裁剪造型中，各设计要素主要是通过空间形态、大小、疏密、虚实的变化，以达到视觉上的平衡以及心理上的平衡(图 8-1-2)。

图 8-1-2 均衡

8.1.3 比例法则

比例是指同类数、量之间的一种比较关系。通过服装款式的变化及服装款式与着装人体之间的比例关系，调整着装人体的重心来实现的。如提高腰节线的设计，从视觉上增长腿部比例，拔高人体。立体裁剪时除了正确表达设计效果图外，还需从美的角度来整体考虑各部位与整体的黄金比例关系，力求视觉上的美感(图 8-1-3)。

图 8-1-3 比例

8.1.4 对比法则

对比是将两种不同的事物对置时所形成的一种直观效果。常被采用的对比法则是强调矛盾的作用，如大小、长短、疏密、松紧、多少、高低、曲折、凹凸、虚实的对比而达到强化作品审美特征，突显设计目的的作用(图 8-1-4)。

图 8-1-4 对比

8.1.5 视错法则

视错分为分割视错和对比视错两种形式。分割视错是指对同一物体采用不同形状的线加以分割，能使人产生不同的视错效应。如采用竖线条的内部结构分割和外部轮廓线造型设计，能在视觉上增加着装者的高度感，发挥线条在立体空间中的延伸作用。对比视错是指两个局面结构并列后，相互之间的对比所形成的视错。如大帽子、宽肩设计会使人的面部显得娇小，身材瘦小者穿浅色衣服会有肥大感等。在立体裁剪设计中，对着装者的体型加以分析研究，合理利用设计法则，扬长避短，弥补形体上缺陷，使服装与人体显得和谐统一。如脖子短的人可采用 V 字领设计；胸部较平的女性可在胸部采用花边设计、波浪褶、有凸起的面料肌理设计；胖体型采用简练的垂线型设计等(图 8-1-5)。

图 8-1-5 视错

8.1.6 反复法则

反复是指同一事物的重复或交替出现。在立体造型中反复是款式构成的基本因素之一。例如，某一个设计元素有规律地连续交替出现，同一元素在不同部位的重复利用，都可产生良好的视觉效果(图 8-1-6)。

图 8-1-6 反复

8.1.7　调和法则

调和是指几种互不相同的构成要素放在一块时，相互间不发生矛盾冲突，仍然保持各自的特征，而且比单独使用时更美，并保持一种秩序和统一关系。在立体裁剪中，调和主要是指各构成要素之间在形态上的统一和排列组合上的秩序感。调和与对比相比，调和是寻求各要素之间的相互统一，而对比则是寻求各要素之间的差异，无论是调和还是对比都应处理好量与质的关系。过于统一会显得单调，太强调对比，又会使得设计风格模糊(图 8-1-7)。

图 8-1-7　调和

8.1.8　旋律法则

旋律本是音乐术语，指的是声音经过艺术构思而形成的有组织有节奏的和谐运动。立体裁剪中借用旋律一词，指服装造型中点、线、面、体及各设计要素等经过精心设计而形成的一种具有节奏变化的美感。旋律变化的关键在于造型因素的重复以及这种重复的合理使用(图 8-1-8)。

图 8-1-8　旋律

8.2　立体裁剪的艺术表现手法

随着服装设计的不断创新与发展，艺术表现形式也在不断提高与变化。服装立体裁剪技术中的艺术表现手法主要有褶饰、折叠、编织、缠绕、堆积、镂空、分割等类型。它们既可以单独使用，也可以组合使用。通过在人体模型上的款式设计，实现设计构思的艺术造型。

8.2.1　褶饰法

1. 形式特征

褶饰法是利用面料本身的特性，经过人们有意识、有目的地创作加工，使面料产生各种形式和效果的褶纹，以此增添服装的生动感、韵律感和美感。褶纹的形成是受外力作用的结果，由于面料的受力方向、位置、大小等因素的不同，产生了多种状态的褶纹，我们按其表现特征划分为叠褶、垂坠褶、波浪褶、活褶、抽褶、堆褶等形式。

(1) 叠褶：以点或线为单位起褶，是面料集聚收缩所形成丰富、舒展、连续不断的纹理状态。叠褶往往体现服装设计“线” 的效果，适用于服装主要部位的装饰。

(2) 垂坠褶：在两个单位之间起褶(或两点之间、或两线之间、或一点一线之间)，形成疏密变化的曲线(或曲面)褶纹，具有自然垂落、柔和流畅、优雅华丽的纹理状态。适用于胸、背、腰、腿、袖山等部位。

(3) 波浪褶：点、线均可作为起褶单位，另一边缘呈波浪起伏、轻盈奔放、自由流动的纹理状态。波浪褶主要利用面料斜纱的特点及内外圈边长差数，外圈长出的布量形成波浪式褶纹，其褶纹随着内外圈边长差数的大小而变化，差数越大，褶纹越多，反之亦然。适用于各部位的饰边及圆形裙使用。

(4) 抽褶：线、面均可作为起褶单位，通过对布料的反复(无规律地)折叠、收紧，呈现出收缩效果的褶纹。它有别于用针拱缝后再抽紧缝线形成的褶纹，这种褶纹具有较强的浮雕效果，生动活泼，丰富多变，适用于主要部位的强调和展示设计。

(5) 堆褶：在面单位内起褶，把布料从多个不同方向进行堆积与挤压，呈现出疏密、明暗、起伏、生动的纹理状态，具有较强的立体造型效果，适用于各部位的强调和夸张。

2. 技术要点

褶饰根据不同形式可以采用手缝，也可选择机缝。关键是要准确估计用布量的多少。缝线时应将线头放在布料反面，根据褶皱造型效果调整线迹长度或轨迹。理顺褶纹时，注意表现褶皱的起伏量和节奏感，强调灵活生动，极具情趣变化的自然立体效果。在服装造型上应用最为广泛，既可以用于局部造型，也可以整体表现。塔夫绸、色丁的褶纹显得华丽、丰盈；雪纺、丝绸的褶纹显得灵动、飘逸；丝绒、天鹅绒的褶纹显得饱满、立体。要结合设计风格选用不同质地的面料来进行褶饰表现。

3. 应用实例(图 8-2-1 至图 8-2-4)

图 8-2-1　褶饰法实例 1

图 8-2-2　褶饰法实例 2

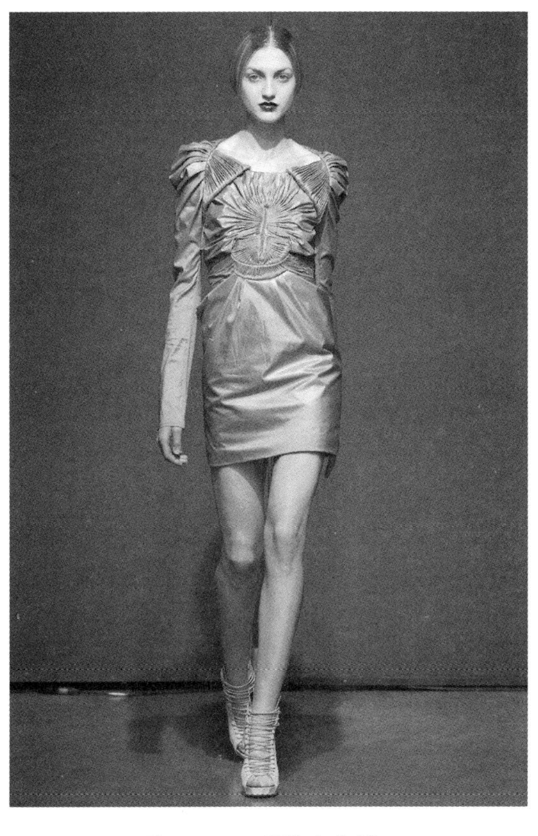

图 8-2-3 褶饰法实例 3

图 8-2-4 褶饰法实例 4

8.2.2 折叠法

1. 形式特征

折叠法是将布料的一部分按有规则或无规则的方法进行折叠，用大头针或针线将折叠的部分拉开或不拉开，从而产生富有立体感、蓬松的外观造型的立体构成方法。折叠法可以采用任意丝缕方向造型，形成服装的节奏和韵律感。按外观线型可分为直线裥、曲线裥、斜线裥；按形态可分为顺裥、阴裥、阳裥。折叠部位的折裥宽度一般 4～10cm，宽度过小可使拉开的褶量太少，不能形成必要的体积感；宽度过大使拉开的褶量太多，给人过分的臃肿感。根据款式风格和面料特性合理选择折叠量十分重要。

2. 技术要点

准确估计用布量。用布量的实际长度(或宽度)=实际造型的长度(或宽度)+折叠造型所需的用布量(或蓬松造型的用布量)，折叠用布量=折叠个数×一个折叠宽度。根据蓬松度的大小估计折叠量大小，一般蓬松感小的折叠量可取 4～7cm，般蓬松感大的折叠量可取 7～10cm。做蓬松造型时要将折裥部分布料拉开，注意动作要轻松，以免布料变形，破坏整体效果。

3. 应用实例

折叠法应用实例如图 8-2-5、图 8-2-6 所示。

图 8-2-5　折叠法实例 1

图 8-2-6　折叠法实例 2

8.2.3　编织法

1. 形式特征

编织法是将布料折成条或扭曲缠绕成绳状，然后将布条、布绳之类材料用编织形式编成具有各种美观纹样的衣身造型。编织能够创造特殊形式的质感和细节、局部，是直接获得肌理对比美感的有效方式，它给人以稳定中求变化，质朴中透优雅的感觉，突出层次感、韵律感。其材料可选用皮革、塑料、布料、绳带等。编饰有绳编、结编、带编、流苏等形式。无论哪一种方法，都要注意人体凸起和凹陷处的立体造型的省道设计。

2. 技术要点

条状编织造型是将布料折成所需宽度的扁平状布条。布条裁剪宽度为：2×布条实际宽度+2×缝份。扁平状布条是通过缝纫机缝合来完成，将缝份藏在布条的里端。先面面相对进行缝合，后翻到正面烫平。编织过程中对于不能紧密排列的部位，应将布条在不显著的部位巧妙地进行穿插设计。

3. 应用实例

编织法应用实例如图 8-2-7、图 8-2-8 所示。

图 8−2−7 编织法实例 1

图 8−2−8 编织法实例 2

8.2.4 缠绕法

1. 形式特征

缠绕法是依靠布料的悬垂性及人体外形的优美曲线进行造型，将布料有规则地或随机地缠绕、包裹、扎系在人体或人体模型上形成各种造型，是人类自然的、原始的、古老手法与现代设计理念的有效结合。从古罗马人用缠绕式托嘎作为装束，到印度妇女的莎丽装，再到现代各种造型的缠绕式时装，缠绕式造型样式真可谓千姿百态源远流长。缠绕法宜选择有光泽或有弹性的面料，增强造型的流动性和圆润感。

2. 技术要点

为布料的缠绕做好前期准备工作，根据款式的需要将准备用于缠绕的部位确定下来。布料的边缘要折净、折光，形成的布纹要流畅自然、不能生硬刻板。在缠绕的过程中可以根据造型需要进行再设计。

3. 应用实例

缠绕法应用实例如图 8-2-9、图 8-2-10 所示。

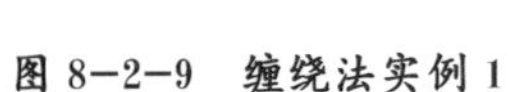

图 8-2-9 缠绕法实例 1

图 8-2-10 缠绕法实例 2

8.2.5 绣缀法

1. 形式特征

绣缀法是通过手工缝缀使面料形成凹凸、旋转等立体感强的纹理，装饰在服装的各个部位，或者取现成的装饰物，如羽毛、花卉、珠、钻、铆钉等，经过排列、重构、组合成立体实物，缝纫、刺绣或粘接在服装上，形成具有较强立体感和装饰性的图案。

2. 技术要点

先观察服装款式造型，在服装款式造型所需的部位上，将绣缀后的纹理与布料协调的组合，浑然一体。绣缀针法的每格间距根据款式缝缩需要和造型效果而定，可宽可窄，表现在强调设计的部位。

3. 应用实例

绣缀法应用实例如图 8-2-11、8-2-12 所示。

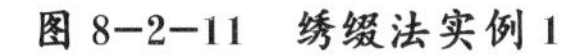

图 8-2-11 绣缀法实例 1

图 8-2-12 绣缀法实例 2

8.2.6 堆积法

1. 形式特征

堆积法可以是根据面料的剪切性，从多个不同方向进行挤压、堆积，以形成不规则的、自然的、立体感强烈的皱褶的立体构成技术手法。也可以选用一种造型元素进行不断重复的叠置而形成强烈的体积感。由于堆积法能利用织物皱痕的饱满及折光效应，因而堆积法形成的造型极富艺术感染力。

2. 技术要点

从三个或三个以上方向挤压、堆积布料，使布料皱褶堆积呈三角形或多边形。各个皱褶之间最好不能形成平行堆积关系，平行则显得呆板单调，各部位的堆积量要大小不同，形成变化。单个元素的叠加要注意观察服装的整体造型效果，不能无序的堆砌。

3. 应用实例

堆积法应用实例如图 8-2-13、图 8-2-14 所示。

图 8-2-13 堆积法实例 1

图 8-2-14 堆积法实例 2

8.2.7 分割法

1. 形式特征

分割法是服装设计中常见的一种造型手段，通过运用分割线的形态、位置和数量的综合设计，对服装进行分割处理，借助视错原理改变人体的自然形态，创造理想比例和完美的造型。衣片上的分割线按结构设计的性质可分为功能型分割线和装饰型分割线两类。功能型分割线多用于合体服装中，含有省量，位置相对固定。装饰型分割线多用于宽松型服装，不含省量，位置设置自由。按形态还可分为横向、纵向、斜向、直线、曲线分割等形式，灵活适用于各类款式造型中。

2. 技术要点

首先在人台上确定分割部位，用粘带标记出来，在进行立体裁剪。分割线的比例、方向、表情要合理，线条要流畅、美观。注意分割线与人体形态的吻合设计。

3. 应用实例

分割法应用实例如图 8-2-15、图 8-2-16 所示。

图 8-2-15 分割法实例 1

图 8-2-16 分割法实例 2

8.2.8 镂空法

1. 形式特征

在面料上将图案的局部切除，造成局部的断开、镂空、不连续性，它是通过破坏成品或半成品面料的表面，使其具有规律或不规律的纹样特征。正是由于具有连续与不连续、局部不完整与整体完整的对比，产生了一种特殊的装饰效果，也是现代服装重要的装饰方法之一。

2. 技术要点

宜选择挺括、有厚度的面料进行镂空制作，或对相对较软的面料进行前期的粘衬处理。镂空的纹样造型要和服装的整体风格相匹配。

3. 应用实例

镂空法应用实例如图 8-2-17、图 8-2-18 所示。

图 8-2-17 镂空法实例 1

图 8-2-18 镂空法实例 2

习　　题

课后思考

立体裁剪方法在表达服装造型及把握形式美上具备什么优势?

课后练习

训练内容	采用服装立体裁剪的艺术表现手法完成一款女装的制作操作过程
训练目的	① 了解、掌握和运用服装立体裁剪的艺术表现手法，提高造型能力 ② 掌握和运用服装立体裁剪的技术原理和方法
操作提示	① 服装用布应熨烫平整，丝缕方向横平竖直 ② 分析款式的造型特征和结构变化 ③ 注意立体裁剪的艺术表现手法与造型特征的关系 ④ 注意服装与人体的空间关系 ⑤ 注意各衣片丝缕方向的控制
作业评价	① 对款式的造型控制是否准确 ② 对艺术表现手法的运用是否正理 ③ 对丝缕方向的控制是否正确 ④ 对服装与人体的空间关系把握是否恰当 ⑤ 作品整体效果是否整洁、美观、有表现力和创新性